线性代数

（第2版）

主　编　何素艳　曹宏举　万丽英
副主编　王洪岩　吴　岩

U0360492

清華大學出版社
北　京

内容简介

本书包括矩阵、行列式、矩阵的秩与线性方程组的解、向量及向量空间、方阵的特征值与特征向量、向量的内积及二次型等内容.各章除安排复习题外,还在各节设置了思考题和A,B两组难度递进的习题,书末附有习题参考答案.本书还给出了一些比较简单的线性代数应用问题.

本书的读者对象为高等院校非数学专业的学生,也可供教师参考或者自学者阅读.

图书在版编目(CIP)数据

线性代数/何素艳,曹宏举,万丽英主编.—2版.—北京:清华大学出版社,2023.9(2024.8重印)
ISBN 978-7-302-64473-6

Ⅰ.①线… Ⅱ.①何… ②曹… ③万… Ⅲ.①线性代数—高等学校—教材 Ⅳ.①O151.2

中国国家版本馆CIP数据核字(2023)第153672号

责任编辑:刘 颖
封面设计:傅瑞学
责任校对:王淑云
责任印制:丛怀宇

出版发行:清华大学出版社
网　　址:https://www.tup.com.cn,https://www.wqxuetang.com
地　　址:北京清华大学学研大厦A座　　**邮　　编**:100084
社 总 机:010-83470000　　**邮　　购**:010-62786544
投稿与读者服务:010-62776969,c-service@tup.tsinghua.edu.cn
质量反馈:010-62772015,zhiliang@tup.tsinghua.edu.cn
印 装 者:北京嘉实印刷有限公司
经　　销:全国新华书店
开　　本:185mm×260mm　　**印　　张**:11.5　　**字　　数**:277千字
版　　次:2016年10月第1版　2023年9月第2版　　**印　　次**:2024年8月第3次印刷
定　　价:36.00元

产品编号:099343-01

第2版前言

本书自2016年出版以来，我们和兄弟院校将其作为教材已经使用了6年，根据我们在实践中的教学体会、积累的经验和兄弟院校反馈的意见，将本书的部分内容进行了调整和修改. 涉及的内容主要有以下几个方面：

(1) 将书中的语言表达进行了进一步的润色，并注意整体的统一.

(2) 在个别章节调整或补充了一些内容，例如，在2.1节，明确了n阶行列式的递归性定义；在3.3节，补充了矩阵方程$\boldsymbol{AX}=\boldsymbol{B}$有解的充要条件；在4.3节，关于过渡矩阵与坐标变换，强调了向量空间的两组基之间的基变换公式，弱化了过渡矩阵的具体形式.

(3) 此次修订变化最大的是习题部分. 对每节的习题进行了梳理和删减，并补充了新的习题. 根据题目的难易程度，将每节的习题分成了A组和B组，每组习题都按照由易到难的顺序排列. 这样做的目的主要是增加习题的弹性，分出层次，以更好地满足不同读者的需求.

本次修订，对于正文内容的调整和修改，第1、2章由何素艳负责，第3、4章由万丽英负责，第5、6章由曹宏举负责. 对于习题的梳理和补充，第1、2、3章由王洪岩负责，第4、5、6章由吴岩负责.

本书的再版得到了辽宁省教育厅科学研究项目(2019JYT06)的资助，也得到了2020年辽宁省一流本科课程建设项目的资助. 感谢清华大学出版社，感谢刘颖编审的耐心、具体、周到的帮助及建议.

编　者

2023年6月

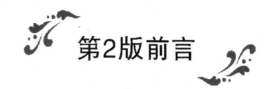

第1版前言

线性代数是理工类、经管类等专业学生必修的重要数学基础课之一.在计算机技术日益发展和普及的今天,许多实际问题可以通过离散化的数值计算得到定量的解决,而线性代数则在其中提供了必要的数学基础.

时代的发展,学生的变化,为线性代数的教学提出了诸多问题,在多年的教学工作中,很多问题一直萦绕在编者脑际,例如:如何使线性代数学起来容易些?如何让学生体会到线性代数的用途?这样,在对学生的牵挂中,对问题的思考中,这本凝聚集体智慧的教材终于付梓.

和传统的线性代数教材相比,本教材有如下特点:

(1) 由浅入深、由易推难,层层铺垫,注重概念和定理的直观描述,同时,也体现了必要的推理.

(2) 以线性方程组为中心,突出了矩阵工具这条主线.

(3) 在教材中每章的开始,以问句的形式体现了这一章的主要内容,既有助于读者在学习中把握重点,统领全章,还起到了一种书与读者之间的沟通作用.

(4) 在例题和习题的选择上,尽量减少计算量,降低抽象性,以突出概念和方法为主要目的.

(5) 针对一些内容,给出了一些应用问题,这些问题涉及密码学、化学、人口学、生态学等诸多领域,问题选择难易适度,解答详细.

(6) 每一节后面都设置了思考题,便于学生对一些重要概念及方法的理解.

(7) 每一节的课后习题既是对本节内容的理解与巩固,也为后续内容埋下伏笔,起到承前启后的作用.

(8) 书后附有教材中主要概念的索引,便于读者查找.

本书第1、2章由何素艳编写,第3、4章由万丽英编写,第5、6章由曹宏举编写.

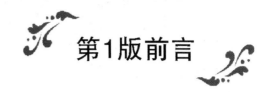

本书的出版得到大连外国语大学校级教材基金项目(2014)、辽宁省

教育科学规划项目(JG12DB318)、教育部人文社会科学研究项目(15YJCZH005)等的资助.本书的出版也得到大连外国语大学软件学院的关心与支持.同时感谢清华大学出版社陈明博士的帮助及建议.

尽管作者力求完美,但由于水平所限,书中难免会出现一些疏漏,希望读者提出宝贵意见和建议.

编　者

2016年8月

目录

第 1 章

矩　　阵

线性方程组是线性代数的基础.矩阵是线性代数的重要研究对象和重要工具,矩阵不仅可以用来研究线性方程组,而且在自然科学、工程技术、社会科学等各个领域也具有非常广泛的应用.

本章主要讨论

1. 什么是线性方程组?
2. 什么是矩阵? 矩阵有哪些主要运算?
3. 何谓矩阵的初等变换? 何谓初等矩阵?
4. 如何用初等变换求解线性方程组?
5. 何谓逆矩阵?
6. 什么是分块矩阵?

1.1　线性方程组的概念

形如

$$a_1x_1+a_2x_2+\cdots+a_nx_n=b \tag{1.1}$$

的方程称为 n 元**线性方程**(linear equation),其中 b 及系数 $a_1,a_2,\cdots,a_n$ 为常数,$x_1,x_2,\cdots,x_n$ 为未知数.

由几个包含相同未知数 $x_1,x_2,\cdots,x_n$ 的线性方程构成的方程组称为**线性方程组**(system of linear equations).含 m 个方程 n 个未知数的线性方程组的一般形式为

$$\begin{cases}a_{11}x_1+a_{12}x_2+\cdots+a_{1n}x_n=b_1,\\ a_{21}x_1+a_{22}x_2+\cdots+a_{2n}x_n=b_2,\\ \quad\vdots\\ a_{m1}x_1+a_{m2}x_2+\cdots+a_{mn}x_n=b_m,\end{cases} \tag{1.2}$$

其中 a_{ij} 是此方程组中的第 i 个方程的第 j 个未知数 x_j 的系数,b_i 是第 i 个方程的常数项,$i=1,2,\cdots,m$;$j=1,2,\cdots,n$.称形如(1.2)式的方程组为 $m\times n$ **的线性方程组**.为方便,**本书中的线性方程组也常简称方程组**.下面是一些线性方程组的例子:

(1) $\begin{cases}2x_1-x_2=1,\\ x_1-3x_2=-7;\end{cases}$　(2) $\begin{cases}-x_1+2x_2+x_3=-2,\\ x_1-x_2=2;\end{cases}$　(3) $\begin{cases}x_1+x_2=3,\\ x_1+x_2=4,\\ x_1-x_2=1.\end{cases}$

其中方程组(1)是 2×2 的,方程组(2)是 2×3 的,方程组(3)是 3×2 的.

定义 1.1(**线性方程组的解**) 若将线性方程组(1.2)中的未知数 $x_1, x_2, \cdots, x_n$ 分别用数 $k_1, k_2, \cdots, k_n$ 代替后,所有方程的两边都相等,则称 $x_1=k_1, x_2=k_2, \cdots, x_n=k_n$ 为**线性方程组(1.2)的一个解**(a solution to system(1.2)).

例如,$x_1=2, x_2=3$ 是方程组(1)的一个解. $x_1=-1, x_2=-3, x_3=3$ 为方程组(2)的一个解. 事实上,方程组(2)有无穷多解,可以验证,对于任意实数 k,$x_1=2-k, x_2=-k, x_3=k$ 都是方程组(2)的解.

注 线性方程组的解也可以用有序数组来表示,例如方程组(1)的唯一解 $x_1=2, x_2=3$ 可以表示为(2,3),可用(−1,−3,3)来表示方程组(2)的一个解.

一个线性方程组的所有解的集合称为此线性方程组的**解集**(solution set). 例如,方程组(1)的解集为$\{(2,3)\}$,方程组(2)的解集为$\{(2-k,-k,k) \mid k\in\mathbb{R}\}$.

显然,方程组(3)无解,即该方程组的解集是空集$\varnothing$.

若线性方程组无解,我们称这个方程组是**不相容的**(inconsistent);若线性方程组至少有一个解,我们称这个方程组是**相容的**(consistent). 一般地,线性方程组的解有如下三种情况.

(1) **有唯一解**(exactly one solution);(2) **有无穷多解**(infinitely many solutions);(3) **无解**(no solution).

可以验证,方程组$\begin{cases}2x_1-x_2=1,\\ x_1+2x_2=8\end{cases}$和$\begin{cases}2x_1-x_2=1,\\ x_1-3x_2=-7\end{cases}$具有相同的解 $x_1=2, x_2=3$.

若两个线性方程组具有相同的解集,则称这两个方程组为**同解方程组**,或者称这两个方程组是**等价的**(equivalent).

定义 1.2(**线性方程组的初等变换**) 我们称以下三种变换为线性方程组的初等变换.

(1) 对换变换:交换任意两个方程的顺序;

(2) 倍乘变换:方程两边同乘以一个非零的常数;

(3) 倍加变换:某个方程的任意倍数加到另一个方程上.

显然,对线性方程组施行有限次初等变换后,得到的方程组与原方程组是同解的(或等价的).

例 1 已知线性方程组(1)$\begin{cases}3x_1+2x_2-x_3=-2,\\ -3x_1-x_2+x_3=5,\\ 3x_1+2x_2+x_3=2;\end{cases}$ (2)$\begin{cases}3x_1+2x_2-x_3=-2,\\ x_2+2x_3=7,\\ 2x_3=4.\end{cases}$ 验证这两个方程组是同解的.

解 只要看线性方程组(1)是否可以通过若干次初等变换变到线性方程组(2)即可.

首先,方程组(1)和方程组(2)中的第一个方程相同. 方程组(1)中的第三个方程加到第

二个方程上得

$$\begin{array}{r} 3x_1+2x_2+\ x_3=2 \\ (+)-3x_1-\ x_2+\ x_3=5 \\ \hline x_2+2x_3=7 \end{array}$$

而 $x_2+2x_3=7$ 是方程组(2)中的第二个方程. 方程组(1)中的第一个方程乘以 -1 加到第三个方程上得

$$\begin{array}{r} -3x_1-2x_2+x_3=2 \\ (+)3x_1+2x_2+x_3=2 \\ \hline 2x_3=4 \end{array}$$

而 $2x_3=4$ 是方程组(2)中的第三个方程. 这样,方程组(1)经过两次初等变换变到了方程组(2),从而方程组(1)和方程组(2)是同解的,即方程组(1)和(2)的解集是相同的.

显然方程组(2)容易求解,由方程组(2)中的第三个方程得 $x_3=2$,将其代入第二个方程得 $x_2=3$,最后将 $x_2=3$ 及 $x_3=2$ 代入第一个方程,得 $x_1=-2$. 所以方程组(1)和方程组(2)的解都为 $x_1=-2, x_2=3, x_3=2$.

定义 1.3 (上三角形方程组) 若 $n\times n$ 的线性方程组的第 k 个方程中的前 $k-1$ 个未知数的系数都为零,而未知数 $x_k(k=1,2,\cdots,n)$ 的系数不为零,则称这种形式的线性方程组为**上三角形线性方程组**(upper triangular system),简称**上三角形方程组**.

例如,例 1 中的方程组(2)就是一个上三角形方程组. 由定义 1.3 知,**上三角形方程组有唯一解**.

若 $n\times n$ 的线性方程组有唯一解,利用线性方程组的初等变换,可以将其变为上三角形方程组. 但一般来说,这个过程是比较复杂的.

思考题

1. 设 k,h 为常数,线性方程组 $\begin{cases} 3x_1+2x_2+x_3=1, \\ \qquad x_2-x_3=2, \\ \qquad\quad kx_3=h \end{cases}$ 是否为上三角形方程组?

2. 与一 $n\times n$ 的线性方程组等价的上三角形方程组(若存在的话)是否唯一?

习题 1.1

A 组

1. 判断下列方程是否为线性方程:

(1) $3x_1^2+4x_2^2=12$; (2) $x_1+\cos x_2=0$;

(3) $x_1+2\sqrt{x_2}=5$; (4) $2x_1-x_2=3$.

2. $n\times 2$ 的线性方程组中的每一个方程可以在平面上表示一条直线. 说明下列线性方程组所表示的直线间的位置关系:

(1) $\begin{cases} x_1-2x_2=5, \\ 3x_1+x_2=1; \end{cases}$　　(2) $\begin{cases} x_1-2x_2=5, \\ 3x_1-6x_2=13; \end{cases}$

(3) $\begin{cases} 2x_1-x_2=3, \\ -4x_1+2x_2=-6; \end{cases}$　　(4) $\begin{cases} x_1-x_2=1, \\ x_1+x_2=1, \\ -3x_1+x_2=0. \end{cases}$

3. 求解下列上三角形方程组：

(1) $\begin{cases} x_1+x_2+x_3=10, \\ 2x_2+x_3=11, \\ 3x_3=15; \end{cases}$　　(2) $\begin{cases} x_1+2x_2+2x_3+x_4=5, \\ 3x_2+x_3-2x_4=1, \\ -x_3+2x_4=-1, \\ 4x_4=4. \end{cases}$

4. 下列线性方程组中，方程组(b)是与方程组(a)同解(或等价)的上三角形方程组，请写出用线性方程组的初等变换将方程组(a)化为方程组(b)的过程.

(1) (a) $\begin{cases} x_1-2x_2+x_3=0, \\ 2x_2-8x_3=8, \\ -4x_1+5x_2+9x_3=-9; \end{cases}$　　(b) $\begin{cases} x_1-2x_2+x_3=0, \\ x_2-4x_3=4, \\ x_3=3; \end{cases}$

(2) (a) $\begin{cases} x_1+2x_2+x_3=3, \\ 3x_1-x_2-3x_3=-1, \\ 2x_1+3x_2+x_3=4; \end{cases}$　　(b) $\begin{cases} x_1+2x_2+x_3=3, \\ -7x_2-6x_3=-10, \\ x_3=4. \end{cases}$

5. 验证 $x_1=1,x_2=2,x_3=5$ 是线性方程组 $\begin{cases} x_1-2x_2+x_3=2, \\ 2x_1+x_2-x_3=-1, \\ -2x_1-x_2-x_3=-9 \end{cases}$ 的一个解，并进一步说明此解为该方程组的唯一解.

B组

1. 设有三个二维平面向量 $\boldsymbol{\alpha}=(1,1)$，$\boldsymbol{\beta}=(-2,2)$，$\boldsymbol{\gamma}=(1,5)$，若存在实数 x 和 y 满足 $x\boldsymbol{\alpha}+y\boldsymbol{\beta}=\boldsymbol{\gamma}$，试求 x 和 y.

2. 已知曲线 $y=c_0+c_1x+c_2x^2$ 通过三点(1,4)，(2,5)和(3,8)，试求出该曲线的方程.

3. (百鸡问题)一百文铜钱买了一百只鸡，公鸡每只5文钱，母鸡每只3文钱，小鸡一文钱3只，问：一百只鸡中公鸡、母鸡、小鸡各有多少只？

1.2 矩阵的概念

1.2.1 矩阵的定义

在用初等变换将线性方程组变为同解的上三角形方程组的过程中，参与运算的是未知量的系数及常数项，而未知量并没有参与运算，它们只起到定位的作用. 为此，我们把未知量的系数及常数项抽取出来，引入矩阵的概念.

对于线性方程组

$$\begin{cases} -x_1+2x_2+x_3=-2, \\ x_1-x_2\qquad=2, \end{cases} \tag{1.3}$$

将每个未知数的系数写在对齐的一列中，并用括号括起来，得到数表

$$\begin{pmatrix} -1 & 2 & 1 \\ 1 & -1 & 0 \end{pmatrix}. \tag{1.4}$$

若将系数和常数项写在一起，则得到数表

$$\begin{pmatrix} -1 & 2 & 1 & -2 \\ 1 & -1 & 0 & 2 \end{pmatrix}. \tag{1.5}$$

我们将数表(1.4)和(1.5)都称为**矩阵**(matrix). 称(1.4)式为线性方程组(1.3)的**系数矩阵**(coefficient matrix)，称(1.5)式为线性方程组(1.3)的**增广矩阵**(augmented matrix)，它包含了线性方程组的全部信息.

定义 1.4（矩阵） 由 $m\times n$ 个数排成的 m 行 n 列的数表

$$\begin{pmatrix} a_{11} & a_{12} & \cdots & a_{1n} \\ a_{21} & a_{22} & \cdots & a_{2n} \\ \vdots & \vdots & & \vdots \\ a_{m1} & a_{m2} & \cdots & a_{mn} \end{pmatrix} \tag{1.6}$$

称为一个 $m\times n$ 矩阵，其中数 a_{ij} 表示矩阵的位于第 i 行第 j 列的**元素**(entry)，称为矩阵的(i,j)元，$i=1,2,\cdots,m$；$j=1,2,\cdots,n$.

矩阵的记号一般为圆括号( )或方括号[ ]，为方便起见，矩阵(1.6)也可以表示为 $\boldsymbol{A}_{m\times n}$，$(a_{ij})_{m\times n}$ 或$[a_{ij}]_{m\times n}$.

元素是实数的矩阵称为实矩阵，元素是复数的矩阵称为复矩阵. 本书中的矩阵如无特别说明，都指实矩阵.

矩阵通常用大写字母 $\boldsymbol{A},\boldsymbol{B},\boldsymbol{C},\cdots$表示，在出版物中，大多用大写黑斜体字母表示矩阵，例如

$$\boldsymbol{A}=\begin{pmatrix} -1 & 2 & 1 \\ 1 & -1 & 0 \end{pmatrix},\boldsymbol{B}=\begin{pmatrix} -1 & 2 & 1 & -2 \\ 1 & -1 & 0 & 2 \end{pmatrix}.$$

这里 $\boldsymbol{A}$ 是 2×3 的，$\boldsymbol{B}$ 是 2×4 的，$\boldsymbol{A},\boldsymbol{B}$ 还可以写成 $\boldsymbol{A}_{2\times 3}$，$\boldsymbol{B}_{2\times 4}$.

1.2.2 几种特殊矩阵

下面介绍几种常用的特殊矩阵.

(1) 零矩阵：元素全为零的矩阵称为**零矩阵**(zero matrix)，一般用 $\boldsymbol{O}$ 或 $\boldsymbol{O}_{m\times n}$ 表示，也可以用黑体数字 **0** 表示. 例如

$$\boldsymbol{O}_{2\times 3}=\begin{pmatrix} 0 & 0 & 0 \\ 0 & 0 & 0 \end{pmatrix}.$$

(2) 行矩阵和列矩阵：只有一行的矩阵称为**行矩阵**(row matrix)，只有一列的矩阵称为**列矩阵**(column matrix).

例如，$(2,-1,5,7)$或$(2\quad -1\quad 5\quad 7)$为行矩阵，$\begin{pmatrix} 2 \\ 0 \\ 1 \end{pmatrix}$为列矩阵.

行矩阵常称为**行向量**(row vector),列矩阵常称为**列向量**(column vector).

(3) 方阵：行数和列数相同的矩阵称为**方阵**(square matrix). 例如

$$\begin{pmatrix} a_{11} & a_{12} & a_{13} \\ a_{21} & a_{22} & a_{23} \\ a_{31} & a_{32} & a_{33} \end{pmatrix}$$

为一个 3×3 方阵,通常称为**三阶方阵**或**三阶矩阵**,在这个方阵中,经过元素 a_{11},a_{22},a_{33} 所在位置的直线称为**主对角线**,主对角线上的元素称为**主对角元**. 经过元素 a_{13},a_{22},a_{31} 所在位置的直线称为**副对角线**.

(4) 对角矩阵：主对角元以外的元素全为零的方阵称为**对角矩阵**(diagonal matrix),即对 n 阶方阵 $\boldsymbol{A}=(a_{ij})$,当 $i\neq j$ 时,$a_{ij}=0$. 例如

$$\begin{pmatrix} a_{11} & 0 & 0 \\ 0 & a_{22} & 0 \\ 0 & 0 & a_{33} \end{pmatrix} \quad 或 \quad \begin{pmatrix} a_{11} & & \\ & a_{22} & \\ & & a_{33} \end{pmatrix}$$

为三阶对角矩阵,也可记为 $\mathrm{diag}(a_{11},a_{22},a_{33})$,矩阵中有规则的零元素可省略不写.

(5) 单位矩阵：主对角元全为1的对角矩阵称为**单位矩阵**(identity matrix),一般用大写英文字母 $\boldsymbol{E}$ 或 $\boldsymbol{I}$ 表示. 例如

$$\boldsymbol{E}=\begin{pmatrix} 1 & 0 & 0 \\ 0 & 1 & 0 \\ 0 & 0 & 1 \end{pmatrix} \quad 或 \quad \boldsymbol{E}=\begin{pmatrix} 1 & & \\ & 1 & \\ & & 1 \end{pmatrix}$$

为三阶单位矩阵.

(6) 三角形矩阵：主对角线下方的元素全为零的方阵称为**上三角形矩阵**(upper triangular matrix),即对 n 阶方阵 $\boldsymbol{A}=(a_{ij})$,当 $i>j$ 时,$a_{ij}=0$. 例如

$$\begin{pmatrix} a_{11} & a_{12} & a_{13} \\ 0 & a_{22} & a_{23} \\ 0 & 0 & a_{33} \end{pmatrix} \quad 或 \quad \begin{pmatrix} a_{11} & a_{12} & a_{13} \\ & a_{22} & a_{23} \\ & & a_{33} \end{pmatrix}.$$

主对角线上方的元素全为零的方阵称为**下三角形矩阵**(lower triangular matrix),即对 n 阶方阵 $\boldsymbol{A}=(a_{ij})$,当 $i<j$ 时,$a_{ij}=0$. 例如

$$\begin{pmatrix} a_{11} & 0 & 0 \\ a_{21} & a_{22} & 0 \\ a_{31} & a_{32} & a_{33} \end{pmatrix} \quad 或 \quad \begin{pmatrix} a_{11} & & \\ a_{21} & a_{22} & \\ a_{31} & a_{32} & a_{33} \end{pmatrix}.$$

例1 写出下面的线性方程组对应的系数矩阵和增广矩阵.

$$(1)\begin{cases} x_1-2x_2+x_3=0, \\ 2x_2-8x_3=8, \\ -4x_1+5x_2+9x_3=-9; \end{cases} \qquad (2)\begin{cases} x_1-2x_2+x_3=0, \\ x_2-4x_3=4, \\ x_3=3. \end{cases}$$

解 (1)系数矩阵和增广矩阵分别为

$$\boldsymbol{A}=\begin{pmatrix} 1 & -2 & 1 \\ 0 & 2 & -8 \\ -4 & 5 & 9 \end{pmatrix}, \boldsymbol{B}=\begin{pmatrix} 1 & -2 & 1 & 0 \\ 0 & 2 & -8 & 8 \\ -4 & 5 & 9 & -9 \end{pmatrix}.$$

(2) 系数矩阵和增广矩阵分别为

$$A=\begin{pmatrix}1 & -2 & 1\\0 & 1 & -4\\0 & 0 & 1\end{pmatrix},B=\begin{pmatrix}1 & -2 & 1 & 0\\0 & 1 & -4 & 4\\0 & 0 & 1 & 3\end{pmatrix}.$$

显然,上三角形方程组的系数矩阵为上三角形矩阵.

如果矩阵 $\boldsymbol{A}$ 与 $\boldsymbol{B}$ 的行数、列数分别对应相等,则称 $\boldsymbol{A}$ 与 $\boldsymbol{B}$ 为**同型矩阵**.

如果两个同型矩阵 $\boldsymbol{A}$ 与 $\boldsymbol{B}$ 对应位置处的元素完全相同,则称矩阵 $\boldsymbol{A}$ 与 $\boldsymbol{B}$ **相等**,记作 $\boldsymbol{A}=\boldsymbol{B}$. 例如

$$\boldsymbol{A}=\begin{pmatrix}a & 2 & 3\\-1 & b & -5\end{pmatrix} 与 \boldsymbol{B}=\begin{pmatrix}6 & 2 & 3\\c & 7 & d\end{pmatrix}$$

是同型矩阵,并且当 $a=6,b=7,c=-1,d=-5$ 时,$\boldsymbol{A}=\boldsymbol{B}$.

例 2 (用矩阵表示航线图)考虑一张航线图,用点表示城市,两城市之间有直达航班时,就用一条线将两个点连接起来. 图 1-1 中给出的是某航空公司部分城市间的航线图,图中用 C_1,C_2,C_3,C_4 分别表示北京、乌鲁木齐、西安、大连四个城市.

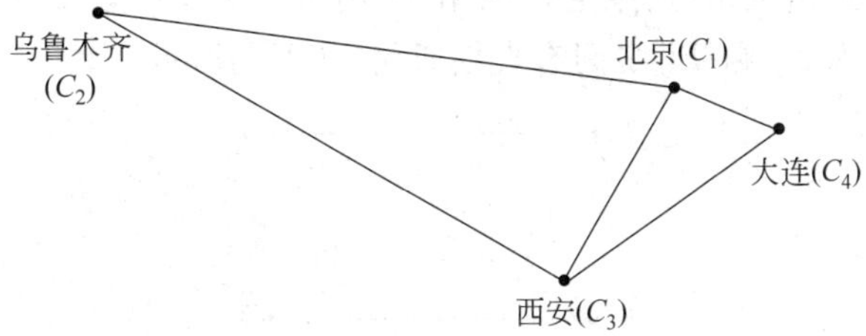

图 1-1

若令 $a_{ij}=\begin{cases}1, & C_i 与 C_j 间有直达航班,\\0, & C_i 与 C_j 间无直达航班\end{cases}$ $(i,j=1,2,3,4)$,则图 1-1 中城市间的航线关系可以用矩阵表示为

$$\boldsymbol{A}=(a_{ij})_{4\times4}=\begin{pmatrix}0 & 1 & 1 & 1\\1 & 0 & 1 & 0\\1 & 1 & 0 & 1\\1 & 0 & 1 & 0\end{pmatrix}.$$

称矩阵 $\boldsymbol{A}$ 为 C_1,C_2,C_3,C_4 四个城市间的**航线图矩阵**.

思考题

1. 如果一个方阵既是上三角形矩阵又是下三角形矩阵,问该方阵是什么类型的矩阵.

2. 设 $\boldsymbol{A}_{3\times5}$ 为某线性方程组的增广矩阵,试问该线性方程组的方程个数和未知数个数分别为多少.

习题 1.2

A 组

1. 写出下列线性方程组的系数矩阵和增广矩阵：

(1) $\begin{cases} x_1+2x_2+x_3=3, \\ 3x_1-x_2-3x_3=-1, \\ 2x_1+3x_2+x_3=4; \end{cases}$ (2) $\begin{cases} x_1+2x_2+x_3=3, \\ \quad -7x_2-6x_3=-10, \\ \qquad\qquad x_3=4. \end{cases}$

2. 若一个线性方程组的增广矩阵为$\begin{pmatrix} 1 & 2 & 2 & 0 \\ 2 & 3 & 3 & 0 \\ 3 & 4 & 4 & 0 \end{pmatrix}$,写出该线性方程组.

3. 设矩阵 $\mathbf{A}=\begin{pmatrix} 1 & x & 2 \\ -6 & 0 & z \\ 7 & y & 9 \end{pmatrix}$ 与 $\boldsymbol{B}=\begin{pmatrix} 1 & 3 & 2 \\ a & b & 8 \\ 7 & 6 & c \end{pmatrix}$ 相等,试求 x,y,z,a,b,c 的值.

4. (用矩阵表示通信网络)设某通信网络中,有 T_1,T_2,T_3,T_4 四台计算机. 在计算机 T_1 和 T_2,T_2 和 T_3 及 T_3 和 T_4 之间有直接通信,如下图所示.

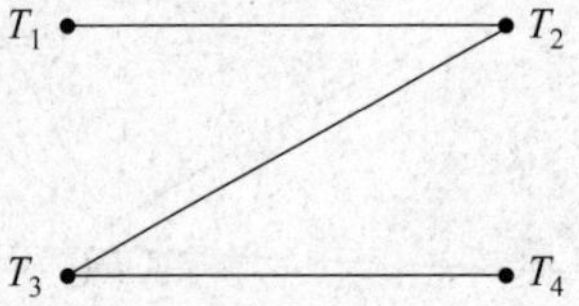

若令 $a_{ij}=\begin{cases} 1, & T_i \text{ 与 } T_j \text{ 间有直接通信}, \\ 0, & T_i \text{ 与 } T_j \text{ 间无直接通信} \end{cases}$ $(i,j=1,2,3,4)$,试用矩阵表示出该图中的通信网络.

B 组

1. 设矩阵 $\mathbf{A}=\begin{pmatrix} a & b \\ c & d \end{pmatrix}$满足 $a+b=4,a+c=2,c+d=8,2b+d=10$,求矩阵 $\mathbf{A}$.

2. 利用线性方程组的初等变换将线性方程组$\begin{cases} x_1+2x_2+3x_3=1, \\ 2x_1+2x_2+5x_3=2, \\ 3x_1+2x_2+3x_3=3 \end{cases}$化为上三角形方程组,并观察相应的增广矩阵的变化.

3. 下列矩阵都是某线性方程组的增广矩阵,写出对应的线性方程组并求解.

(1) $\begin{pmatrix} 2 & 1 & 0 \\ 0 & 1 & 1 \end{pmatrix}$; (2) $\begin{pmatrix} 1 & 1 & 1 & 0 \\ 0 & 1 & 2 & 2 \\ 0 & 0 & 1 & 1 \end{pmatrix}$.

1.3 矩阵的运算

1.3.1 矩阵的加法

定义 1.5（矩阵的加法） 设矩阵 $\boldsymbol{A}=(a_{ij})_{m\times n}$，$\boldsymbol{B}=(b_{ij})_{m\times n}$，称矩阵 $\boldsymbol{C}=(a_{ij}+b_{ij})_{m\times n}$ 为 $\boldsymbol{A}$ 与 $\boldsymbol{B}$ 的和，记为 $\boldsymbol{A}+\boldsymbol{B}$.

注 两个同型矩阵才能相加，两矩阵相加就是把它们对应位置处的元素相加.

称矩阵 $(-a_{ij})_{m\times n}$ 为 $\boldsymbol{A}$ 的**负矩阵**，记作 $-\boldsymbol{A}$. 矩阵 $\boldsymbol{A}$ 与 $\boldsymbol{B}$ 的差则定义为

$$\boldsymbol{A}-\boldsymbol{B}=\boldsymbol{A}+(-\boldsymbol{B}).$$

可以验证，**矩阵的加法**(matrix addition)满足下面的运算律：

(1) $\boldsymbol{A}+\boldsymbol{B}=\boldsymbol{B}+\boldsymbol{A}$（**交换律**，commutative law）；

(2) $(\boldsymbol{A}+\boldsymbol{B})+\boldsymbol{C}=\boldsymbol{A}+(\boldsymbol{B}+\boldsymbol{C})$（**结合律**，associative law）；

(3) $\boldsymbol{A}+\boldsymbol{O}=\boldsymbol{O}+\boldsymbol{A}=\boldsymbol{A}$，其中 $\boldsymbol{O}$ 是与 $\boldsymbol{A}$ 同型的零矩阵；

(4) $\boldsymbol{A}+(-\boldsymbol{A})=\boldsymbol{O}$.

例 1 设 $\boldsymbol{A}=\begin{pmatrix}2&-3&8\\-5&-9&7\end{pmatrix}$，$\boldsymbol{B}=\begin{pmatrix}4&-1&2\\3&-2&0\end{pmatrix}$，求 $\boldsymbol{A}+\boldsymbol{B}$ 与 $\boldsymbol{A}-\boldsymbol{B}$.

解

$$\boldsymbol{A}+\boldsymbol{B}=\begin{pmatrix}2+4&-3+(-1)&8+2\\-5+3&-9+(-2)&7+0\end{pmatrix}=\begin{pmatrix}6&-4&10\\-2&-11&7\end{pmatrix},$$

$$\boldsymbol{A}-\boldsymbol{B}=\begin{pmatrix}2-4&-3-(-1)&8-2\\-5-3&-9-(-2)&7-0\end{pmatrix}=\begin{pmatrix}-2&-2&6\\-8&-7&7\end{pmatrix}.$$

1.3.2 数与矩阵的乘法

定义 1.6（数乘） 设 $\boldsymbol{A}=(a_{ij})$ 是一个 $m\times n$ 矩阵，k 是一个数，称矩阵 $(ka_{ij})_{m\times n}$ 为数 k 与矩阵 $\boldsymbol{A}$ 的乘积，简称**数乘**(scalar multiplication)，记作 $k\boldsymbol{A}$.

由定义 1.6 可知，数乘 $k\boldsymbol{A}$ 就是用数 k 乘矩阵 $\boldsymbol{A}$ 的每一个元素所得到的矩阵. 例如，设

$$\boldsymbol{A}=\begin{pmatrix}2&-3&8\\-5&-9&7\end{pmatrix},$$

则

$$3\boldsymbol{A}=\begin{pmatrix}3\times 2&3\times(-3)&3\times 8\\3\times(-5)&3\times(-9)&3\times 7\end{pmatrix}=\begin{pmatrix}6&-9&24\\-15&-27&21\end{pmatrix}.$$

容易验证，数与矩阵的乘法满足如下运算律，其中 $\boldsymbol{A}$，$\boldsymbol{B}$ 为同型矩阵，k，l 为数.

(1) $k(\boldsymbol{A}+\boldsymbol{B})=k\boldsymbol{A}+k\boldsymbol{B}$；

(2) $(k+l)\boldsymbol{A}=k\boldsymbol{A}+l\boldsymbol{A}$；

(3) $k(l\boldsymbol{A})=(kl)\boldsymbol{A}$.

1.3.3 矩阵的乘法

定义 1.7（矩阵的乘法） 设矩阵 $\boldsymbol{A}=(a_{ij})_{m\times s}$，$\boldsymbol{B}=(b_{ij})_{s\times n}$，定义矩阵 $\boldsymbol{A}$ 与 $\boldsymbol{B}$ 的乘积为 $\boldsymbol{C}=(c_{ij})_{m\times n}$，其中

$$c_{ij}=a_{i1}b_{1j}+a_{i2}b_{2j}+\cdots+a_{is}b_{sj}=\sum_{k=1}^{s}a_{ik}b_{kj},i=1,2,\cdots,m;j=1,2,\cdots,n,$$

记作 $\boldsymbol{C}=\boldsymbol{AB}$.

注 对于**矩阵的乘法**(matrix multiplication)，需注意以下几点：

(1) 只有第一个矩阵 $\boldsymbol{A}$ 的列数与第二个矩阵 $\boldsymbol{B}$ 的行数相同时，$\boldsymbol{AB}$ 才有意义.

(2) 乘积矩阵 $\boldsymbol{AB}$ 的行数等于 $\boldsymbol{A}$ 的行数，$\boldsymbol{AB}$ 的列数等于 $\boldsymbol{B}$ 的列数.

(3) 乘积矩阵 $\boldsymbol{AB}$ 的 (i,j) 元 c_{ij} 等于 $\boldsymbol{A}$ 的第 i 行与 $\boldsymbol{B}$ 的第 j 列对应元素乘积的和.

例 2 $\boldsymbol{A}=\begin{pmatrix}4&-1&2\\3&-2&0\end{pmatrix}$，$\boldsymbol{B}=\begin{pmatrix}-2&3\\0&1\\-1&0\end{pmatrix}$，求 $\boldsymbol{AB}$ 与 $\boldsymbol{BA}$.

解 设 $\boldsymbol{AB}=\boldsymbol{C}=\begin{pmatrix}c_{11}&c_{12}\\c_{21}&c_{22}\end{pmatrix}$，则

$c_{11}=4\times(-2)+(-1)\times0+2\times(-1)=-10$，$c_{12}=4\times3+(-1)\times1+2\times0=11$，

$c_{21}=3\times(-2)+(-2)\times0+0\times(-1)=-6$，$c_{22}=3\times3+(-2)\times1+0\times0=7$.

于是

$$\boldsymbol{AB}=\begin{pmatrix}-10&11\\-6&7\end{pmatrix}.$$

同理可得

$$\boldsymbol{BA}=\begin{pmatrix}-2&3\\0&1\\-1&0\end{pmatrix}\begin{pmatrix}4&-1&2\\3&-2&0\end{pmatrix}=\begin{pmatrix}1&-4&-4\\3&-2&0\\-4&1&-2\end{pmatrix}.$$

注 注意矩阵的乘法与数的乘法的不同之处.

(1) 矩阵乘法不满足交换律，即 $\boldsymbol{AB}$ 一般不等于 $\boldsymbol{BA}$.

首先，$\boldsymbol{AB}$ 有意义，$\boldsymbol{BA}$ 不一定有意义. 例如，设 $\boldsymbol{A}$ 为 2×2 矩阵，$\boldsymbol{B}$ 为 2×3 矩阵，则 $\boldsymbol{AB}$ 为 2×3 矩阵，而 $\boldsymbol{B}$ 与 $\boldsymbol{A}$ 不能相乘. 其次，即使 $\boldsymbol{AB}$ 与 $\boldsymbol{BA}$ 都有意义，它们也不一定相等. 例如，前面的例 2，虽然 $\boldsymbol{AB}$ 与 $\boldsymbol{BA}$ 都有意义，但它们不是同型矩阵，所以不可能相等. 又例如

$$\boldsymbol{A}=\begin{pmatrix}1&-1\\-1&1\end{pmatrix},\boldsymbol{B}=\begin{pmatrix}1&1\\-1&-1\end{pmatrix},$$

计算可得

$$\boldsymbol{AB}=\begin{pmatrix}2&2\\-2&-2\end{pmatrix},\boldsymbol{BA}=\begin{pmatrix}0&0\\0&0\end{pmatrix}.$$

尽管 $\boldsymbol{AB}$ 与 $\boldsymbol{BA}$ 是同型矩阵，但它们也不相等.

(2) 两个非零矩阵的乘积可能为零矩阵. 例如，上面的例子中，$\boldsymbol{A}\neq\boldsymbol{O}$，$\boldsymbol{B}\neq\boldsymbol{O}$，但

$BA = O$.

(3) 矩阵的乘法不满足消去律，即由 $AB = AC, A \neq O$，一般不能得出 $B = C$. 例如

$$A = \begin{pmatrix} 1 & -1 \\ -1 & 1 \end{pmatrix}, B = \begin{pmatrix} 1 & 1 \\ -1 & -1 \end{pmatrix}, C = \begin{pmatrix} 0 & 2 \\ -2 & 0 \end{pmatrix},$$

显然

$$AB = AC = \begin{pmatrix} 2 & 2 \\ -2 & -2 \end{pmatrix},$$

$A \neq O$，但是 $B \neq C$.

可以证明，矩阵乘法有如下的运算律（设所涉及的运算都可以进行）：

(1) $(AB)C = A(BC)$（**结合律**，associative law of multiplication）；

(2) $A(B+C) = AB + AC$（**左乘分配律**，left distributive law）；

$(B+C)A = BA + CA$（**右乘分配律**，right distributive law）；

(3) $k(AB) = (kA)B = A(kB)$，k 为常数；

(4) 设 E 为 n 阶单位矩阵，对任意矩阵 $A_{m\times n}, B_{n\times s}$，有 $AE = A, EB = B$. **即单位矩阵在矩阵乘法中相当于数 1 的作用.**

若 A 是 n 阶方阵，k 是正整数，k 个 A 相乘称为 A 的 k **次幂**，记作

$$A^k = \underbrace{AA\cdots A}_{k\text{个}}.$$

规定 $A^0 = E$.

方阵的幂（powers of a square matrix）有如下的运算律（其中 k, l 为非负整数）：

$$A^k A^l = A^{k+l}, \qquad (A^k)^l = A^{kl}.$$

例 3 已知线性方程组 $\begin{cases} 3x_1 + 4x_2 - 6x_3 = 4, \\ x_1 - x_2 + 4x_3 = 1, \\ -x_1 + 2x_2 - 7x_3 = 0, \end{cases}$ 其系数矩阵 $A = \begin{pmatrix} 3 & 4 & -6 \\ 1 & -1 & 4 \\ -1 & 2 & -7 \end{pmatrix}$.

称向量 $b = \begin{pmatrix} 4 \\ 1 \\ 0 \end{pmatrix}$ 为该线性方程组的**常数项列向量**，向量 $x = \begin{pmatrix} x_1 \\ x_2 \\ x_3 \end{pmatrix}$ 为该线性方程组的**未知数列向量**. 根据矩阵的乘法以及矩阵相等的定义，该线性方程组可以表示为

$$Ax = b.$$

将 $Ax = b$ 称为该线性方程组的**矩阵形式**，也将 $Ax = b$ 称为**矩阵方程**（matrix equation）.

1.3.4 矩阵的转置

定义 1.8（矩阵的转置） 把矩阵 $A = (a_{ij})_{m\times n}$ 的行换成同序数的列，得到一个 $n\times m$ 矩阵，称此矩阵为 A 的转置矩阵，记为 A^{T}.

例如，$A = \begin{pmatrix} 1 & -1 & 2 \\ 0 & 1 & 3 \end{pmatrix}$ 的转置为 $A^{\mathrm{T}} = \begin{pmatrix} 1 & 0 \\ -1 & 1 \\ 2 & 3 \end{pmatrix}$.

矩阵的转置(the transpose of a matrix)有以下运算法则(设所涉及的运算都可以进行):

(1) $(\boldsymbol{A}^{\mathrm{T}})^{\mathrm{T}}=\boldsymbol{A}$;

(2) $(\boldsymbol{A}+\boldsymbol{B})^{\mathrm{T}}=\boldsymbol{A}^{\mathrm{T}}+\boldsymbol{B}^{\mathrm{T}}$;

(3) $(k\boldsymbol{A})^{\mathrm{T}}=k\boldsymbol{A}^{\mathrm{T}}$($k$ 为常数);

(4) $(\boldsymbol{AB})^{\mathrm{T}}=\boldsymbol{B}^{\mathrm{T}}\boldsymbol{A}^{\mathrm{T}}$.

证明 这里只证明法则(4).

设 $\boldsymbol{A}=(a_{ij})_{m\times s}$,$\boldsymbol{B}=(b_{ij})_{s\times n}$. 首先,容易验证,$(\boldsymbol{AB})^{\mathrm{T}}$ 与 $\boldsymbol{B}^{\mathrm{T}}\boldsymbol{A}^{\mathrm{T}}$ 都为 $n\times m$ 矩阵,即它们是同型的. 记 $\boldsymbol{AB}=(c_{ij})_{m\times n}$,$(\boldsymbol{AB})^{\mathrm{T}}=(d_{ji})_{n\times m}$,$\boldsymbol{B}^{\mathrm{T}}\boldsymbol{A}^{\mathrm{T}}=(e_{ji})_{n\times m}$,需要证明矩阵$(\boldsymbol{AB})^{\mathrm{T}}$ 与 $\boldsymbol{B}^{\mathrm{T}}\boldsymbol{A}^{\mathrm{T}}$ 对应元素都相等.

因为$(\boldsymbol{AB})^{\mathrm{T}}$ 的(j,i)元为 $\boldsymbol{AB}$ 的(i,j)元,因此

$$d_{ji}=c_{ij}=a_{i1}b_{1j}+a_{i2}b_{2j}+\cdots+a_{is}b_{sj}.$$

而 $\boldsymbol{B}^{\mathrm{T}}\boldsymbol{A}^{\mathrm{T}}$ 的(j,i)元 e_{ji} 为 $\boldsymbol{B}^{\mathrm{T}}$ 的第 j 行与 $\boldsymbol{A}^{\mathrm{T}}$ 的第 i 列对应元素乘积的和,也即 $\boldsymbol{B}$ 的第 j 列与 $\boldsymbol{A}$ 的第 i 行对应元素乘积的和,从而

$$e_{ji}=b_{1j}a_{i1}+b_{2j}a_{i2}+\cdots+b_{sj}a_{is}=a_{i1}b_{1j}+a_{i2}b_{2j}+\cdots+a_{is}b_{sj}.$$

则

$$e_{ji}=d_{ji},j=1,2,\cdots,n;i=1,2,\cdots,m.$$

从而 $(\boldsymbol{AB})^{\mathrm{T}}=\boldsymbol{B}^{\mathrm{T}}\boldsymbol{A}^{\mathrm{T}}$. ■

法则(4)可以推广到多个矩阵相乘的情况,例如,$(\boldsymbol{ABC})^{\mathrm{T}}=\boldsymbol{C}^{\mathrm{T}}\boldsymbol{B}^{\mathrm{T}}\boldsymbol{A}^{\mathrm{T}}$.

若 $\boldsymbol{A}^{\mathrm{T}}=\boldsymbol{A}$,称 $\boldsymbol{A}$ 为**对称矩阵**(symmetric matrix);若 $\boldsymbol{A}^{\mathrm{T}}=-\boldsymbol{A}$,称 $\boldsymbol{A}$ 为**反对称矩阵**(skew symmetric matrix). 例如,若

$$\boldsymbol{A}=\begin{pmatrix}2&5&7\\5&8&6\\7&6&9\end{pmatrix},\quad \boldsymbol{B}=\begin{pmatrix}0&-5&7\\5&0&-6\\-7&6&0\end{pmatrix},$$

则 $\boldsymbol{A}$ 为对称矩阵,$\boldsymbol{B}$ 为反对称矩阵.

矩阵的运算虽然是线性代数中的基本运算,但它们在许多问题中起着非常重要的作用. 下面给出矩阵乘法的一个应用.

例 4 (人口迁移模型)某国家人口城乡迁移的统计规律表明,每年城市中有 10%的人口迁到农村,农村中有 20%的人口迁到城市. 设该国现有城市人口 3000 万人,农村人口 7000 万人. 假定出生和死亡的人口数量基本相等,而且分布也是均匀的,故人口总数不变,那么经过一年后,该国城市人口和农村人口各有多少? 两年后呢? 20 年后呢?

解 该国现有城乡人口数分别为 $x_0=3000$,$y_0=7000$,一年后城乡人口数 x_1,y_1 分别为

$$\begin{cases}x_1=x_0-0.1x_0+0.2y_0=0.9x_0+0.2y_0,\\y_1=y_0+0.1x_0-0.2y_0=0.1x_0+0.8y_0,\end{cases}$$

利用矩阵乘法,一年后的城乡人口数可以表示为

$$\begin{pmatrix}x_1\\y_1\end{pmatrix}=\begin{pmatrix}0.9&0.2\\0.1&0.8\end{pmatrix}\begin{pmatrix}x_0\\y_0\end{pmatrix},$$

代入 $x_0=3000$,$y_0=7000$,可得

$$\begin{pmatrix}x_1\\y_1\end{pmatrix}=\begin{pmatrix}0.9&0.2\\0.1&0.8\end{pmatrix}\begin{pmatrix}3000\\7000\end{pmatrix}=\begin{pmatrix}4100\\5900\end{pmatrix},$$

即一年后城乡人口分别为 4100 万人和 5900 万人.

类似可知,两年后的城乡人口为

$$\begin{pmatrix}x_2\\y_2\end{pmatrix}=\begin{pmatrix}0.9&0.2\\0.1&0.8\end{pmatrix}\begin{pmatrix}x_1\\y_1\end{pmatrix}=\begin{pmatrix}0.9&0.2\\0.1&0.8\end{pmatrix}\begin{pmatrix}4100\\5900\end{pmatrix}=\begin{pmatrix}4870\\5130\end{pmatrix},$$

即两年后城乡人口分别为 4870 万人和 5130 万人.

因为

$$\begin{pmatrix}x_2\\y_2\end{pmatrix}=\begin{pmatrix}0.9&0.2\\0.1&0.8\end{pmatrix}\begin{pmatrix}x_1\\y_1\end{pmatrix}=\begin{pmatrix}0.9&0.2\\0.1&0.8\end{pmatrix}^2\begin{pmatrix}x_0\\y_0\end{pmatrix},$$

从而可以归纳得出,20 年后的城乡人口为

$$\begin{pmatrix}x_{20}\\y_{20}\end{pmatrix}=\begin{pmatrix}0.9&0.2\\0.1&0.8\end{pmatrix}^{20}\begin{pmatrix}x_0\\y_0\end{pmatrix}.$$

但是,直接计算$\begin{pmatrix}0.9&0.2\\0.1&0.8\end{pmatrix}^{20}$的工作量是很大的,在第 5 章学习了矩阵的对角化后,会有简便的计算方法. 5.2 节的例 6 中有这个问题的详细解答.

思考题

1. 设 $\boldsymbol{A}$ 和 $\boldsymbol{B}$ 都为三阶方阵,下列等式是否一定成立?

(1) $(\boldsymbol{A}+\boldsymbol{B})^2=\boldsymbol{A}^2+2\boldsymbol{AB}+\boldsymbol{B}^2$; (2) $(\boldsymbol{AB})^2=\boldsymbol{A}^2\boldsymbol{B}^2$.

2. “对称矩阵和反对称矩阵必为方阵”,判断这个论断是否正确,并给出解释.

习题 1.3

A 组

1. 设 $\boldsymbol{A}=\begin{pmatrix}3&1&4\\-2&0&1\\1&2&2\end{pmatrix}$,$\boldsymbol{B}=\begin{pmatrix}1&0&2\\-3&1&1\\2&-4&1\end{pmatrix}$,计算:

(1) $2\boldsymbol{A}-3\boldsymbol{B}$; (2) $\boldsymbol{AB}$ 和 $\boldsymbol{BA}$;

(3) $(2\boldsymbol{A})^{\mathrm{T}}-(3\boldsymbol{B})^{\mathrm{T}}$; (4) $(\boldsymbol{BA})^{\mathrm{T}}$ 和 $\boldsymbol{A}^{\mathrm{T}}\boldsymbol{B}^{\mathrm{T}}$.

2. 下列矩阵乘法是否可行? 对可行的,计算出它们的乘积.

(1) $\begin{pmatrix}-2&1&3\\4&1&6\end{pmatrix}\begin{pmatrix}3&-2\\2&4\\1&-3\end{pmatrix}$; (2) $(1\ \ 2\ \ 3)\begin{pmatrix}2\\3\\4\end{pmatrix}$;

(3) $\begin{pmatrix}1\\2\\3\end{pmatrix}(2\ \ 3\ \ 4)$; (4) $\begin{pmatrix}3&-2\\2&4\\1&-3\end{pmatrix}\begin{pmatrix}1&0&3\\2&3&-2\\-1&2&1\end{pmatrix}$;

(5) $\begin{pmatrix}3 & -2\\2 & 4\\1 & -3\end{pmatrix}\begin{pmatrix}1\\-1\end{pmatrix}$；　(6) $\begin{pmatrix}-2 & 1 & 3\\4 & 1 & 6\end{pmatrix}\begin{pmatrix}3 & 0\\0 & 2\end{pmatrix}$；

(7) $(1\quad -1\quad 2)\begin{pmatrix}2 & 1\\0 & 1\\1 & 2\end{pmatrix}\begin{pmatrix}1 & 2\\0 & 1\end{pmatrix}$；　(8) $\begin{pmatrix}1 & 2 & 3\\4 & 5 & 6\\7 & 8 & 9\end{pmatrix}\begin{pmatrix}0 & 1 & 0\\1 & 0 & 0\\0 & 0 & 1\end{pmatrix}$.

3. 设 $\boldsymbol{A}=\begin{pmatrix}1 & 1 & 2\\2 & -1 & 2\\1 & -2 & 0\\4 & 1 & 4\end{pmatrix}$，$\boldsymbol{p}=\begin{pmatrix}-1\\-2\\2\end{pmatrix}$，$\boldsymbol{b}=\begin{pmatrix}1\\4\\3\\2\end{pmatrix}$，验证 $\boldsymbol{p}$ 为线性方程组 $\boldsymbol{Ax}=\boldsymbol{b}$ 的解.

4. 设 $\boldsymbol{A}=\begin{pmatrix}x & 0\\7 & y\end{pmatrix}$，$\boldsymbol{B}=\begin{pmatrix}u & v\\y & 2\end{pmatrix}$，$\boldsymbol{C}=\begin{pmatrix}3 & -4\\x & v\end{pmatrix}$，且 $\boldsymbol{A}+2\boldsymbol{B}-\boldsymbol{C}=\boldsymbol{O}$，求 x,y,u,v 的值.

5. 如果 $\boldsymbol{AB}=\boldsymbol{BA}$，称矩阵 $\boldsymbol{A}$ 与 $\boldsymbol{B}$ **可交换**.求所有与 $\begin{pmatrix}1 & 1\\0 & 1\end{pmatrix}$ 可交换的矩阵.

6. 设 $\boldsymbol{A}$ 为 n 阶方阵，求证：

(1) $\boldsymbol{A}+\boldsymbol{A}^{\mathrm{T}}$ 为对称矩阵；

(2) $\boldsymbol{A}-\boldsymbol{A}^{\mathrm{T}}$ 为反对称矩阵；

(3) 任何一个 n 阶方阵都可以表示为一个对称矩阵与一个反对称矩阵之和.

7. 对下列矩阵 $\boldsymbol{A}$，计算 $\boldsymbol{A}^2,\boldsymbol{A}^3,\boldsymbol{A}^n$（$n$ 为正整数）.

(1) $\boldsymbol{A}=\begin{pmatrix}\frac{1}{2} & -\frac{1}{2}\\-\frac{1}{2} & \frac{1}{2}\end{pmatrix}$；　(2) $\boldsymbol{A}=\begin{pmatrix}1 & 0\\\lambda & 1\end{pmatrix}$；　(3) $\boldsymbol{A}=\begin{pmatrix}2 & & \\ & 3 & \\ & & 1\end{pmatrix}$.

8. 写出下列线性方程组的系数矩阵 $\boldsymbol{A}$，未知数列向量 $\boldsymbol{x}$，常数项列向量 $\boldsymbol{b}$，将线性方程组表示为 $\boldsymbol{Ax}=\boldsymbol{b}$ 的矩阵形式.

(1) $\begin{cases}x_1+2x_2+x_3=3,\\3x_1-x_2-3x_3=-1,\\2x_1+3x_2+x_3=4;\end{cases}$　(2) $\begin{cases}x_1+2x_2+x_3=3,\\-7x_2-6x_3=-10,\\x_3=4.\end{cases}$

B组

1. 计算下列矩阵的乘积：

(1) $\begin{pmatrix}1 & 1 & 1\\0 & 4 & 0\\1 & 0 & 4\end{pmatrix}\begin{pmatrix}-1 & 0 & 0\\0 & 2 & 0\\0 & 0 & 2\end{pmatrix}$；　(2) $\begin{pmatrix}-1 & 1 & 0\\-4 & 3 & 0\\1 & 0 & 2\end{pmatrix}\begin{pmatrix}x\\2x\\-x\end{pmatrix}$；

(3) $(x\quad y)\begin{pmatrix}2 & 3\\3 & 2\end{pmatrix}\begin{pmatrix}x\\y\end{pmatrix}$；　(4) $(x_1\quad x_2\quad x_3)\begin{pmatrix}2 & -1 & 0\\-1 & 3 & 1\\0 & 1 & 4\end{pmatrix}\begin{pmatrix}x_1\\x_2\\x_3\end{pmatrix}$.

2. 设矩阵 $\boldsymbol{A}=\begin{pmatrix}h & 0 & -k\\0 & 1 & 0\\k & 0 & h\end{pmatrix}$，$\boldsymbol{B}=\begin{pmatrix}2\\3\\4\end{pmatrix}$，$\boldsymbol{C}=\begin{pmatrix}2\sqrt{5}\\3\\0\end{pmatrix}$，若 $\boldsymbol{AB}=\boldsymbol{C}$，求 h 和 k，并验证 h^2+

$k^2=1$，$\boldsymbol{A}^{\mathrm{T}}\boldsymbol{A}=\boldsymbol{E}$，其中 $\boldsymbol{E}$ 为三阶单位矩阵.

3. 已知 $\boldsymbol{A}$ 为 n 阶方阵，$\boldsymbol{E}$ 为 n 阶单位矩阵，证明 $\boldsymbol{A}+\boldsymbol{E}$ 和 $\boldsymbol{A}-2\boldsymbol{E}$ 可交换.

4. 设 $\boldsymbol{A}=(1\quad 3\quad 5)$，$\boldsymbol{B}=(2\quad 1\quad -2)$，求：

(1) $\boldsymbol{A}^{\mathrm{T}}\boldsymbol{B}$ 和 $\boldsymbol{B}\boldsymbol{A}^{\mathrm{T}}$；(2) 设 k 为正整数，求 $(\boldsymbol{A}^{\mathrm{T}}\boldsymbol{B})^k$.

5. (市场份额预测)假设某地区乳制品市场上存在 3 个互相竞争品牌 1,2 和 3，a_{ij} 表示上个月购买品牌 j 乳制品的消费者中在本月转向购买品牌 i 的消费者所占比例(其中 $i,j=1,2,3$)，经过长期市场调研和分析，有矩阵

$$\boldsymbol{A}=\begin{pmatrix} a_{11} & a_{12} & a_{13}\\ a_{21} & a_{22} & a_{23}\\ a_{31} & a_{32} & a_{33}\end{pmatrix}=\begin{pmatrix} 0.7 & 0.1 & 0.3\\ 0.2 & 0.8 & 0.3\\ 0.1 & 0.1 & 0.4\end{pmatrix},$$

如 a_{21} 和 a_{31} 分别表示上月购买品牌 1 乳制品的消费者中在本月会有 20%和 10%的转向购买品牌 2 和品牌 3 的乳制品，a_{11} 表示上个月购买品牌 1 乳制品的消费者中会有 70%在本月依然购买品牌 1 的乳制品.

假定三种乳制品的初始市场份额都是$\frac{1}{3}$，且每个月这三种品牌的乳制品的销售变化过程也相同，那么经过一个月后，这三种乳制品在该地区的市场份额各为多少？两个月后呢？12 个月后呢？

1.4 矩阵的初等变换与初等矩阵

1.4.1 矩阵的初等变换

例 1 解线性方程组 $\begin{cases} 3x_1+4x_2-6x_3=-5,\\ x_1-x_2+4x_3=9,\\ -x_1+2x_2-7x_3=-14.\end{cases}$

解 为观察该线性方程组在消去未知数的过程中对应的增广矩阵的变化，把每一步方程组对应的增广矩阵写在方程组的右边，得到

$$\begin{cases} 3x_1+4x_2-6x_3=-5,\\ x_1-x_2+4x_3=9,\\ -x_1+2x_2-7x_3=-14,\end{cases}\qquad \begin{pmatrix} 3 & 4 & -6 & -5\\ 1 & -1 & 4 & 9\\ -1 & 2 & -7 & -14\end{pmatrix}.$$

交换第一、二个方程，得

$$\begin{cases} x_1-x_2+4x_3=9,\\ 3x_1+4x_2-6x_3=-5,\\ -x_1+2x_2-7x_3=-14,\end{cases}\qquad \begin{pmatrix} 1 & -1 & 4 & 9\\ 3 & 4 & -6 & -5\\ -1 & 2 & -7 & -14\end{pmatrix}.$$

保留第一个方程中的 x_1，把第二、三个方程中的 x_1 消去. 为此，将第一个方程的 -3 倍加到第二个方程上，1 倍加到第三个方程上，得

$$\begin{cases} x_1-x_2+4x_3=9,\\ 7x_2-18x_3=-32,\\ x_2-3x_3=-5,\end{cases}\qquad \begin{pmatrix} 1 & -1 & 4 & 9\\ 0 & 7 & -18 & -32\\ 0 & 1 & -3 & -5\end{pmatrix}.$$

交换第二、三个方程,得

$$\begin{cases} x_1 - x_2 + 4x_3 = 9, \\ x_2 - 3x_3 = -5, \\ 7x_2 - 18x_3 = -32, \end{cases} \quad \begin{pmatrix} 1 & -1 & 4 & 9 \\ 0 & 1 & -3 & -5 \\ 0 & 7 & -18 & -32 \end{pmatrix}.$$

用第二个方程中的 x_2 消去第三个方程中的 x_2. 为此,将第二个方程的 -7 倍加到第三个方程上,得到如下的上三角形方程组

$$\begin{cases} x_1 - x_2 + 4x_3 = 9, \\ x_2 - 3x_3 = -5, \\ 3x_3 = 3, \end{cases} \quad \begin{pmatrix} 1 & -1 & 4 & 9 \\ 0 & 1 & -3 & -5 \\ 0 & 0 & 3 & 3 \end{pmatrix}.$$

第三个方程两端同乘以 $\frac{1}{3}$,得

$$\begin{cases} x_1 - x_2 + 4x_3 = 9, \\ x_2 - 3x_3 = -5, \\ x_3 = 1, \end{cases} \quad \begin{pmatrix} 1 & -1 & 4 & 9 \\ 0 & 1 & -3 & -5 \\ 0 & 0 & 1 & 1 \end{pmatrix}.$$

接下来,用第三个方程消去第一、二个方程中的 x_3. 将第三个方程的 -4 倍加到第一个方程上,3 倍加到第二个方程上,得

$$\begin{cases} x_1 - x_2 = 5, \\ x_2 = -2, \\ x_3 = 1, \end{cases} \quad \begin{pmatrix} 1 & -1 & 0 & 5 \\ 0 & 1 & 0 & -2 \\ 0 & 0 & 1 & 1 \end{pmatrix}.$$

最后,消去第一个方程中的 x_2,将第二个方程加到第一个方程上,得

$$\begin{cases} x_1 = 3, \\ x_2 = -2, \\ x_3 = 1, \end{cases} \quad \begin{pmatrix} 1 & 0 & 0 & 3 \\ 0 & 1 & 0 & -2 \\ 0 & 0 & 1 & 1 \end{pmatrix}.$$

因此,原方程组的解是 $x_1=3, x_2=-2, x_3=1$.

一般地,我们将上面解线性方程组的方法称为**高斯消元法**(Gauss elimination method).

在上面解线性方程组的过程中,反复用到了定义 1.2 中给出的线性方程组的三种初等变换: 交换两个方程的位置;方程的两端同乘以一个非零的常数;某个方程的倍数加到另一个方程上. 通过观察可以发现,相应的增广矩阵发生了如下三种变换: 交换两行;某行乘以一个非零常数;某行的倍数加到另一行上. 因此,我们给出矩阵的**初等变换**(elementary operations)的概念.

定义 1.9(矩阵的初等变换) 以下三种变换称为矩阵的初等行(列)变换:

(1) 对换变换: 交换矩阵中的某两行(列);

(2) 倍乘变换: 用一个非零的数乘以矩阵的某一行(列);

(3) 倍加变换: 将矩阵中某一行(列)的 k 倍加到另一行(列)上.

矩阵的初等行变换和初等列变换统称为矩阵的**初等变换**.

由例 1 可以看出,倍加变换主要是用来在矩阵中产生"0"元素的.

通常，记号 $r_i \leftrightarrow r_j$ $(c_i \leftrightarrow c_j)$ 表示交换第 i 行(列)与第 j 行(列)；记号 kr_i (kc_i) 表示用数 $k(k\neq 0)$ 乘以第 i 行(列)；记号 r_j+kr_i (c_j+kc_i) 表示第 i 行(列)的 k 倍加到第 j 行(列)上.

例 2 已知 $\boldsymbol{A}=\begin{pmatrix}4&-3&3&12\\1&2&-2&3\\3&-1&1&9\end{pmatrix}$，分别对 $\boldsymbol{A}$ 施行以下三种初等变换：

(1) 交换 $\boldsymbol{A}$ 的一、二行；(2) $\boldsymbol{A}$ 的第三列乘以 -4；(3) $\boldsymbol{A}$ 的第二行的 -3 倍加到第三行上.

解 (1) $\boldsymbol{A}\xrightarrow{r_1\leftrightarrow r_2}\begin{pmatrix}1&2&-2&3\\4&-3&3&12\\3&-1&1&9\end{pmatrix}$；

(2) $\boldsymbol{A}\xrightarrow{-4c_3}\begin{pmatrix}4&-3&-12&12\\1&2&8&3\\3&-1&-4&9\end{pmatrix}$；

(3) $\boldsymbol{A}\xrightarrow{r_3-3r_2}\begin{pmatrix}4&-3&3&12\\1&2&-2&3\\0&-7&7&0\end{pmatrix}$.

注 矩阵进行初等行变换时，前后矩阵间一般用箭头“→”连接，不能使用等号“＝”，因为变换前后的两个矩阵一般是不相等的.

例 1 的解线性方程组的消元过程如果用矩阵的初等行变换表示，则过程如下：

$$\begin{pmatrix}3&4&-6&-5\\1&-1&4&9\\-1&2&-7&-14\end{pmatrix}\xrightarrow{r_1\leftrightarrow r_2}\begin{pmatrix}1&-1&4&9\\3&4&-6&-5\\-1&2&-7&-14\end{pmatrix}\xrightarrow[r_3+r_1]{r_2-3r_1}$$

$$\begin{pmatrix}1&-1&4&9\\0&7&-18&-32\\0&1&-3&-5\end{pmatrix}\xrightarrow{r_2\leftrightarrow r_3}\begin{pmatrix}1&-1&4&9\\0&1&-3&-5\\0&7&-18&-32\end{pmatrix}\xrightarrow{r_3-7r_2}$$

$$\begin{pmatrix}1&-1&4&9\\0&1&-3&-5\\0&0&3&3\end{pmatrix}\xrightarrow{\frac{1}{3}r_3}\begin{pmatrix}1&-1&4&9\\0&1&-3&-5\\0&0&1&1\end{pmatrix}\xrightarrow[r_2+3r_3]{r_1-4r_3}$$

$$\begin{pmatrix}1&-1&0&5\\0&1&0&-2\\0&0&1&1\end{pmatrix}\xrightarrow{r_1+r_2}\begin{pmatrix}1&0&0&3\\0&1&0&-2\\0&0&1&1\end{pmatrix}.$$

注 上面矩阵的初等行变换过程中，第一步的交换第一、二行($r_1\leftrightarrow r_2$)是为了避免分数运算.

可以看出，利用初等行变换解线性方程组给我们带来了很大的方便.

定义 1.10（矩阵等价） 若矩阵 $\boldsymbol{A}$ 经过有限次初等行(列)变换变为矩阵 $\boldsymbol{B}$，则称 $\boldsymbol{A}$ 与 $\boldsymbol{B}$ 行(列)等价，记作 $\boldsymbol{A}\overset{r}{\leftrightarrow}\boldsymbol{B}$ $(\boldsymbol{A}\overset{c}{\leftrightarrow}\boldsymbol{B})$. 若矩阵 $\boldsymbol{A}$ 经过有限次初等行变换和初等列变换变为矩阵 $\boldsymbol{B}$，则称 $\boldsymbol{A}$ 与 $\boldsymbol{B}$ 等价，记作 $\boldsymbol{A}\leftrightarrow\boldsymbol{B}$.

容易证明,矩阵等价具有下列性质:

(1) **反身性**: $\boldsymbol{A} \leftrightarrow \boldsymbol{A}$;

(2) **对称性**: 若 $\boldsymbol{A} \leftrightarrow \boldsymbol{B}$,则 $\boldsymbol{B} \leftrightarrow \boldsymbol{A}$;

(3) **传递性**: 若 $\boldsymbol{A} \leftrightarrow \boldsymbol{B}$,$\boldsymbol{B} \leftrightarrow \boldsymbol{C}$,则 $\boldsymbol{A} \leftrightarrow \boldsymbol{C}$.

1.4.2 阶梯形矩阵

在矩阵中,若某行的元素全为零,称该行为**全零行**;若某行至少有一个元素不为零,称该行为**非零行**. 非零行中第一个不为零的元素称为**非零首元素**,简称**首元素**.

下面给出阶梯形矩阵的概念.

定义 1.11(行阶梯形矩阵) 若矩阵 $\boldsymbol{A}$ 满足:(1)非零行位于全零行之上;(2)下一非零行的非零首元素都位于上一非零行的非零首元素的右侧,则称矩阵 $\boldsymbol{A}$ 为**行阶梯形矩阵**(row echelon matrix),简称为**阶梯形矩阵**.

例如,下面两个矩阵都为阶梯形矩阵.

$$\begin{pmatrix} -1 & 1 & 5 & -6 & -8 \\ 0 & 2 & 1 & -3 & -1 \\ 0 & 0 & 0 & 5 & 0 \\ 0 & 0 & 0 & 0 & 0 \end{pmatrix}, \quad \begin{pmatrix} 1 & -1 & 4 & 1 \\ 0 & 1 & -3 & 1 \\ 0 & 0 & 3 & -6 \end{pmatrix}.$$

定理 1.1 任何一个 $m \times n$ 矩阵都可以经过有限次初等行变换化为阶梯形矩阵.

下面通过例 3 说明如何利用初等行变换将矩阵化为阶梯形矩阵.

例 3 设 $\boldsymbol{A}=\begin{pmatrix} 0 & -3 & -6 & 4 & 9 \\ -3 & -5 & -1 & 6 & 0 \\ 1 & 2 & 1 & -3 & -1 \\ -1 & -4 & -5 & 9 & 7 \end{pmatrix}$,利用初等行变换将 $\boldsymbol{A}$ 化为阶梯形矩阵.

解
$$\boldsymbol{A}=\begin{pmatrix} 0 & -3 & -6 & 4 & 9 \\ -3 & -5 & -1 & 6 & 0 \\ 1 & 2 & 1 & -3 & -1 \\ -1 & -4 & -5 & 9 & 7 \end{pmatrix} \xrightarrow{r_1 \leftrightarrow r_3} \begin{pmatrix} 1 & 2 & 1 & -3 & -1 \\ -3 & -5 & -1 & 6 & 0 \\ 0 & -3 & -6 & 4 & 9 \\ -1 & -4 & -5 & 9 & 7 \end{pmatrix}$$

$$\xrightarrow[r_4+r_1]{r_2+3r_1} \begin{pmatrix} 1 & 2 & 1 & -3 & -1 \\ 0 & 1 & 2 & -3 & -3 \\ 0 & -3 & -6 & 4 & 9 \\ 0 & -2 & -4 & 6 & 6 \end{pmatrix} \xrightarrow[r_4+2r_2]{r_3+3r_2} \begin{pmatrix} 1 & 2 & 1 & -3 & -1 \\ 0 & 1 & 2 & -3 & -3 \\ 0 & 0 & 0 & -5 & 0 \\ 0 & 0 & 0 & 0 & 0 \end{pmatrix}$$

$$=\boldsymbol{B}.$$

注 与矩阵行等价的阶梯形矩阵不唯一.

定义 1.12（简化阶梯形矩阵） 如果阶梯形矩阵满足：(1)每一个非零行的非零首元素都是 1；(2)非零首元素所在列的其他元素都为零，则称该阶梯形矩阵为**简化阶梯形矩阵**(reduced echelon matrix)，简称为**行最简形矩阵**.

例如，下面 3 个矩阵都为简化阶梯形矩阵：

$$\begin{pmatrix}0&1&6&0&2\\0&0&0&1&5\\0&0&0&0&0\end{pmatrix},\begin{pmatrix}1&0&0\\0&1&0\\0&0&1\end{pmatrix},\begin{bmatrix}1&0&-2&0\\0&1&5&0\\0&0&0&1\\0&0&0&0\end{bmatrix}.$$

定理 1.2 任何一个矩阵行等价于唯一的简化阶梯形矩阵.

利用初等行变换，可以将例 3 中的阶梯形矩阵 $\boldsymbol{B}$ 进一步化为简化阶梯形矩阵.

$$\boldsymbol{B}=\begin{bmatrix}1&2&1&-3&-1\\0&1&2&-3&-3\\0&0&0&-5&0\\0&0&0&0&0\end{bmatrix}\xrightarrow{-\frac{1}{5}r_3}\begin{bmatrix}1&2&1&-3&-1\\0&1&2&-3&-3\\0&0&0&1&0\\0&0&0&0&0\end{bmatrix}$$

$$\xrightarrow[r_2+3r_3]{r_1+3r_3}\begin{bmatrix}1&2&1&0&-1\\0&1&2&0&-3\\0&0&0&1&0\\0&0&0&0&0\end{bmatrix}\xrightarrow{r_1-2r_2}\begin{bmatrix}1&0&-3&0&5\\0&1&2&0&-3\\0&0&0&1&0\\0&0&0&0&0\end{bmatrix}.$$

从例 1 可以看出，解线性方程组的高斯消元法的过程等价于利用初等行变换把线性方程组的增广矩阵化为阶梯形矩阵和简化阶梯形矩阵的过程.

例 4 解下列线性方程组：

$$(1)\begin{cases}4x_1-3x_2+3x_3=12,\\x_1+2x_2-2x_3=3,\\3x_1-x_2+x_3=9;\end{cases}\qquad(2)\begin{cases}x_2-4x_3=6,\\2x_1-3x_2+2x_3=1,\\5x_1-8x_2+7x_3=1.\end{cases}$$

解 (1)对增广矩阵实施初等行变换，得

$$\begin{pmatrix}4&-3&3&12\\1&2&-2&3\\3&-1&1&9\end{pmatrix}\xrightarrow{r_1\leftrightarrow r_2}\begin{pmatrix}1&2&-2&3\\4&-3&3&12\\3&-1&1&9\end{pmatrix}\xrightarrow[r_3-3r_1]{r_2-4r_1}\begin{pmatrix}1&2&-2&3\\0&-11&11&0\\0&-7&7&0\end{pmatrix}$$

$$\xrightarrow[-\frac{1}{7}r_3]{-\frac{1}{11}r_2}\begin{pmatrix}1&2&-2&3\\0&1&-1&0\\0&1&-1&0\end{pmatrix}\xrightarrow{r_3-r_2}\begin{pmatrix}1&2&-2&3\\0&1&-1&0\\0&0&0&0\end{pmatrix}\xrightarrow{r_1-2r_2}\begin{pmatrix}1&0&0&3\\0&1&-1&0\\0&0&0&0\end{pmatrix}.$$

增广矩阵已经化为简化阶梯形了，其对应的同解线性方程组为

$$\begin{cases}x_1=3,\\x_2-x_3=0,\end{cases}$$

可以看出，x_1 已经确定，而每给 x_3 一个值，都可以唯一地确定 x_2 的一个值，从而确定此方程组的一个解. 由于 x_3 可以任意取值，因此方程组有无穷多解，在这里通常称 x_3 为**自由未**

知量(free variable).

令自由未知量 $x_3=c$,则 $x_2=x_3=c$,于是原线性方程组的全部解可以表示为

$$\begin{cases} x_1=3, \\ x_2=c, \quad (c \text{ 为任意常数}). \\ x_3=c \end{cases}$$

(2) 对增广矩阵实施初等行变换,得

$$\begin{pmatrix} 0 & 1 & -4 & 6 \\ 2 & -3 & 2 & 1 \\ 5 & -8 & 7 & 1 \end{pmatrix} \xrightarrow{r_1 \leftrightarrow r_2} \begin{pmatrix} 2 & -3 & 2 & 1 \\ 0 & 1 & -4 & 6 \\ 5 & -8 & 7 & 1 \end{pmatrix} \xrightarrow{r_3-\frac{5}{2}r_1} \begin{bmatrix} 2 & -3 & 2 & 1 \\ 0 & 1 & -4 & 6 \\ 0 & -\dfrac{1}{2} & 2 & -\dfrac{3}{2} \end{bmatrix}$$

$$\xrightarrow{r_3+\frac{1}{2}r_2} \begin{bmatrix} 2 & -3 & 2 & 1 \\ 0 & 1 & -4 & 6 \\ 0 & 0 & 0 & \dfrac{3}{2} \end{bmatrix}.$$

增广矩阵已经化成了阶梯形矩阵,其对应的同解线性方程组为

$$\begin{cases} 2x_1-3x_2+2x_3=1, \\ x_2-4x_3=8, \\ 0=\dfrac{3}{2}, \end{cases}$$

它的最后一个方程为 $0=\dfrac{3}{2}$,是矛盾的,说明该方程组无解,即说明原方程组无解.

不难发现,对线性方程组 $\boldsymbol{Ax}=\boldsymbol{b}$ 的增广矩阵实施初等行变换的过程中,若出现形如$[0,0,\cdots,0,d]$$(d\neq 0)$的行,则该线性方程组无解.

设 $n\times n$ 的线性方程组

$$\begin{cases} a_{11}x_1+a_{12}x_2+\cdots+a_{1n}x_n=b_1, \\ a_{21}x_1+a_{22}x_2+\cdots+a_{2n}x_n=b_2, \\ \qquad\vdots \\ a_{n1}x_1+a_{n2}x_2+\cdots+a_{nn}x_n=b_n, \end{cases}$$

其矩阵形式为 $\boldsymbol{Ax}=\boldsymbol{b}$,其中

$$\boldsymbol{A}=\begin{bmatrix} a_{11} & a_{12} & \cdots & a_{1n} \\ a_{21} & a_{22} & \cdots & a_{2n} \\ \vdots & \vdots & \ddots & \vdots \\ a_{n1} & a_{n2} & \cdots & a_{nn} \end{bmatrix}, \boldsymbol{x}=\begin{bmatrix} x_1 \\ x_2 \\ \vdots \\ x_n \end{bmatrix}, \boldsymbol{b}=\begin{bmatrix} b_1 \\ b_2 \\ \vdots \\ b_n \end{bmatrix}.$$

定理 1.3 $n\times n$ 的线性方程组 $\boldsymbol{Ax}=\boldsymbol{b}$ 有唯一解的充要条件是系数矩阵 $\boldsymbol{A}$ 的阶梯形矩阵中非零行的行数等于 n.

若 n 阶方阵 $\boldsymbol{A}$ 的阶梯形矩阵中非零行的行数等于 n,则阶梯形矩阵中首元素的个数也为 n,且这些首元素一定位于阶梯形矩阵的主对角线上,所以 $\boldsymbol{A}$ 的简化阶梯形矩阵一定为 n 阶单位矩阵 $\boldsymbol{E}$. 因此,可得出如下推论.

推论 $n\times n$ 的线性方程组 $\boldsymbol{Ax}=\boldsymbol{b}$ 有唯一解的充要条件是系数矩阵 $\boldsymbol{A}$ 与 n 阶单位矩阵 $\boldsymbol{E}$ 行等价.

1.4.3 初等矩阵

1. 初等矩阵

定义 1.13（初等矩阵） 单位矩阵 $\boldsymbol{E}$ 经过一次初等变换后得到的矩阵称为**初等矩阵**(elementary matrix).

三种初等变换对应三种初等矩阵，下面通过例题来说明.

例 5 设三阶单位矩阵

$$\boldsymbol{E}=\begin{pmatrix}1&0&0\\0&1&0\\0&0&1\end{pmatrix}.$$

交换 $\boldsymbol{E}$ 的第一、三行(列)，得初等矩阵

$$\begin{pmatrix}0&0&1\\0&1&0\\1&0&0\end{pmatrix}\overset{\text{def}}{=}\boldsymbol{E}(1,3).$$

$\boldsymbol{E}$ 的第二行(列)乘以 -5，得初等矩阵

$$\begin{pmatrix}1&0&0\\0&-5&0\\0&0&1\end{pmatrix}\overset{\text{def}}{=}\boldsymbol{E}(2(-5)).$$

$\boldsymbol{E}$ 的第二行的 -8 倍加到第三行上，或 $\boldsymbol{E}$ 的第三列的 -8 倍加到第二列上，得初等矩阵

$$\begin{pmatrix}1&0&0\\0&1&0\\0&-8&1\end{pmatrix}\overset{\text{def}}{=}\boldsymbol{E}(3,2(-8)).$$

注 “$\overset{\text{def}}{=}\boldsymbol{E}(1,3)$”表示将该矩阵记为 $\boldsymbol{E}(1,3)$，其余记号类似.

一般地，设 $\boldsymbol{E}$ 为 n 阶单位矩阵，则有

(1) 交换 $\boldsymbol{E}$ 的第 i,j 行(列)，得到的初等矩阵记为 $\boldsymbol{E}(i,j)$；

(2) 用非零常数 k 乘以 $\boldsymbol{E}$ 的第 i 行(列)，得到的初等矩阵记为 $\boldsymbol{E}(i(k))$；

(3) 将 $\boldsymbol{E}$ 的第 j 行的 k 倍加到第 i 行上(或将 $\boldsymbol{E}$ 的第 i 列的 k 倍加到第 j 列上)，得到的初等矩阵记为 $\boldsymbol{E}(i,j(k))$.

2. 初等变换与初等矩阵的关系

例 6 设 $\boldsymbol{A}=\begin{pmatrix}a&b&c\\d&e&f\\g&h&i\end{pmatrix}$，$\boldsymbol{E}(1,3)$，$\boldsymbol{E}(2(-5))$ 及 $\boldsymbol{E}(3,2(-8))$ 是例 5 中的初等矩阵，计算下列矩阵乘积：

(1) $\boldsymbol{E}(1,3)\boldsymbol{A}, \boldsymbol{AE}(1,3)$; (2) $\boldsymbol{E}(2(-5))\boldsymbol{A}, \boldsymbol{AE}(2(-5))$;
(3) $\boldsymbol{E}(3,2(-8))\boldsymbol{A}, \boldsymbol{AE}(3,2(-8))$.

解 (1) $\boldsymbol{E}(1,3)\boldsymbol{A}=\begin{pmatrix}0&0&1\\0&1&0\\1&0&0\end{pmatrix}\begin{pmatrix}a&b&c\\d&e&f\\g&h&i\end{pmatrix}=\begin{pmatrix}g&h&i\\d&e&f\\a&b&c\end{pmatrix}$,

$$\boldsymbol{AE}(1,3)=\begin{pmatrix}a&b&c\\d&e&f\\g&h&i\end{pmatrix}\begin{pmatrix}0&0&1\\0&1&0\\1&0&0\end{pmatrix}=\begin{pmatrix}c&b&a\\f&e&d\\i&h&g\end{pmatrix};$$

(2) $\boldsymbol{E}(2(-5))\boldsymbol{A}=\begin{pmatrix}1&0&0\\0&-5&0\\0&0&1\end{pmatrix}\begin{pmatrix}a&b&c\\d&e&f\\g&h&i\end{pmatrix}=\begin{pmatrix}a&b&c\\-5d&-5e&-5f\\g&h&i\end{pmatrix}$,

$$\boldsymbol{AE}(2(-5))=\begin{pmatrix}a&b&c\\d&e&f\\g&h&i\end{pmatrix}\begin{pmatrix}1&0&0\\0&-5&0\\0&0&1\end{pmatrix}=\begin{pmatrix}a&-5b&c\\d&-5e&f\\g&-5h&i\end{pmatrix};$$

(3) $\boldsymbol{E}(3,2(-8))\boldsymbol{A}=\begin{pmatrix}1&0&0\\0&1&0\\0&-8&1\end{pmatrix}\begin{pmatrix}a&b&c\\d&e&f\\g&h&i\end{pmatrix}=\begin{pmatrix}a&b&c\\d&e&f\\g-8d&h-8e&i-8f\end{pmatrix}$,

$$\boldsymbol{AE}(3,2(-8))=\begin{pmatrix}a&b&c\\d&e&f\\g&h&i\end{pmatrix}\begin{pmatrix}1&0&0\\0&1&0\\0&-8&1\end{pmatrix}=\begin{pmatrix}a&b-8c&c\\d&e-8f&f\\g&h-8i&i\end{pmatrix}.$$

通过例 6 的(1)可以发现，$\boldsymbol{E}(1,3)\boldsymbol{A}$ 相当于对 $\boldsymbol{A}$ 作交换第一、三行的初等变换，而 $\boldsymbol{AE}(1,3)$ 相当于对 $\boldsymbol{A}$ 作交换第一、三列的初等变换，即

$$\boldsymbol{A}\xrightarrow{r_1\leftrightarrow r_3}\boldsymbol{E}(1,3)\boldsymbol{A}, \boldsymbol{A}\xrightarrow{c_1\leftrightarrow c_3}\boldsymbol{AE}(1,3).$$

同理，对例 6 的(2)、(3)也可以作相应的解释. 一般地，初等变换与初等矩阵的关系可由下面定理给出.

定理 1.4（初等变换与初等矩阵的关系） 设 $\boldsymbol{A}$ 为 $m\times n$ 矩阵，则
(1) 对 $\boldsymbol{A}$ 进行一次初等行变换，相当于用一个相应的 m 阶初等矩阵左乘 $\boldsymbol{A}$；
(2) 对 $\boldsymbol{A}$ 进行一次初等列变换，相当于用一个相应的 n 阶初等矩阵右乘 $\boldsymbol{A}$.

例 7 设 $\boldsymbol{A}=\begin{pmatrix}0&1&2\\1&0&3\\4&-3&8\end{pmatrix}, \boldsymbol{P}_1=\begin{pmatrix}0&1&0\\1&0&0\\0&0&1\end{pmatrix}, \boldsymbol{P}_2=\begin{pmatrix}1&0&0\\0&1&0\\-4&0&1\end{pmatrix}$，计算 $\boldsymbol{P}_2\boldsymbol{P}_1\boldsymbol{A}$.

解 因为 $\boldsymbol{P}_1$ 为初等矩阵 $\boldsymbol{E}(1,2)$，$\boldsymbol{P}_2$ 为初等矩阵 $\boldsymbol{E}(3,1(-4))$，故 $\boldsymbol{P}_2\boldsymbol{P}_1\boldsymbol{A}$ 相当于对 $\boldsymbol{A}$ 连续进行了两次初等行变换，先是交换 $\boldsymbol{A}$ 的第一行和第二行得到 $\boldsymbol{P}_1\boldsymbol{A}$，之后再将 $\boldsymbol{P}_1\boldsymbol{A}$ 的第一行的 -4 倍加到第三行上，即

$$\boldsymbol{A}=\begin{pmatrix}0&1&2\\1&0&3\\4&-3&8\end{pmatrix}\xrightarrow{r_1\leftrightarrow r_2}\begin{pmatrix}1&0&3\\0&1&2\\4&-3&8\end{pmatrix}=\boldsymbol{P}_1\boldsymbol{A}\xrightarrow{r_3-4r_1}\begin{pmatrix}1&0&3\\0&1&2\\0&-3&-4\end{pmatrix}=\boldsymbol{P}_2\boldsymbol{P}_1\boldsymbol{A}.$$

故 $\boldsymbol{P}_2\boldsymbol{P}_1\boldsymbol{A}=\begin{pmatrix}1&0&3\\0&1&2\\0&-3&-4\end{pmatrix}$.

例 8 设 $\boldsymbol{E}$ 为三阶单位矩阵,常数 $k\neq0$,$\boldsymbol{E}(2,3)$,$\boldsymbol{E}(3(k))$及 $\boldsymbol{E}(1,3(k))$为三阶初等矩阵,在下列空格中填上合适的初等矩阵,使等式成立.

(1) __________ $\boldsymbol{E}(2,3)=\boldsymbol{E}$;

(2) $\boldsymbol{E}(3(k))$ __________ $=\boldsymbol{E}$;

(3) __________ $\boldsymbol{E}(1,3(k))=\boldsymbol{E}$.

解 利用定理 1.4,可得三个空格处的初等矩阵分别为

(1) $\boldsymbol{E}(2,3)$; (2)$\boldsymbol{E}\left(3\left(\dfrac{1}{k}\right)\right)$; (3)$\boldsymbol{E}(1,3(-k))$.

3. 初等矩阵的性质

结合例 8,不难得出初等矩阵的下述性质:

初等矩阵可以施行一次初等变换变回单位矩阵 $\boldsymbol{E}$,即

(1) $\boldsymbol{E}(i,j)\boldsymbol{E}(i,j)=\boldsymbol{E}$;

(2) $\boldsymbol{E}\left(i\left(\dfrac{1}{k}\right)\right)\boldsymbol{E}(i(k))=\boldsymbol{E}$,$\boldsymbol{E}(i(k))\boldsymbol{E}\left(i\left(\dfrac{1}{k}\right)\right)=\boldsymbol{E}$;

(3) $\boldsymbol{E}(i,j(-k))\boldsymbol{E}(i,j(k))=\boldsymbol{E}$,$\boldsymbol{E}(i,j(k))\boldsymbol{E}(i,j(-k))=\boldsymbol{E}$.

思考题

1. 设 $\boldsymbol{A}$ 为一个 3×4 矩阵,经过下面的三步初等变换变成了 $\boldsymbol{B}$:

(1) 交换 $\boldsymbol{A}$ 的第一、三行; (2) 将第一步得到的矩阵的第四列乘以 2;

(3) 将第二步得到的矩阵的第二行的 -3 倍加到第一行上.

试求矩阵 $\boldsymbol{P}$,$\boldsymbol{Q}$,使得 $\boldsymbol{PAQ}=\boldsymbol{B}$.

2. 设下面的矩阵是线性方程组的增广矩阵,写出其对应的线性方程组,并判断每个方程组解的情况:

(1) $\begin{pmatrix}2&0&3&1\\0&-5&2&0\\0&0&0&3\end{pmatrix}$; (2) $\begin{pmatrix}1&0&2&1\\0&-5&10&0\\0&0&3&3\end{pmatrix}$; (3) $\begin{pmatrix}1&0&2&1\\0&-5&15&0\\0&0&0&0\end{pmatrix}$.

习题 1.4

A 组

1. 判断下列矩阵中哪些是阶梯形,哪些是简化阶梯形,哪些不是阶梯形.

(1) $\begin{pmatrix}1&0&3&0\\0&1&2&0\\0&0&0&1\end{pmatrix}$; (2) $\begin{pmatrix}1&0&0\\0&3&6\\0&0&0\end{pmatrix}$; (3) $\begin{pmatrix}1&2&3&4\\0&2&1&3\\0&-4&2&1\end{pmatrix}$;

(4) $\begin{pmatrix}1&0&0&0\\1&1&0&0\\0&1&1&0\\0&0&1&1\end{pmatrix}$; (5) $\begin{pmatrix}1&0&0\\0&1&0\\0&0&1\\0&0&0\end{pmatrix}$; (6) $\begin{pmatrix}0&1&2&3&4\\0&0&1&0&1\\0&0&0&0&1\\0&0&0&0&0\end{pmatrix}$.

2. 根据下面矩阵的初等行变换,在空格中填上合适的初等矩阵:

(1) $\boldsymbol{A}=\begin{pmatrix}1&2&0\\0&0&3\\2&5&0\end{pmatrix}\xrightarrow{r_2\leftrightarrow r_3}\begin{pmatrix}1&2&0\\2&5&0\\0&0&3\end{pmatrix}=\boldsymbol{B}$,则 $\boldsymbol{B}=$________ $\boldsymbol{A}$;

(2) $\boldsymbol{B}=\begin{pmatrix}1&2&0\\2&5&0\\0&0&3\end{pmatrix}\xrightarrow{r_2-2r_1}\begin{pmatrix}1&2&0\\0&1&0\\0&0&3\end{pmatrix}=\boldsymbol{C}$,则 $\boldsymbol{C}=$________ $\boldsymbol{B}$;

(3) $\boldsymbol{C}=\begin{pmatrix}1&2&0\\0&1&0\\0&0&3\end{pmatrix}\xrightarrow[r_1-2r_2]{\frac{1}{3}r_3}\begin{pmatrix}1&0&0\\0&1&0\\0&0&1\end{pmatrix}=\boldsymbol{E}$,则 $\boldsymbol{E}=$________ $\boldsymbol{C}$;

(4) 综合(1)~(3),$\boldsymbol{E}=$________________________ $\boldsymbol{A}$.

3. 用初等行变换将下列矩阵化为阶梯形矩阵、简化阶梯形矩阵:

(1) $\begin{pmatrix}2&-1&3&1\\4&2&5&4\\2&0&2&6\end{pmatrix}$; (2) $\begin{pmatrix}0&1&2\\1&0&3\\4&-3&8\end{pmatrix}$; (3) $\begin{pmatrix}1&1&2&3&1\\1&3&6&1&3\\3&-1&-2&15&3\\1&-5&-10&12&1\end{pmatrix}$.

4. 计算 $\begin{pmatrix}1&0&0\\0&1&0\\-1&0&1\end{pmatrix}\begin{pmatrix}1&2&3\\1&3&1\\1&4&0\end{pmatrix}\begin{pmatrix}1&0&0\\0&k&0\\0&0&1\end{pmatrix}$.

5. 求解下列线性方程组:

(1) $\begin{cases}2x_1-x_2+3x_3=1,\\4x_1+2x_2+5x_3=4,\\2x_1+2x_3=6;\end{cases}$ (2) $\begin{cases}2x_1-x_2+3x_3=1,\\4x_1-2x_2+5x_3=4,\\2x_1-x_2+4x_3=-1,\\6x_1-3x_2+5x_3=11;\end{cases}$ (3) $\begin{cases}x_1-2x_2-x_3=-2,\\4x_1+x_2+2x_3=1,\\2x_1+5x_2+4x_3=-1.\end{cases}$

B组

1. 已知矩阵 $\boldsymbol{A}=\begin{pmatrix}1&1\\4&6\end{pmatrix}$,若矩阵 $\boldsymbol{P}$ 满足 $\boldsymbol{PA}=\boldsymbol{U}$,其中 $\boldsymbol{U}=\begin{pmatrix}1&1\\0&1\end{pmatrix}$为上三角形矩阵,求矩阵 $\boldsymbol{P}$.

2. 设 $\boldsymbol{A}$ 为 $m\times n$ 矩阵,经过初等行变换,$\boldsymbol{A}$ 可以化为简化阶梯形矩阵 $\boldsymbol{B}$. 证明:

(1) 当 $m>n$ 时,$\boldsymbol{B}$ 中一定有全零行;

(2) 当 $m=n$,即 $\boldsymbol{A}$ 为 n 阶方阵时,若 $\boldsymbol{B}$ 中没有全零行,则 $\boldsymbol{B}$ 的各行的首元素 1 恰好在主对角线上,即 $\boldsymbol{B}$ 为 n 阶单位矩阵 $\boldsymbol{E}$.

3. 设矩阵 $\boldsymbol{A}=\begin{pmatrix}1&-1&-3&1\\0&4&10&1\\4&8&18&7\\2&2&m&3\end{pmatrix}$，当 m 为何值时，$\boldsymbol{A}$ 的行阶梯形矩阵有两个非零行？当 m 为何值时，$\boldsymbol{A}$ 的行阶梯形矩阵有三个非零行？

4. 设矩阵 $\boldsymbol{A}=\begin{pmatrix}a&b\\c&d\end{pmatrix}$，且 $ad-bc\neq0$，证明：$\boldsymbol{A}$ 和二阶单位矩阵 $\boldsymbol{E}$ 是行等价的.

1.5 矩阵的逆

1.5.1 逆矩阵的定义

在数的乘法中，任何一个不等于零的数都有倒数. 例如数 3，其倒数为 3^{-1}，满足关系 $3\times3^{-1}=3^{-1}\times3=1$. 而在矩阵乘法中，单位矩阵 $\boldsymbol{E}$ 相当于数 1 的作用，因此，我们的问题是：对于一个方阵 $\boldsymbol{A}$，是否存在着一个方阵 $\boldsymbol{B}$，满足 $\boldsymbol{AB}=\boldsymbol{BA}=\boldsymbol{E}$ 呢？这就是下面要讨论的**逆矩阵**(inverse matrix)的概念.

定义 1.14（逆矩阵） 设 $\boldsymbol{A}$ 为 n 阶方阵，$\boldsymbol{E}$ 为 n 阶单位矩阵，若存在 n 阶方阵 $\boldsymbol{B}$，使得

$$\boldsymbol{AB}=\boldsymbol{BA}=\boldsymbol{E}$$

成立，则称 $\boldsymbol{A}$ 为可逆矩阵，简称 $\boldsymbol{A}$ 可逆，称 $\boldsymbol{B}$ 为 $\boldsymbol{A}$ 的逆矩阵，记作 $\boldsymbol{B}=\boldsymbol{A}^{-1}$.

注 (1)$\boldsymbol{A}^{-1}$ 读作"$\boldsymbol{A}$ 逆"；(2)可逆矩阵也常称为**非奇异矩阵**(nonsingular matrix)（或者**非退化矩阵**），不可逆矩阵常称为**奇异矩阵**(singular matrix)（或者**退化矩阵**).

由定义 1.14 可知，若 $\boldsymbol{A}$ 可逆，则其逆矩阵是唯一的. 这是因为，若设 $\boldsymbol{B}$ 和 $\boldsymbol{C}$ 都是 $\boldsymbol{A}$ 的逆矩阵，即

$$\boldsymbol{AB}=\boldsymbol{BA}=\boldsymbol{E},\ \boldsymbol{AC}=\boldsymbol{CA}=\boldsymbol{E},$$

则有

$$\boldsymbol{B}=\boldsymbol{BE}=\boldsymbol{B}(\boldsymbol{AC})=(\boldsymbol{BA})\boldsymbol{C}=\boldsymbol{EC}=\boldsymbol{C}.$$

例 1 设 $\boldsymbol{A}=\begin{pmatrix}3&0\\0&-4\end{pmatrix}$，$\boldsymbol{B}=\begin{pmatrix}\frac{1}{3}&0\\0&-\frac{1}{4}\end{pmatrix}$，则

$$\boldsymbol{AB}=\begin{pmatrix}3&0\\0&-4\end{pmatrix}\begin{pmatrix}\frac{1}{3}&0\\0&-\frac{1}{4}\end{pmatrix}=\begin{pmatrix}1&0\\0&1\end{pmatrix},\ \boldsymbol{BA}=\begin{pmatrix}\frac{1}{3}&0\\0&-\frac{1}{4}\end{pmatrix}\begin{pmatrix}3&0\\0&-4\end{pmatrix}=\begin{pmatrix}1&0\\0&1\end{pmatrix}.$$

从而 $\boldsymbol{A}^{-1}=\boldsymbol{B}$.

容易证明，若 n 阶对角矩阵 $\boldsymbol{A}=\mathrm{diag}(d_1,d_2,\cdots,d_n)$ 的主对角元都不为零，则 $\boldsymbol{A}$ 一定可逆，且 $\boldsymbol{A}^{-1}=\mathrm{diag}(d_1^{-1},d_2^{-1},\cdots,d_n^{-1})$.

例 2 验证 $\boldsymbol{A}=\begin{pmatrix}1&1\\2&2\end{pmatrix}$ 无逆矩阵.

证明 假设 $\boldsymbol{A}$ 有逆矩阵 $\boldsymbol{B}=\begin{pmatrix} q & r \\ s & t \end{pmatrix}$，则必有 $\boldsymbol{AB}=\boldsymbol{E}$，即

$$\begin{pmatrix} 1 & 1 \\ 2 & 2 \end{pmatrix}\begin{pmatrix} q & r \\ s & t \end{pmatrix}=\begin{pmatrix} 1 & 0 \\ 0 & 1 \end{pmatrix},$$

利用矩阵乘法，得

$$\begin{pmatrix} q+s & r+t \\ 2(q+s) & 2(r+t) \end{pmatrix}=\begin{pmatrix} 1 & 0 \\ 0 & 1 \end{pmatrix},$$

根据矩阵相等的定义，得

$$\begin{cases} q+s=1, \\ r+t=0, \\ 2(q+s)=0, \\ 2(r+t)=1. \end{cases}$$

显然，该线性方程组无解，故 $\boldsymbol{A}$ 无逆矩阵.

下面给出判断二阶矩阵是否可逆的一个结论.

例 3 设 $\boldsymbol{A}=\begin{pmatrix} a & b \\ c & d \end{pmatrix}$，若 $ad-bc\neq 0$，则 $\boldsymbol{A}$ 可逆，且其逆矩阵为

$$\boldsymbol{A}^{-1}=\frac{1}{ad-bc}\begin{pmatrix} d & -b \\ -c & a \end{pmatrix}.$$

数值 $ad-bc$ 称为方阵 $\boldsymbol{A}$ 的**行列式**，所以该结论可以叙述为：**若二阶矩阵 $\boldsymbol{A}$ 的行列式不等于零，则 $\boldsymbol{A}$ 可逆**. 具体概念将在 2.1 节详细给出.

定理 1.5 三种初等矩阵都是可逆的，且初等矩阵的逆矩阵仍为同类型的初等矩阵.

证明 根据 1.4 节初等矩阵的性质，三种初等矩阵 $\boldsymbol{E}(i,j)$，$\boldsymbol{E}(i(k))$，$\boldsymbol{E}(i,j(k))$ 分别满足

(1) $\boldsymbol{E}(i,j)\boldsymbol{E}(i,j)=\boldsymbol{E}$；

(2) $\boldsymbol{E}\left(i\left(\frac{1}{k}\right)\right)\boldsymbol{E}(i(k))=\boldsymbol{E}$，$\boldsymbol{E}(i(k))\boldsymbol{E}\left(i\left(\frac{1}{k}\right)\right)=\boldsymbol{E}$；

(3) $\boldsymbol{E}(i,j(-k))\boldsymbol{E}(i,j(k))=\boldsymbol{E}$，$\boldsymbol{E}(i,j(k))\boldsymbol{E}(i,j(-k))=\boldsymbol{E}$.

根据可逆矩阵的定义知，三种初等矩阵 $\boldsymbol{E}(i,j)$，$\boldsymbol{E}(i(k))$，$\boldsymbol{E}(i,j(k))$ 都可逆，且其逆分别为

$$\boldsymbol{E}(i,j)^{-1}=\boldsymbol{E}(i,j),\boldsymbol{E}(i(k))^{-1}=\boldsymbol{E}\left(i\left(\frac{1}{k}\right)\right),\boldsymbol{E}(i,j(k))^{-1}=\boldsymbol{E}(i,j(-k)).$$

即初等矩阵的逆矩阵仍为同类型的初等矩阵. ■

定理 1.6 设 $\boldsymbol{Ax}=\boldsymbol{b}$ 为 $n\times n$ 的线性方程组，若系数矩阵 $\boldsymbol{A}$ 可逆，则 $\boldsymbol{Ax}=\boldsymbol{b}$ 有唯一解 $\boldsymbol{x}=\boldsymbol{A}^{-1}\boldsymbol{b}$.

证明 将 $\boldsymbol{x}=\boldsymbol{A}^{-1}\boldsymbol{b}$ 代入方程组 $\boldsymbol{Ax}=\boldsymbol{b}$，得 $\boldsymbol{A}(\boldsymbol{A}^{-1}\boldsymbol{b})=(\boldsymbol{AA}^{-1})\boldsymbol{b}=\boldsymbol{Eb}=\boldsymbol{b}$，从而 $\boldsymbol{A}^{-1}\boldsymbol{b}$ 是方程组 $\boldsymbol{Ax}=\boldsymbol{b}$ 的一个解，这说明了方程组 $\boldsymbol{Ax}=\boldsymbol{b}$ 解的存在性. 下面证明唯一性.

假设 $\boldsymbol{y}$ 也是 $\boldsymbol{Ax}=\boldsymbol{b}$ 的一个解，则有 $\boldsymbol{Ay}=\boldsymbol{b}$，两端左乘 $\boldsymbol{A}^{-1}$，有 $\boldsymbol{A}^{-1}\boldsymbol{Ay}=\boldsymbol{A}^{-1}\boldsymbol{b}$，即 $\boldsymbol{Ey}=\boldsymbol{A}^{-1}\boldsymbol{b}$，从而 $\boldsymbol{y}=\boldsymbol{A}^{-1}\boldsymbol{b}$，因此，$\boldsymbol{A}^{-1}\boldsymbol{b}$ 是方程组 $\boldsymbol{Ax}=\boldsymbol{b}$ 的唯一解. ■

下面的定理给出了可逆矩阵的一些运算性质.

定理 1.7（可逆矩阵的运算性质） (1) 若 $\boldsymbol{A}$ 可逆，则 $\boldsymbol{A}^{-1}$ 也可逆，且 $(\boldsymbol{A}^{-1})^{-1}=\boldsymbol{A}$；

(2) 若 $\boldsymbol{A}$ 可逆，则对于常数 $k\neq 0$，$k\boldsymbol{A}$ 也可逆，且 $(k\boldsymbol{A})^{-1}=\dfrac{1}{k}\boldsymbol{A}^{-1}$；

(3) 若同阶矩阵 $\boldsymbol{A},\boldsymbol{B}$ 都可逆，则 $\boldsymbol{AB}$ 也可逆，且 $(\boldsymbol{AB})^{-1}=\boldsymbol{B}^{-1}\boldsymbol{A}^{-1}$；

(4) 若 $\boldsymbol{A}$ 可逆，则 $\boldsymbol{A}^{\mathrm{T}}$ 也可逆，且 $(\boldsymbol{A}^{\mathrm{T}})^{-1}=(\boldsymbol{A}^{-1})^{\mathrm{T}}$.

证明 只证明(3)和(4)，读者可自行证明(1)和(2).

(3) 因为 $(\boldsymbol{AB})(\boldsymbol{B}^{-1}\boldsymbol{A}^{-1})=\boldsymbol{A}(\boldsymbol{BB}^{-1})\boldsymbol{A}^{-1}=\boldsymbol{AEA}^{-1}=\boldsymbol{AA}^{-1}=\boldsymbol{E}$，同理可证 $(\boldsymbol{B}^{-1}\boldsymbol{A}^{-1})(\boldsymbol{AB})=\boldsymbol{E}$，所以 $\boldsymbol{AB}$ 可逆，且 $(\boldsymbol{AB})^{-1}=\boldsymbol{B}^{-1}\boldsymbol{A}^{-1}$.

(4) 因为 $\boldsymbol{A}^{\mathrm{T}}(\boldsymbol{A}^{-1})^{\mathrm{T}}=(\boldsymbol{A}^{-1}\boldsymbol{A})^{\mathrm{T}}=\boldsymbol{E}^{\mathrm{T}}=\boldsymbol{E}$，同理可证 $(\boldsymbol{A}^{-1})^{\mathrm{T}}(\boldsymbol{A}^{\mathrm{T}})=\boldsymbol{E}$，从而 $\boldsymbol{A}^{\mathrm{T}}$ 可逆，且 $(\boldsymbol{A}^{\mathrm{T}})^{-1}=(\boldsymbol{A}^{-1})^{\mathrm{T}}$. ■

注 定理 1.7 中的(3)可以推广到多个矩阵的情况，即若 $\boldsymbol{A}_1,\boldsymbol{A}_2,\cdots,\boldsymbol{A}_m$ 都可逆，则乘积矩阵 $\boldsymbol{A}_1\boldsymbol{A}_2\cdots\boldsymbol{A}_m$ 也可逆，且 $(\boldsymbol{A}_1\boldsymbol{A}_2\cdots\boldsymbol{A}_m)^{-1}=\boldsymbol{A}_m^{-1}\cdots\boldsymbol{A}_2^{-1}\boldsymbol{A}_1^{-1}$.

1.5.2 矩阵可逆的条件

由前面的例 1、例 2、例 3 可以看出，并不是所有的方阵都具有逆矩阵，那么矩阵具备什么条件才可逆呢？

定理 1.8（矩阵可逆的充要条件） n 阶方阵 $\boldsymbol{A}$ 可逆的充要条件是 $\boldsymbol{A}$ 的阶梯形矩阵中非零行的行数等于 n.

证明 （必要性）因为 n 阶方阵 $\boldsymbol{A}$ 可逆，由定理 1.6 知，线性方程组 $\boldsymbol{Ax}=\boldsymbol{b}$ 有唯一解，根据定理 1.3，可得 $\boldsymbol{A}$ 的阶梯形矩阵中非零行的行数等于 n.

（充分性）若方阵 $\boldsymbol{A}$ 的阶梯形矩阵中非零行的行数等于 n，则 $\boldsymbol{A}$ 与 n 阶单位矩阵 $\boldsymbol{E}$ 行等价. 设 $\boldsymbol{A}$ 经过 s 次初等行变换化为单位矩阵 $\boldsymbol{E}$，则由初等变换与初等矩阵的关系，存在初等矩阵 $\boldsymbol{P}_1,\boldsymbol{P}_2,\cdots,\boldsymbol{P}_s$，使得

$$\boldsymbol{P}_s\cdots\boldsymbol{P}_2\boldsymbol{P}_1\boldsymbol{A}=\boldsymbol{E}. \tag{1.7}$$

因为初等矩阵 $\boldsymbol{P}_1,\boldsymbol{P}_2,\cdots,\boldsymbol{P}_s$ 都可逆，则乘积矩阵 $\boldsymbol{P}_s\cdots\boldsymbol{P}_2\boldsymbol{P}_1$ 也可逆，上式两端左乘 $(\boldsymbol{P}_s\cdots\boldsymbol{P}_2\boldsymbol{P}_1)^{-1}$，得 $\boldsymbol{A}=(\boldsymbol{P}_s\cdots\boldsymbol{P}_2\boldsymbol{P}_1)^{-1}$，从而 $\boldsymbol{A}$ 可逆，且 $\boldsymbol{A}^{-1}=[(\boldsymbol{P}_s\cdots\boldsymbol{P}_2\boldsymbol{P}_1)^{-1}]^{-1}=\boldsymbol{P}_s\cdots\boldsymbol{P}_2\boldsymbol{P}_1$，即

$$\boldsymbol{P}_s\cdots\boldsymbol{P}_2\boldsymbol{P}_1\boldsymbol{E}=\boldsymbol{A}^{-1}. \blacksquare \tag{1.8}$$

例 4 判断下列矩阵是否可逆：

(1) $\boldsymbol{A}=\begin{pmatrix}1&2&3\\-1&0&3\\2&3&3\end{pmatrix}$； (2) $\boldsymbol{A}=\begin{pmatrix}1&4&3\\-1&-2&0\\2&2&3\end{pmatrix}$.

解 (1) 利用初等行变换将 $\boldsymbol{A}$ 化为阶梯形矩阵，即

$$\boldsymbol{A}=\begin{pmatrix}1&2&3\\-1&0&3\\2&3&3\end{pmatrix}\xrightarrow[r_3-2r_1]{r_2+r_1}\begin{pmatrix}1&2&3\\0&2&6\\0&-1&-3\end{pmatrix}\xrightarrow{r_3+\frac{1}{2}r_2}\begin{pmatrix}1&2&3\\0&2&6\\0&0&0\end{pmatrix},$$

$\boldsymbol{A}$ 的阶梯形矩阵中非零行的行数为 2,小于 3,因此 $\boldsymbol{A}$ 不可逆.

(2) 利用初等行变换将 $\boldsymbol{A}$ 化为阶梯形矩阵,即

$$\boldsymbol{A}=\begin{pmatrix}1&4&3\\-1&-2&0\\2&2&3\end{pmatrix}\xrightarrow[r_3-2r_1]{r_2+r_1}\begin{pmatrix}1&4&3\\0&2&3\\0&-6&-3\end{pmatrix}\xrightarrow{r_3+3r_2}\begin{pmatrix}1&4&3\\0&2&3\\0&0&6\end{pmatrix},$$

因为 $\boldsymbol{A}$ 的阶梯形矩阵中非零行的行数为 3,所以 $\boldsymbol{A}$ 可逆.

根据定理 1.8 的证明过程,可以得出下面的推论 1 和推论 2.

推论 1 n 阶方阵 $\boldsymbol{A}$ 可逆的充要条件是 $\boldsymbol{A}$ 与 n 阶单位矩阵 $\boldsymbol{E}$ 行等价.

推论 2 n 阶方阵 $\boldsymbol{A}$ 可逆的充要条件是 $\boldsymbol{A}$ 可以表示成若干个初等矩阵的乘积.

根据矩阵行(列)等价、等价的定义、初等变换与初等矩阵的关系(定理 1.4)以及推论 2,可以得出定理 1.9.

定理 1.9 设 $\boldsymbol{A},\boldsymbol{B}$ 都为 $m\times n$ 矩阵,则

(1) $\boldsymbol{A}$ 与 $\boldsymbol{B}$ 行等价的充要条件是存在 m 阶可逆矩阵 $\boldsymbol{P}$,使得 $\boldsymbol{PA}=\boldsymbol{B}$;

(2) $\boldsymbol{A}$ 与 $\boldsymbol{B}$ 列等价的充要条件是存在 n 阶可逆矩阵 $\boldsymbol{Q}$,使得 $\boldsymbol{AQ}=\boldsymbol{B}$;

(3) $\boldsymbol{A}$ 与 $\boldsymbol{B}$ 等价的充要条件是存在 m 阶可逆矩阵 $\boldsymbol{P}$ 和 n 阶可逆矩阵 $\boldsymbol{Q}$,使得 $\boldsymbol{PAQ}=\boldsymbol{B}$.

1.5.3 计算逆矩阵的初等行变换法

从定理 1.8 证明过程中的(1.7)式、(1.8)式可以看出:**对可逆矩阵 $\boldsymbol{A}$ 和单位矩阵 $\boldsymbol{E}$ 施行同样的初等行变换,将 $\boldsymbol{A}$ 变成 $\boldsymbol{E}$ 的同时,$\boldsymbol{E}$ 就变成了 $\boldsymbol{A}^{-1}$.** 因此,可以给出计算 $\boldsymbol{A}^{-1}$ 的一种方法.

计算 $\boldsymbol{A}^{-1}$ 的初等行变换法

设 $\boldsymbol{A}$ 为 n 阶方阵,构造 $n\times 2n$ 矩阵 $(\boldsymbol{A}|\boldsymbol{E})$,对矩阵 $(\boldsymbol{A}|\boldsymbol{E})$ 实施初等行变换,将 $\boldsymbol{A}$ 变成 $\boldsymbol{E}$,同时,$\boldsymbol{E}$ 就变成了 $\boldsymbol{A}^{-1}$. 可将过程表示如下:

$$(\boldsymbol{A}|\boldsymbol{E})\xrightarrow{\text{初等行变换}}(\boldsymbol{E}|\boldsymbol{A}^{-1}).$$

例 5 设 $\boldsymbol{A}=\begin{pmatrix}1&4&3\\-1&-2&0\\2&2&3\end{pmatrix}$,计算 $\boldsymbol{A}^{-1}$.

解 $$(\boldsymbol{A}|\boldsymbol{E})=\left(\begin{array}{ccc|ccc}1&4&3&1&0&0\\-1&-2&0&0&1&0\\2&2&3&0&0&1\end{array}\right)\xrightarrow[r_3-2r_1]{r_2+r_1}\left(\begin{array}{ccc|ccc}1&4&3&1&0&0\\0&2&3&1&1&0\\0&-6&-3&-2&0&1\end{array}\right)$$

$$\xrightarrow{r_3+3r_2}\left(\begin{array}{ccc|ccc}1&4&3&1&0&0\\0&2&3&1&1&0\\0&0&6&1&3&1\end{array}\right)\xrightarrow{\frac{1}{6}r_3}\left(\begin{array}{ccc|ccc}1&4&3&1&0&0\\0&2&3&1&1&0\\0&0&1&\frac{1}{6}&\frac{1}{2}&\frac{1}{6}\end{array}\right)\xrightarrow[r_2-3r_3]{r_1-3r_3}$$

$$\left(\begin{array}{ccc|ccc}1&4&0&\frac{1}{2}&-\frac{3}{2}&-\frac{1}{2}\\0&2&0&\frac{1}{2}&-\frac{1}{2}&-\frac{1}{2}\\0&0&1&\frac{1}{6}&\frac{1}{2}&\frac{1}{6}\end{array}\right)\xrightarrow{r_1-2r_2}\left(\begin{array}{ccc|ccc}1&0&0&-\frac{1}{2}&-\frac{1}{2}&\frac{1}{2}\\0&2&0&\frac{1}{2}&-\frac{1}{2}&-\frac{1}{2}\\0&0&1&\frac{1}{6}&\frac{1}{2}&\frac{1}{6}\end{array}\right)\xrightarrow{\frac{1}{2}r_2}$$

$$\left(\begin{array}{ccc|ccc}1&0&0&-\frac{1}{2}&-\frac{1}{2}&\frac{1}{2}\\0&1&0&\frac{1}{4}&-\frac{1}{4}&-\frac{1}{4}\\0&0&1&\frac{1}{6}&\frac{1}{2}&\frac{1}{6}\end{array}\right)=(\boldsymbol{E}\mid\boldsymbol{A}^{-1}).$$

因此
$$\boldsymbol{A}^{-1}=\begin{pmatrix}-\frac{1}{2}&-\frac{1}{2}&\frac{1}{2}\\\frac{1}{4}&-\frac{1}{4}&-\frac{1}{4}\\\frac{1}{6}&\frac{1}{2}&\frac{1}{6}\end{pmatrix}.$$

注 对于上面给出的求逆矩阵的方法,在对$(\boldsymbol{A}\mid\boldsymbol{E})$实施初等行变换时,若 $\boldsymbol{A}$ 不能变成单位矩阵,则说明 $\boldsymbol{A}$ 不可逆.

例 6 解线性方程组

$$\begin{cases}x_1+4x_2+3x_3=12,\\-x_1-2x_2=-12,\\2x_1+2x_2+3x_3=8.\end{cases}$$

解 设

$$\boldsymbol{A}=\begin{pmatrix}1&4&3\\-1&-2&0\\2&2&3\end{pmatrix},\boldsymbol{x}=\begin{pmatrix}x_1\\x_2\\x_3\end{pmatrix},\boldsymbol{b}=\begin{pmatrix}12\\-12\\8\end{pmatrix},$$

得该线性方程组的矩阵形式 $\boldsymbol{Ax}=\boldsymbol{b}$.

由例 5 知,$\boldsymbol{A}$ 可逆,上式两端**左乘** $\boldsymbol{A}^{-1}$,得

$$\boldsymbol{x}=\boldsymbol{A}^{-1}\boldsymbol{b}=\begin{pmatrix}-\frac{1}{2}&-\frac{1}{2}&\frac{1}{2}\\\frac{1}{4}&-\frac{1}{4}&-\frac{1}{4}\\\frac{1}{6}&\frac{1}{2}&\frac{1}{6}\end{pmatrix}\begin{pmatrix}12\\-12\\8\end{pmatrix}=\begin{pmatrix}4\\4\\-\frac{8}{3}\end{pmatrix}.$$

一般地,对于矩阵方程 $\boldsymbol{AX}=\boldsymbol{B}$,若 $\boldsymbol{A}$ 为可逆矩阵,方程两端**左乘** $\boldsymbol{A}^{-1}$,可得 $\boldsymbol{X}=\boldsymbol{A}^{-1}\boldsymbol{B}$,求 $\boldsymbol{A}^{-1}\boldsymbol{B}$ 的方法有两种:

(方法1) 先利用求逆矩阵的方法求出 $\boldsymbol{A}^{-1}$,再计算乘积 $\boldsymbol{A}^{-1}\boldsymbol{B}$;

(方法2) 直接利用初等行变换法求 $\boldsymbol{A}^{-1}\boldsymbol{B}$,方法如下:

构造矩阵 $(\boldsymbol{A}|\boldsymbol{B})$,对矩阵 $(\boldsymbol{A}|\boldsymbol{B})$ 实施初等行变换,将 $\boldsymbol{A}$ 变成 $\boldsymbol{E}$,同时,$\boldsymbol{B}$ 就变成了 $\boldsymbol{A}^{-1}\boldsymbol{B}$.将该过程表示出来即为

$$(\boldsymbol{A}|\boldsymbol{B})\xrightarrow{\text{初等行变换}}(\boldsymbol{E}|\boldsymbol{A}^{-1}\boldsymbol{B}).$$

下面给出方法2的解释.

设 $\boldsymbol{A}$ 经过 s 次初等行变换化为单位矩阵 $\boldsymbol{E}$,则存在初等矩阵 $\boldsymbol{P}_1,\boldsymbol{P}_2,\cdots,\boldsymbol{P}_s$,使得

$$\boldsymbol{P}_s\cdots\boldsymbol{P}_2\boldsymbol{P}_1\boldsymbol{A}=\boldsymbol{E}. \tag{1.9}$$

上式两端右乘 $\boldsymbol{A}^{-1}$,则有 $\boldsymbol{P}_s\cdots\boldsymbol{P}_2\boldsymbol{P}_1=\boldsymbol{A}^{-1}$,从而

$$\boldsymbol{P}_s\cdots\boldsymbol{P}_2\boldsymbol{P}_1\boldsymbol{B}=\boldsymbol{A}^{-1}\boldsymbol{B}. \tag{1.10}$$

(1.9)式和(1.10)式说明,对 $\boldsymbol{A}$ 和 $\boldsymbol{B}$ 实施同样的 s 次初等行变换,将 $\boldsymbol{A}$ 变成 $\boldsymbol{E}$,同时,$\boldsymbol{B}$ 就变成了 $\boldsymbol{A}^{-1}\boldsymbol{B}$.

例7 解矩阵方程 $\boldsymbol{AX}=\boldsymbol{B}$,其中

$$\boldsymbol{A}=\begin{pmatrix}2&5\\1&3\end{pmatrix},\qquad \boldsymbol{B}=\begin{pmatrix}1&-6\\-1&1\end{pmatrix}.$$

解 利用初等行变换将 $\boldsymbol{A}$ 化为阶梯形,即

$$\boldsymbol{A}=\begin{pmatrix}2&5\\1&3\end{pmatrix}\xrightarrow{r_2-\frac{1}{2}r_1}\begin{pmatrix}2&5\\0&\frac{1}{2}\end{pmatrix}.$$

因为 $\boldsymbol{A}$ 的阶梯形矩阵中非零行的行数为2,所以 $\boldsymbol{A}$ 可逆,且 $\boldsymbol{X}=\boldsymbol{A}^{-1}\boldsymbol{B}$.下面用初等行变换法求 $\boldsymbol{A}^{-1}\boldsymbol{B}$.

$$(\boldsymbol{A}|\boldsymbol{B})=\left(\begin{array}{cc|cc}2&5&1&-6\\1&3&-1&1\end{array}\right)\xrightarrow{r_2-\frac{1}{2}r_1}\left(\begin{array}{cc|cc}2&5&1&-6\\0&\frac{1}{2}&-\frac{3}{2}&4\end{array}\right)\xrightarrow{2r_2}$$

$$\left(\begin{array}{cc|cc}2&5&1&-6\\0&1&-3&8\end{array}\right)\xrightarrow{r_1-5r_2}\left(\begin{array}{cc|cc}2&0&16&-46\\0&1&-3&8\end{array}\right)\xrightarrow{\frac{1}{2}r_1}\left(\begin{array}{cc|cc}1&0&8&-23\\0&1&-3&8\end{array}\right)$$

$$=(\boldsymbol{E}|\boldsymbol{A}^{-1}\boldsymbol{B}),$$

从而

$$\boldsymbol{X}=\boldsymbol{A}^{-1}\boldsymbol{B}=\begin{pmatrix}8&-23\\-3&8\end{pmatrix}.$$

思考题

1. 若 $\boldsymbol{A}$ 可逆,则线性方程组 $\boldsymbol{Ax}=\boldsymbol{0}$ 的解的情况如何?
2. 若矩阵方程为 $\boldsymbol{XA}=\boldsymbol{B}$,其中 $\boldsymbol{A}$ 可逆,如何利用初等变换法求出 $\boldsymbol{X}$?

习题 1.5

A组

1. 判断下列结论哪些是正确的,哪些是错误的,并说明理由.

(1) 若同阶矩阵 $\boldsymbol{A},\boldsymbol{B}$ 可逆,则 $\boldsymbol{A}+\boldsymbol{B}$ 也可逆,且 $(\boldsymbol{A}+\boldsymbol{B})^{-1}=\boldsymbol{A}^{-1}+\boldsymbol{B}^{-1}$;

(2) 设 $\boldsymbol{A}$ 为可逆矩阵，且 $\boldsymbol{AB}=\boldsymbol{AC}$，则 $\boldsymbol{B}=\boldsymbol{C}$；

(3) 已知 $\boldsymbol{A},\boldsymbol{B}$ 为同阶矩阵，若 $\boldsymbol{A}$ 可逆，$\boldsymbol{B}$ 不可逆，则 $\boldsymbol{AB}$ 一定不可逆；

(4) 设 $\boldsymbol{A}$ 为 n 阶方阵，$\boldsymbol{E}$ 为 n 阶单位矩阵，若 $\boldsymbol{A}^2=\boldsymbol{E}$，则 $\boldsymbol{A}$ 可逆，且 $\boldsymbol{A}^{-1}=\boldsymbol{A}$.

2. 判断下列矩阵是否可逆，若可逆，求出其逆矩阵：

(1) $\begin{pmatrix}3&0\\0&5\end{pmatrix}$； (2) $\begin{pmatrix}3&-5\\-1&2\end{pmatrix}$； (3) $\begin{pmatrix}8&2\\12&3\end{pmatrix}$；

(4) $\begin{pmatrix}1&2&3\\0&1&4\\0&0&1\end{pmatrix}$； (5) $\begin{pmatrix}1&4&7\\2&5&8\\3&6&9\end{pmatrix}$； (6) $\begin{pmatrix}1&-1&-1\\-3&2&1\\2&0&1\end{pmatrix}$.

3. 解线性方程组 $\boldsymbol{Ax}=\boldsymbol{b}$，其中 $\boldsymbol{A}=\begin{pmatrix}1&0&1\\3&3&4\\2&2&3\end{pmatrix}$，$\boldsymbol{b}=\begin{pmatrix}-2\\1\\0\end{pmatrix}$.

4. 解下列矩阵方程：

(1) 设 $\boldsymbol{A}=\begin{pmatrix}2&5\\1&3\end{pmatrix}$，$\boldsymbol{B}=\begin{pmatrix}4&-6&1\\2&1&-1\end{pmatrix}$，求矩阵 $\boldsymbol{X}$，使 $\boldsymbol{AX}=\boldsymbol{B}$；

(2) 设 $\boldsymbol{A}=\begin{pmatrix}1&-1&-1\\-3&2&1\\2&0&1\end{pmatrix}$，$\boldsymbol{B}=\begin{pmatrix}1&2\\3&0\\2&5\end{pmatrix}$，求矩阵 $\boldsymbol{X}$，使 $\boldsymbol{AX}=\boldsymbol{B}$；

(3) 设 $\boldsymbol{A}=\begin{pmatrix}5&3\\3&2\end{pmatrix}$，$\boldsymbol{B}=\begin{pmatrix}6&2\\2&4\end{pmatrix}$，$\boldsymbol{C}=\begin{pmatrix}4&-2\\-6&3\end{pmatrix}$，求矩阵 $\boldsymbol{X}$，使

(a) $\boldsymbol{AX}+\boldsymbol{B}=\boldsymbol{X}$； (b) $\boldsymbol{XA}+\boldsymbol{C}=\boldsymbol{X}$； (c) $\boldsymbol{AXB}=\boldsymbol{C}$.

5. 设 $\boldsymbol{A}=\begin{pmatrix}a&b&c\\d&e&f\\g&h&i\end{pmatrix}$，并设 $\boldsymbol{\alpha}_1=(a\quad b\quad c)$，$\boldsymbol{\alpha}_2=(d\quad e\quad f)$，$\boldsymbol{\alpha}_3=(g\quad h\quad i)$. 证明：若存在常数 k_1,k_2，使得 $\boldsymbol{\alpha}_3=k_1\boldsymbol{\alpha}_1+k_2\boldsymbol{\alpha}_2$，则 $\boldsymbol{A}$ 不可逆.

6. 设 $\boldsymbol{A}$ 为非奇异的对称矩阵，证明 $\boldsymbol{A}^{-1}$ 也是对称矩阵.

B 组

1. 已知 $\boldsymbol{A}^{-1}=\begin{pmatrix}1&2\\3&1\end{pmatrix}$ 和 $\boldsymbol{B}^{-1}=\begin{pmatrix}3&1\\2&4\end{pmatrix}$，求 $(\boldsymbol{AB})^{-1}$ 和 $(3\boldsymbol{A}^{\mathrm{T}})^{-1}$.

2. 已知 n 阶方阵 $\boldsymbol{A}$ 满足 $\boldsymbol{A}^2-\boldsymbol{A}-7\boldsymbol{E}=\boldsymbol{O}$，其中 $\boldsymbol{E}$ 为 n 阶单位矩阵，试证明 $\boldsymbol{A}$ 和 $\boldsymbol{A}-3\boldsymbol{E}$ 都可逆.

3. 设 n 阶方阵 $\boldsymbol{A}=\begin{pmatrix}n&-1&\cdots&-1\\-1&n&\cdots&-1\\\vdots&\vdots&\ddots&\vdots\\-1&-1&\cdots&n\end{pmatrix}$，其逆矩阵为 $\boldsymbol{A}^{-1}=\dfrac{1}{n+1}\begin{pmatrix}c&1&\cdots&1\\1&c&\cdots&1\\\vdots&\vdots&\ddots&\vdots\\1&1&\cdots&c\end{pmatrix}$，求 c 的值.

4. 已知矩阵 $\boldsymbol{P}=\begin{pmatrix}-1&1&1\\0&-2&1\\1&1&1\end{pmatrix}$，$\boldsymbol{B}=\begin{pmatrix}1&0&0\\0&-1&0\\0&0&2\end{pmatrix}$，若有矩阵 $\boldsymbol{A}$ 满足 $\boldsymbol{AP}=\boldsymbol{PB}$，求 $\boldsymbol{A}$ 及 $\boldsymbol{A}^{10}$.

5. 设矩阵 $\boldsymbol{A},\boldsymbol{B}$ 及 $\boldsymbol{A}+\boldsymbol{B}$ 都是可逆矩阵，证明 $\boldsymbol{A}^{-1}+\boldsymbol{B}^{-1}$ 也是可逆矩阵，且

$$(\boldsymbol{A}^{-1}+\boldsymbol{B}^{-1})^{-1}=\boldsymbol{B}(\boldsymbol{A}+\boldsymbol{B})^{-1}\boldsymbol{A}=\boldsymbol{A}(\boldsymbol{A}+\boldsymbol{B})^{-1}\boldsymbol{B}.$$

6. 设矩阵 $\boldsymbol{A}=\begin{pmatrix}1&0&0\\0&3&2\\0&1&0\end{pmatrix}$，试将 $\boldsymbol{A}$ 表示成初等矩阵的乘积.

7. 设矩阵 $\boldsymbol{A}=\begin{pmatrix}\lambda&0&0\\0&\lambda&1\\0&1&\lambda\end{pmatrix}$，讨论当 λ 满足何条件时，矩阵 $\boldsymbol{A}$ 可逆.

8. 设矩阵 $\boldsymbol{A}=\begin{pmatrix}2&-1&-1\\1&1&-2\\4&-6&2\end{pmatrix}$ 的行最简形矩阵为 $\boldsymbol{F}$，求 $\boldsymbol{F}$，并求一个可逆矩阵 $\boldsymbol{P}$，使 $\boldsymbol{PA}=\boldsymbol{F}$.

1.6 矩阵的分块

1.6.1 分块矩阵

在矩阵的有关讨论中，为了便于分析和计算，常常用水平线和竖直线将矩阵分成一些小矩阵，这些小矩阵通常称为**子矩阵**(submatrices)或**子块**(blocks)，矩阵分块后称为**分块矩阵**(partitioned matrix). 例如，设

$$\boldsymbol{A}=\begin{pmatrix}1&2&1&0&0\\2&1&0&1&0\\3&0&0&0&1\\4&1&0&0&0\end{pmatrix},$$

在矩阵 $\boldsymbol{A}$ 的第三、四行之间画一条水平线，在第二、三列之间画一条竖直线，将矩阵分成了4个子矩阵，即

$$\boldsymbol{A}=\left(\begin{array}{cc|ccc}1&2&1&0&0\\2&1&0&1&0\\3&0&0&0&1\\\hline 4&1&0&0&0\end{array}\right)=\begin{pmatrix}\boldsymbol{A}_{11}&\boldsymbol{A}_{12}\\\boldsymbol{A}_{21}&\boldsymbol{A}_{22}\end{pmatrix},$$

其中，$\boldsymbol{A}_{11}$ 为 3×2 矩阵，$\boldsymbol{A}_{12}$ 为3阶单位矩阵，$\boldsymbol{A}_{21}$ 为 1×2 矩阵，$\boldsymbol{A}_{22}$ 为 1×3 零矩阵.

还可以将 $\boldsymbol{A}$ 分成5个列矩阵(或列向量)，即

$$\boldsymbol{A}=\left(\begin{array}{c|c|c|c|c}1&2&1&0&0\\2&1&0&1&0\\3&0&0&0&1\\4&1&0&0&0\end{array}\right)=(\boldsymbol{\alpha}_1,\boldsymbol{\alpha}_2,\boldsymbol{\alpha}_3,\boldsymbol{\alpha}_4,\boldsymbol{\alpha}_5),$$

其中
$$\boldsymbol{\alpha}_1=\begin{pmatrix}1\\2\\3\\4\end{pmatrix},\boldsymbol{\alpha}_2=\begin{pmatrix}2\\1\\0\\1\end{pmatrix},\boldsymbol{\alpha}_3=\begin{pmatrix}1\\0\\0\\0\end{pmatrix},\boldsymbol{\alpha}_4=\begin{pmatrix}0\\1\\0\\0\end{pmatrix},\boldsymbol{\alpha}_5=\begin{pmatrix}0\\0\\1\\0\end{pmatrix}.$$

1.6.2 分块矩阵的运算

分块矩阵一般有加法、数量乘法、矩阵乘法及转置等运算，在运算时，把每个子矩阵看成通常矩阵的元素即可.

1. 分块矩阵的加法与数乘

若 $\boldsymbol{A}$ 与 $\boldsymbol{B}$ 是同型矩阵，且它们具有相同的分块方式，则 $\boldsymbol{A}+\boldsymbol{B}$ 等于 $\boldsymbol{A}$ 与 $\boldsymbol{B}$ 对应子块的和，数 k 与 $\boldsymbol{A}$ 的乘法 $k\boldsymbol{A}$ 为 k 与每个子块相乘.

例 1 设 $\boldsymbol{A}=\begin{pmatrix}1&0&-1&0\\0&1&0&-1\\5&1&0&0\\3&2&0&0\end{pmatrix}$，$\boldsymbol{B}=\begin{pmatrix}2&0&1&0\\0&2&0&1\\-1&2&2&1\\-2&1&3&9\end{pmatrix}$，试利用分块矩阵求 $\boldsymbol{A}+\boldsymbol{B}$ 和 $3\boldsymbol{A}$.

解 首先将 $\boldsymbol{A}$ 与 $\boldsymbol{B}$ 分块，根据它们的元素分布特点(可以用零矩阵和单位矩阵作为子矩阵)，进行如下分块：

$$\boldsymbol{A}=\left(\begin{array}{cc|cc}1&0&-1&0\\0&1&0&-1\\\hline 5&1&0&0\\3&2&0&0\end{array}\right)=\begin{pmatrix}\boldsymbol{E}&-\boldsymbol{E}\\\boldsymbol{A}_{21}&\boldsymbol{O}\end{pmatrix},\boldsymbol{B}=\left(\begin{array}{cc|cc}2&0&1&0\\0&2&0&1\\\hline -1&2&2&1\\-2&1&3&9\end{array}\right)=\begin{pmatrix}2\boldsymbol{E}&\boldsymbol{E}\\\boldsymbol{B}_{21}&\boldsymbol{B}_{22}\end{pmatrix},$$

于是

$$\boldsymbol{A}+\boldsymbol{B}=\begin{pmatrix}\boldsymbol{E}+2\boldsymbol{E}&-\boldsymbol{E}+\boldsymbol{E}\\\boldsymbol{A}_{21}+\boldsymbol{B}_{21}&\boldsymbol{O}+\boldsymbol{B}_{22}\end{pmatrix}=\begin{pmatrix}3\boldsymbol{E}&\boldsymbol{O}\\\boldsymbol{A}_{21}+\boldsymbol{B}_{21}&\boldsymbol{B}_{22}\end{pmatrix},$$

$$3\boldsymbol{A}=\begin{pmatrix}3\boldsymbol{E}&3(-\boldsymbol{E})\\3\boldsymbol{A}_{21}&3\boldsymbol{O}\end{pmatrix}=\begin{pmatrix}3\boldsymbol{E}&-3\boldsymbol{E}\\3\boldsymbol{A}_{21}&\boldsymbol{O}\end{pmatrix}.$$

而

$$\boldsymbol{A}_{21}+\boldsymbol{B}_{21}=\begin{pmatrix}5&1\\3&2\end{pmatrix}+\begin{pmatrix}-1&2\\-2&1\end{pmatrix}=\begin{pmatrix}4&3\\1&3\end{pmatrix},3\boldsymbol{A}_{21}=\begin{pmatrix}15&3\\9&6\end{pmatrix}.$$

故

$$\boldsymbol{A}+\boldsymbol{B}=\begin{pmatrix}3&0&0&0\\0&3&0&0\\4&3&2&1\\1&3&3&9\end{pmatrix};\quad 3\boldsymbol{A}=\begin{pmatrix}3&0&-3&0\\0&3&0&-3\\15&3&0&0\\9&6&0&0\end{pmatrix}.$$

2. 分块矩阵的乘法

当矩阵 $\boldsymbol{A}$ 的列数与 $\boldsymbol{B}$ 的行数相同时，乘积 $\boldsymbol{AB}$ 可行. 若利用分块矩阵计算 $\boldsymbol{AB}$，$\boldsymbol{A}$ 的列的分法必须与 $\boldsymbol{B}$ 的行的分法一致. 相乘时，$\boldsymbol{A}$ 的每一块必须乘在 $\boldsymbol{B}$ 的相应的块的左边.

例 2 设 $\boldsymbol{A}=\begin{pmatrix}1&0&-1&1&0\\1&1&-2&0&1\\0&2&3&0&1\end{pmatrix}$，$\boldsymbol{B}=\begin{pmatrix}0&0\\0&0\\0&0\\1&0\\0&1\end{pmatrix}$，试利用分块矩阵求 $\boldsymbol{AB}$.

解 首先将 $\boldsymbol{A}$ 与 $\boldsymbol{B}$ 分块，根据它们的元素分布特点（可以用零矩阵和单位矩阵作为子矩阵），进行如下分块：

$$\boldsymbol{A}=\left(\begin{array}{ccc|cc}1&0&-1&1&0\\1&1&-2&0&1\\\hline 0&2&3&0&1\end{array}\right)=\begin{pmatrix}\boldsymbol{A}_{11}&\boldsymbol{E}\\\boldsymbol{A}_{21}&\boldsymbol{A}_{22}\end{pmatrix},\boldsymbol{B}=\left(\begin{array}{cc}0&0\\0&0\\0&0\\\hline 1&0\\0&1\end{array}\right)=\begin{pmatrix}\boldsymbol{O}\\\boldsymbol{E}\end{pmatrix},$$

$\boldsymbol{A}$ 的 5 列被分成 3 列一组和 2 列一组，$\boldsymbol{B}$ 的 5 行必须采取同样的分法：3 行一组和 2 行一组. 视 $\boldsymbol{A}$ 与 $\boldsymbol{B}$ 中的块为元素，按照矩阵乘法的定义，得

$$\boldsymbol{AB}=\begin{pmatrix}\boldsymbol{A}_{11}&\boldsymbol{E}\\\boldsymbol{A}_{21}&\boldsymbol{A}_{22}\end{pmatrix}\begin{pmatrix}\boldsymbol{O}\\\boldsymbol{E}\end{pmatrix}=\begin{pmatrix}\boldsymbol{A}_{11}\boldsymbol{O}+\boldsymbol{E}^2\\\boldsymbol{A}_{21}\boldsymbol{O}+\boldsymbol{A}_{22}\boldsymbol{E}\end{pmatrix}=\begin{pmatrix}\boldsymbol{E}\\\boldsymbol{A}_{22}\end{pmatrix}=\left(\begin{array}{cc}1&0\\0&1\\\hline 0&1\end{array}\right)=\begin{pmatrix}1&0\\0&1\\0&1\end{pmatrix}.$$

例 3 设线性方程组 $\begin{cases}x_1+2x_2+x_3=3,\\3x_1-x_2-3x_3=-1,\\2x_1+3x_2+x_3=4,\end{cases}$ 它可以表示为

$$\begin{pmatrix}1&2&1\\3&-1&-3\\2&3&1\end{pmatrix}\begin{pmatrix}x_1\\x_2\\x_3\end{pmatrix}=\begin{pmatrix}3\\-1\\4\end{pmatrix},$$

即 $\boldsymbol{Ax}=\boldsymbol{b}$，其中

$$\boldsymbol{A}=\begin{pmatrix}1&2&1\\3&-1&-3\\2&3&1\end{pmatrix},\boldsymbol{x}=\begin{pmatrix}x_1\\x_2\\x_3\end{pmatrix},\boldsymbol{b}=\begin{pmatrix}3\\-1\\4\end{pmatrix}.$$

若将 $\boldsymbol{A}$ 按列分成 3 块，即

$$\boldsymbol{A}=\left(\begin{array}{c|c|c}1&2&1\\3&-1&-3\\2&3&1\end{array}\right)=(\boldsymbol{\alpha}_1,\boldsymbol{\alpha}_2,\boldsymbol{\alpha}_3),$$

则相应地列向量 $\boldsymbol{x}$ 分成 3 行，即

$$\boldsymbol{x}=\left(\begin{array}{c}x_1\\\hline x_2\\\hline x_3\end{array}\right),$$

从而

$$\boldsymbol{Ax}=(\boldsymbol{\alpha}_1\quad\boldsymbol{\alpha}_2\quad\boldsymbol{\alpha}_3)\left(\begin{array}{c}x_1\\\hline x_2\\\hline x_3\end{array}\right)=x_1\boldsymbol{\alpha}_1+x_2\boldsymbol{\alpha}_2+x_3\boldsymbol{\alpha}_3,$$

于是该线性方程组可以表示为

$$x_1\boldsymbol{\alpha}_1+x_2\boldsymbol{\alpha}_2+x_3\boldsymbol{\alpha}_3=\boldsymbol{b}.$$

称上式为该线性方程组的**向量形式**.

另外，也可以将该线性方程组的增广矩阵分成两块，它们依次为系数矩阵 $\boldsymbol{A}$ 和常数项

列向量 $\boldsymbol{b}$，即

$$\begin{pmatrix}1 & 2 & 1 & 3\\ 3 & -1 & -3 & -1\\ 2 & 3 & 1 & 4\end{pmatrix}=(\boldsymbol{A},\boldsymbol{b}).$$

$(\boldsymbol{A},\boldsymbol{b})$有时也表示为$(\boldsymbol{A}\quad \boldsymbol{b})$或$(\boldsymbol{A}\,|\,\boldsymbol{b})$.

例 4 设 $\boldsymbol{A}=(a_{ij})_{4\times 3}$，$\boldsymbol{B}=(b_{ij})_{3\times 5}$，若将 $\boldsymbol{B}$ 按列分成 5 块，有

$$\boldsymbol{B}=(\boldsymbol{B}_1\quad \boldsymbol{B}_2\quad \boldsymbol{B}_3\quad \boldsymbol{B}_4\quad \boldsymbol{B}_5),$$

于是

$$\boldsymbol{AB}=\boldsymbol{A}(\boldsymbol{B}_1\quad \boldsymbol{B}_2\quad \boldsymbol{B}_3\quad \boldsymbol{B}_4\quad \boldsymbol{B}_5)=(\boldsymbol{AB}_1\quad \boldsymbol{AB}_2\quad \boldsymbol{AB}_3\quad \boldsymbol{AB}_4\quad \boldsymbol{AB}_5).$$

3. 分块矩阵的转置

下面的例题说明了分块矩阵转置的方法.

例 5 设 $\boldsymbol{A}=\begin{pmatrix}1 & 0 & -1 & 1 & 3\\ 1 & 1 & -2 & 2 & 1\\ 0 & 2 & 3 & 0 & 1\end{pmatrix}$，进行如下分块，得到

$$\boldsymbol{A}=\left(\begin{array}{ccc|cc}1 & 0 & -1 & 1 & 3\\ 1 & 1 & -2 & 2 & 1\\ \hline 0 & 2 & 3 & 0 & 1\end{array}\right)=\begin{pmatrix}\boldsymbol{A}_{11} & \boldsymbol{A}_{12}\\ \boldsymbol{A}_{21} & \boldsymbol{A}_{22}\end{pmatrix}.$$

显然

$$\boldsymbol{A}^{\mathrm{T}}=\left(\begin{array}{cc|c}1 & 1 & 0\\ 0 & 1 & 2\\ -1 & -2 & 3\\ \hline 1 & 2 & 0\\ 3 & 1 & 1\end{array}\right)=\begin{pmatrix}\boldsymbol{A}_{11}^{\mathrm{T}} & \boldsymbol{A}_{21}^{\mathrm{T}}\\ \boldsymbol{A}_{12}^{\mathrm{T}} & \boldsymbol{A}_{22}^{\mathrm{T}}\end{pmatrix}.$$

例 5 说明，分块矩阵转置时，不但要将分块矩阵行列互换，而且行列互换后的各子块都要转置.

对于 n 阶方阵 $\boldsymbol{A}$，如果分块矩阵的形式比较特殊，也可以利用分块矩阵讨论 $\boldsymbol{A}$ 的逆矩阵问题，这里以分块对角矩阵为例说明.

已知 $\boldsymbol{A}$ 为 n 阶方阵，若 $\boldsymbol{A}$ 可以分块成 $\boldsymbol{A}=\begin{pmatrix}\boldsymbol{A}_{11} & \boldsymbol{O}\\ \boldsymbol{O} & \boldsymbol{A}_{22}\end{pmatrix}$，其中 $\boldsymbol{A}_{11}$ 为 $k(k<n)$阶方阵，$\boldsymbol{A}_{22}$ 为 $n-k$ 阶方阵，$\boldsymbol{O}$ 为零矩阵，则称 $\boldsymbol{A}$ 为**分块对角矩阵**.

利用逆矩阵的定义可以证明，上述分块对角矩阵 $\boldsymbol{A}$ 可逆的充要条件是 $\boldsymbol{A}_{11}$ 和 $\boldsymbol{A}_{22}$ 都可逆，且 $\boldsymbol{A}^{-1}=\begin{pmatrix}\boldsymbol{A}_{11} & \boldsymbol{O}\\ \boldsymbol{O} & \boldsymbol{A}_{22}\end{pmatrix}^{-1}=\begin{pmatrix}\boldsymbol{A}_{11}^{-1} & \boldsymbol{O}\\ \boldsymbol{O} & \boldsymbol{A}_{22}^{-1}\end{pmatrix}$.

例如，设 $\boldsymbol{A}=\begin{pmatrix}1 & 1 & 0 & 0\\ 0 & 1 & 0 & 0\\ 0 & 0 & 1 & 0\\ 0 & 0 & 1 & 1\end{pmatrix}$，分块后 $\boldsymbol{A}=\begin{pmatrix}\boldsymbol{A}_{11} & \boldsymbol{O}\\ \boldsymbol{O} & \boldsymbol{A}_{22}\end{pmatrix}$，其中 $\boldsymbol{A}_{11}=\begin{pmatrix}1 & 1\\ 0 & 1\end{pmatrix}$，$\boldsymbol{A}_{22}=\begin{pmatrix}1 & 0\\ 1 & 1\end{pmatrix}$，

易判定 $\boldsymbol{A}_{11}$ 和 $\boldsymbol{A}_{22}$ 都可逆，且可以求得 $\boldsymbol{A}_{11}^{-1}=\begin{pmatrix}1 & -1\\ 0 & 1\end{pmatrix}$，$\boldsymbol{A}_{22}^{-1}=\begin{pmatrix}1 & 0\\ -1 & 1\end{pmatrix}$，所以 $\boldsymbol{A}$ 可逆，且

$$A^{-1}=\begin{bmatrix}1 & -1 & 0 & 0\\0 & 1 & 0 & 0\\0 & 0 & 1 & 0\\0 & 0 & -1 & 1\end{bmatrix}.$$

思考题

设 $A=\begin{pmatrix}1 & 2 & 3\\4 & 5 & 6\end{pmatrix}$，$B=\begin{pmatrix}1 & 1\\0 & 2\\1 & -1\end{pmatrix}$，下面是利用分块矩阵计算 AB 的一种方法，请验证它的正确性.

将 A，B 进行如下分块，得

$$A=\left(\begin{array}{c|c|c}1 & 2 & 3\\4 & 5 & 6\end{array}\right)=(A_1\quad A_2\quad A_3),B=\left(\begin{array}{cc}1 & 1\\\hline 0 & 2\\\hline 1 & -1\end{array}\right)=\begin{pmatrix}B_1\\B_2\\B_3\end{pmatrix},\text{则 } AB=A_1B_1+A_2B_2+A_3B_3.$$

上述方法称为 AB 的**列行展开法**.

习题 1.6

A 组

1. 判断下列结论哪些是正确的，哪些是错误的，并说明理由.

(1) 若 $A=(A_1\quad A_2)$，$B=(B_1\quad B_2)$，且 A_1 与 B_1 是同型矩阵，A_2 与 B_2 是同型矩阵，则 $A+B=(A_1+B_1\quad A_2+B_2)$；

(2) 设 A_1，A_2，B_1，B_2 都为 3×3 矩阵，且 $A=\begin{pmatrix}A_1\\A_2\end{pmatrix}$，$B=(B_1\quad B_2)$，则乘积 BA 可行，但 AB 不可行.

2. 已知 $A=\left(\begin{array}{ccc|cc}1 & 0 & -1 & 1 & 3\\1 & 1 & -2 & 2 & 1\\\hline 0 & 2 & 3 & 0 & 1\end{array}\right)=\begin{pmatrix}A_{11} & A_{12}\\A_{21} & A_{22}\end{pmatrix}$，$B=\begin{pmatrix}1 & 0 & -2\\2 & 1 & 0\\1 & 3 & -1\end{pmatrix}$，将 B 分块后计算 BA.

3. 利用分块对角矩阵的逆矩阵的结论，求下列矩阵的逆矩阵：

(1) $\begin{pmatrix}3 & 1 & 0\\2 & 1 & 0\\0 & 0 & 7\end{pmatrix}$；　　(2) $\begin{bmatrix}2 & 1 & 0 & 0\\5 & 3 & 0 & 0\\0 & 0 & 2 & -1\\0 & 0 & 3 & 0\end{bmatrix}$.

B 组

1. 设矩阵 $A=(a_{ij})_{m\times n}$，$B=(b_{ij})_{n\times s}$，分别将 A 和 B 按行和按列分块：

$$A=\begin{pmatrix}A_1\\A_2\\\vdots\\A_m\end{pmatrix},B=(B_1\quad B_2\quad\cdots\quad B_s),$$

验证矩阵乘积 $AB=\begin{pmatrix}A_1B_1 & A_1B_2 & \cdots & A_1B_s\\A_2B_1 & A_2B_2 & \cdots & A_2B_s\\\vdots & \vdots & & \vdots\\A_mB_1 & A_mB_2 & \cdots & A_mB_s\end{pmatrix}$.

2. 证明矩阵 $A=O$ 的充要条件是方阵 $A^{\mathrm{T}}A=O$.

3. 设矩阵 $M=\begin{pmatrix}A & C\\O & B\end{pmatrix}$,其中 A,B,C 都为可逆的二阶方阵,O 为二阶零矩阵,证明 $M^{-1}=\begin{pmatrix}A^{-1} & -A^{-1}CB^{-1}\\O & B^{-1}\end{pmatrix}$.

复习题 1

一、选择题

1. 已知 A,B 都为 n 阶方阵,则下列结论一定成立的是(　　).

A. $(A+B)^2=A^2+2AB+B^2$　　B. $AB=O$ 时,一定有 $A=O$ 或 $B=O$

C. $(AB)^{\mathrm{T}}=A^{\mathrm{T}}B^{\mathrm{T}}$　　D. 若 A,B 可逆,则$(AB)^{-1}=B^{-1}A^{-1}$

2. 下列叙述中,不正确的是(　　).

A. 与一个矩阵行等价的阶梯形矩阵是唯一的

B. 与一个矩阵行等价的行最简形矩阵是唯一的

C. 与 n 阶可逆矩阵行等价的行最简形矩阵是 n 阶单位矩阵

D. 设 A 为 n 阶奇异矩阵,则线性方程组 $Ax=b(b\neq 0)$无解或者有无穷多解

3. 下列结论中,哪一个不是 n 阶方阵 A 可逆的充要条件(　　).

A. A 的阶梯形矩阵中有 n 个非零行

B. A 与 n 阶单位矩阵 E 等价

C. A 可以表示为若干个初等矩阵的乘积

D. 线性方程组 $Ax=b$ 有无穷多解

二、填空题

1. 设 $A=\begin{pmatrix}1\\2\\3\end{pmatrix}$,则 $A^{\mathrm{T}}A=$__________,$AA^{\mathrm{T}}=$__________.

2. 设 $A=\begin{pmatrix}1 & 2 & 3\\4 & 5 & 6\\7 & 8 & 9\end{pmatrix}$,初等矩阵 $P_1=\begin{pmatrix}0 & 0 & 1\\0 & 1 & 0\\1 & 0 & 0\end{pmatrix}$,$P_2=\begin{pmatrix}1 & 0 & 0\\0 & 1 & 0\\3 & 0 & 1\end{pmatrix}$,利用初等变换与初等矩阵的关系,乘积矩阵 $P_1AP_2=$__________.

3. 设$\boldsymbol{A}=\begin{pmatrix}1&2&4\\2&1&3\\1&0&2\end{pmatrix}$,$\boldsymbol{B}=\begin{pmatrix}1&2&4\\6&3&9\\1&0&2\end{pmatrix}$,若$\boldsymbol{PA}=\boldsymbol{B}$,利用初等变换与初等矩阵的关系,矩阵$\boldsymbol{P}=$__________.

4. 设$\boldsymbol{P}=\begin{pmatrix}-1&-4\\1&1\end{pmatrix}$,$\boldsymbol{B}=\begin{pmatrix}-1&0\\0&2\end{pmatrix}$,满足$\boldsymbol{P}^{-1}\boldsymbol{AP}=\boldsymbol{B}$,则$\boldsymbol{A}=$__________,$\boldsymbol{A}^{10}=$__________.

三、解答题

1. 设$\boldsymbol{B}=\begin{pmatrix}1&-2&1&3\\0&1&-1&-2\\1&1&-2&-3\end{pmatrix}$.

(1) 求一个可逆矩阵$\boldsymbol{P}$,使$\boldsymbol{PB}$为行最简形矩阵;

(2) 解以$\boldsymbol{B}$为增广矩阵的线性方程组.

2. 设三阶方阵$\boldsymbol{A},\boldsymbol{B},\boldsymbol{C}$满足方程$\boldsymbol{C}(2\boldsymbol{A}-\boldsymbol{B})=\boldsymbol{A}$,其中$\boldsymbol{B}=\begin{pmatrix}1&2&3\\0&1&2\\0&0&1\end{pmatrix}$,$\boldsymbol{C}=\begin{pmatrix}1&-2&4\\0&1&-2\\0&0&1\end{pmatrix}$,试求矩阵$\boldsymbol{A}$.

3. 已知$\boldsymbol{b}$为3×1非零矩阵,$\boldsymbol{E}$为三阶单位矩阵,设$\boldsymbol{A}=\boldsymbol{E}-\boldsymbol{b}\boldsymbol{b}^{\mathrm{T}}$,证明:

(1) $\boldsymbol{A}^2=\boldsymbol{A}$的充要条件为$\boldsymbol{b}^{\mathrm{T}}\boldsymbol{b}=1$;

(2) 当$\boldsymbol{b}^{\mathrm{T}}\boldsymbol{b}=1$时,矩阵$\boldsymbol{A}$不可逆.

4. 设$\boldsymbol{A}=\begin{pmatrix}1&2\\5&12\end{pmatrix}$,$\boldsymbol{b}_1=\begin{pmatrix}-1\\3\end{pmatrix}$,$\boldsymbol{b}_2=\begin{pmatrix}1\\-5\end{pmatrix}$.

(1) 求$\boldsymbol{A}^{-1}$,并利用它求出矩阵方程$\boldsymbol{Ax}=\boldsymbol{b}_1$及$\boldsymbol{Ax}=\boldsymbol{b}_2$的解;

(2) 因为(1)中的两个矩阵方程具有相同的系数矩阵,所以也可利用对增广矩阵$(\boldsymbol{A}\quad \boldsymbol{b}_1\quad \boldsymbol{b}_2)$施行初等行变换的方法求出这两个方程的解,请解之.

5. (1) 设$\boldsymbol{A}=\begin{pmatrix}1&0\\2&-1\end{pmatrix}$,$\boldsymbol{E}$为二阶单位矩阵,证明$\boldsymbol{A}^2=\boldsymbol{E}$;

(2) 设$\boldsymbol{B}=\begin{pmatrix}1&0&0&0\\2&-1&0&0\\1&0&-1&0\\0&1&-2&1\end{pmatrix}$,$\boldsymbol{E}$为四阶单位矩阵,将矩阵$\boldsymbol{B}$分块,证明$\boldsymbol{B}^2=\boldsymbol{E}$.

第 2 章

行　列　式

行列式是线性代数中的一个基本概念，它不仅是研究线性代数的重要工具，在数学的其他分支及其他学科中也具有广泛的应用.

本章主要讨论

1. 什么是方阵的行列式？
2. 行列式有哪些性质？
3. 行列式如何计算？
4. 什么是克莱姆法则？

2.1　行列式的定义

2.1.1　二阶行列式

我们从抽象的二元线性方程组出发，假设其解存在，来考查其解的表示形式. 设有二元线性方程组

$$\begin{cases} a_{11}x_1 + a_{12}x_2 = b_1, \\ a_{21}x_1 + a_{22}x_2 = b_2, \end{cases} \tag{2.1}$$

其系数矩阵为 $\boldsymbol{A}=\begin{pmatrix} a_{11} & a_{12} \\ a_{21} & a_{22} \end{pmatrix}$，下面用消元法解这个方程组.

为了消去 x_2，用第一个方程乘以 a_{22} 减去第二个方程乘以 a_{12}，得

$$(a_{11}a_{22}-a_{12}a_{21})x_1=b_1a_{22}-a_{12}b_2.$$

同理，用第二个方程乘以 a_{11} 减去第一个方程乘以 a_{21}，可以消去 x_1，得

$$(a_{11}a_{22}-a_{12}a_{21})x_2=a_{11}b_2-b_1a_{21}.$$

当 $a_{11}a_{22}-a_{12}a_{21}\neq 0$ 时，方程组(2.1)有唯一解，其解为

$$\begin{cases} x_1 = \dfrac{b_1a_{22}-a_{12}b_2}{a_{11}a_{22}-a_{12}a_{21}}, \\ x_2 = \dfrac{a_{11}b_2-b_1a_{21}}{a_{11}a_{22}-a_{12}a_{21}}. \end{cases} \tag{2.2}$$

可以看出，(2.2)式中解的分母是一样的，都为 $a_{11}a_{22}-a_{12}a_{21}$，完全由方程组(2.1)的系数确定.

定义 2.1（二阶行列式） 我们称数 $a_{11}a_{22}-a_{12}a_{21}$ 为二阶方阵

$$\boldsymbol{A}=\begin{pmatrix}a_{11} & a_{12}\\ a_{21} & a_{22}\end{pmatrix}$$

的**行列式**(determinant)，简称为二阶行列式，记为

$$|\boldsymbol{A}|=\begin{vmatrix}a_{11} & a_{12}\\ a_{21} & a_{22}\end{vmatrix}=a_{11}a_{22}-a_{12}a_{21}.$$

行列式 $|\boldsymbol{A}|$ 也常记为 D 或者 $\det(\boldsymbol{A})$，即

$$D=\begin{vmatrix}a_{11} & a_{12}\\ a_{21} & a_{22}\end{vmatrix}=a_{11}a_{22}-a_{12}a_{21}\text{，或者 }\det(\boldsymbol{A})=\begin{vmatrix}a_{11} & a_{12}\\ a_{21} & a_{22}\end{vmatrix}=a_{11}a_{22}-a_{12}a_{21}.$$

二阶行列式的定义可用**对角线法则**来记忆(图 2-1)：二阶行列式等于主对角线(实连线)上两个元素之积减去副对角线(虚连线)上两个元素之积.

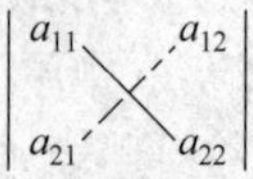

图 2-1

一般地，称 D 为线性方程组(2.1)的系数行列式.

对于解(2.2)，分子也可以用行列式表示，分别为

$$D_1=\begin{vmatrix}b_1 & a_{12}\\ b_2 & a_{22}\end{vmatrix}=b_1a_{22}-a_{12}b_2,D_2=\begin{vmatrix}a_{11} & b_1\\ a_{21} & b_2\end{vmatrix}=a_{11}b_2-b_1a_{21}.$$

当二元线性方程组(2.1)的系数行列式

$$D=\begin{vmatrix}a_{11} & a_{12}\\ a_{21} & a_{22}\end{vmatrix}\neq 0$$

时，该方程组有唯一解，且可以用行列式表示为

$$x_1=\frac{D_1}{D},\qquad x_2=\frac{D_2}{D}.$$

称上述结论为**二元线性方程组(2.1)的克莱姆法则**(Cramer's rule).

例 1 用克莱姆法则解线性方程组 $\begin{cases}2x_1-\ x_2=1,\\ x_1-3x_2=-7.\end{cases}$

解 系数行列式为 $D=\begin{vmatrix}2 & -1\\ 1 & -3\end{vmatrix}=-5\neq 0$，故该方程组有唯一解.

又 $D_1=\begin{vmatrix}1 & -1\\ -7 & -3\end{vmatrix}=-10$，$D_2=\begin{vmatrix}2 & 1\\ 1 & -7\end{vmatrix}=-15$，从而该方程组的解为

$$x_1=\frac{D_1}{D}=2,\qquad x_2=\frac{D_2}{D}=3.$$

2.1.2 三阶行列式

对于三元线性方程组

$$\begin{cases}a_{11}x_1+a_{12}x_2+a_{13}x_3=b_1,\\ a_{21}x_1+a_{22}x_2+a_{23}x_3=b_2,\\ a_{31}x_1+a_{32}x_2+a_{33}x_3=b_3,\end{cases}\tag{2.3}$$

其系数矩阵为

$$\boldsymbol{A}=\begin{pmatrix} a_{11} & a_{12} & a_{13} \\ a_{21} & a_{22} & a_{23} \\ a_{31} & a_{32} & a_{33} \end{pmatrix}.$$

同样,利用消元法解方程组(2.3),根据解的表达式,可以引出三阶方阵 **A** 的行列式.

定义 2.2(三阶行列式) 我们称数

$$a_{11}a_{22}a_{33}+a_{12}a_{23}a_{31}+a_{13}a_{21}a_{32}-a_{13}a_{22}a_{31}-a_{12}a_{21}a_{33}-a_{11}a_{23}a_{32}$$

为三阶方阵

$$\boldsymbol{A}=\begin{pmatrix} a_{11} & a_{12} & a_{13} \\ a_{21} & a_{22} & a_{23} \\ a_{31} & a_{32} & a_{33} \end{pmatrix}$$

的行列式,简称为三阶行列式,记为

$$|\boldsymbol{A}|=\begin{vmatrix} a_{11} & a_{12} & a_{13} \\ a_{21} & a_{22} & a_{23} \\ a_{31} & a_{32} & a_{33} \end{vmatrix}= a_{11}a_{22}a_{33}+a_{12}a_{23}a_{31}+a_{13}a_{21}a_{32} -a_{13}a_{22}a_{31}-a_{12}a_{21}a_{33}-a_{11}a_{23}a_{32}.$$

三阶行列式的定义也可用**对角线法则**来记忆(图 2-2),图中每条实线连接的三个元素的乘积带正号,每条虚线连接的三个元素的乘积带负号,所得 6 项的代数和即为三阶行列式.

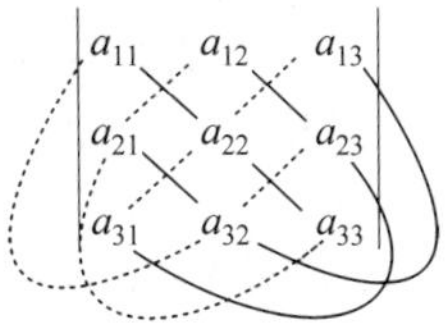

图 2-2

例 2 计算三阶行列式 $D=\begin{vmatrix} 2 & -1 & 3 \\ 4 & 2 & 5 \\ 1 & 0 & 1 \end{vmatrix}$.

解 由对角线法则,得

$$\begin{aligned} D &=2\times2\times1+(-1)\times5\times1+3\times4\times0-3\times2\times1-(-1)\times4\times1-2\times5\times0 \\ &=4-5+0-6+4-0=-3. \end{aligned}$$

2.1.3 二、三阶行列式间的关系

三阶行列式可以写为

$$\begin{aligned} |\boldsymbol{A}|=\begin{vmatrix} a_{11} & a_{12} & a_{13} \\ a_{21} & a_{22} & a_{23} \\ a_{31} & a_{32} & a_{33} \end{vmatrix} &= a_{11}a_{22}a_{33}+a_{12}a_{23}a_{31}+a_{13}a_{21}a_{32} \\ &\quad -a_{13}a_{22}a_{31}-a_{12}a_{21}a_{33}-a_{11}a_{23}a_{32} \\ &=a_{11}(a_{22}a_{33}-a_{23}a_{32})-a_{12}(a_{21}a_{33}-a_{23}a_{31})+a_{13}(a_{21}a_{32}-a_{22}a_{31}) \\ &=a_{11}\begin{vmatrix} a_{22} & a_{23} \\ a_{32} & a_{33} \end{vmatrix}-a_{12}\begin{vmatrix} a_{21} & a_{23} \\ a_{31} & a_{33} \end{vmatrix}+a_{13}\begin{vmatrix} a_{21} & a_{22} \\ a_{31} & a_{32} \end{vmatrix}. \end{aligned}$$

从上式可以看出,三阶行列式等于它的第一行的每一个元素分别乘以一个二阶行列式的代数和. 为了进一步说明二、三阶行列式间的关系,下面给出余子式和代数余子式的概念.

在三阶行列式

$$|\boldsymbol{A}|=\begin{vmatrix} a_{11} & a_{12} & a_{13} \\ a_{21} & a_{22} & a_{23} \\ a_{31} & a_{32} & a_{33} \end{vmatrix}$$

中,划掉元素 a_{ij} 所在的行和列,剩下的元素按原相对位置构成的二阶行列式称为 a_{ij} 的**余子式**(minor),记作 M_{ij}. 称 $(-1)^{i+j}M_{ij}$ 为 a_{ij} 的**代数余子式**(cofactor),记为 A_{ij}.

例如,在三阶行列式中,a_{12} 的余子式(见图 2-3)和代数余子式分别为

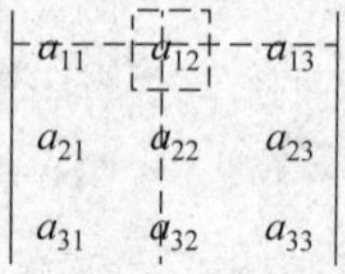

图 2-3

$$M_{12}=\begin{vmatrix} a_{21} & a_{23} \\ a_{31} & a_{33} \end{vmatrix}, A_{12}=(-1)^{1+2}M_{12}=-M_{12}=-\begin{vmatrix} a_{21} & a_{23} \\ a_{31} & a_{33} \end{vmatrix}.$$

这样,利用代数余子式,三阶行列式可以写为

$$|\boldsymbol{A}|=a_{11}A_{11}+a_{12}A_{12}+a_{13}A_{13}.$$

上式称为三阶行列式 $|\boldsymbol{A}|$ **按第一行的代数余子式展开**(cofactor expansion across the first row of $|\boldsymbol{A}|$)公式.

若对三阶行列式 $|\boldsymbol{A}|$ 中的 6 项进行其他的分组并提取公因子,可以得到按第二行及第三行的展开公式,分别为

$$|\boldsymbol{A}|=a_{21}A_{21}+a_{22}A_{22}+a_{23}A_{23}$$

和

$$|\boldsymbol{A}|=a_{31}A_{31}+a_{32}A_{32}+a_{33}A_{33}.$$

三阶行列式 $|\boldsymbol{A}|$ 按第一、二、三行的 3 个展开公式可以统一写为

$$|\boldsymbol{A}|=a_{i1}A_{i1}+a_{i2}A_{i2}+a_{i3}A_{i3}, i=1,2,3. \tag{2.4}$$

同理,还可得三阶行列式 $|\boldsymbol{A}|$ 按第一、二、三列的 3 个展开公式

$$|\boldsymbol{A}|=a_{1j}A_{1j}+a_{2j}A_{2j}+a_{3j}A_{3j}, j=1,2,3. \tag{2.5}$$

定理 2.1 (三阶行列式按行(列)展开定理) 三阶行列式等于其任意一行(列)的三个元素与其对应的代数余子式乘积的和.

(2.4)式和(2.5)式分别称为**三阶行列式的按行展开公式和按列展开公式**. 利用这些公式,可以将三阶行列式降为二阶行列式进行计算.

注 (1) 规定一阶行列式 $|a_{11}|=a_{11}$(注意不是绝对值). 这时,二阶行列式 $\begin{vmatrix} a_{11} & a_{12} \\ a_{21} & a_{22} \end{vmatrix}$ 也有按行(列)展开公式. 下面以第一行为例,写出展开公式.

根据余子式和代数余子式的定义,得第一行元素 a_{11}, a_{12} 的余子式和代数余子式分别为

$$M_{11}=a_{22}, A_{11}=(-1)^{1+1}M_{11}=a_{22}; M_{12}=a_{21}, A_{12}=(-1)^{1+2}M_{12}=-a_{21}.$$

于是

$$\begin{vmatrix} a_{11} & a_{12} \\ a_{21} & a_{22} \end{vmatrix}=a_{11}a_{22}-a_{12}a_{21}=a_{11}a_{22}+a_{12}(-a_{21})=a_{11}A_{11}+a_{12}A_{12}.$$

即

$$\begin{vmatrix} a_{11} & a_{12} \\ a_{21} & a_{22} \end{vmatrix} = a_{11}A_{11} + a_{12}A_{12}.$$

(2) 可以将

$$\begin{vmatrix} a_{11} & a_{12} \\ a_{21} & a_{22} \end{vmatrix} = a_{11}A_{11} + a_{12}A_{12} \text{ 及 } \begin{vmatrix} a_{11} & a_{12} & a_{13} \\ a_{21} & a_{22} & a_{23} \\ a_{31} & a_{32} & a_{33} \end{vmatrix} = a_{11}A_{11} + a_{12}A_{12} + a_{13}A_{13}$$

分别作为二阶行列式和三阶行列式的另一种定义，按照这种递归的方法，在 2.1.4 小节将给出一般的 n 阶行列式的定义.

例 3 利用按行(列)展开公式计算三阶行列式 $D = \begin{vmatrix} 2 & -1 & 3 \\ 4 & 2 & 5 \\ 1 & 0 & 1 \end{vmatrix}$.

解 该行列式可以按任意一行(列)展开计算，我们按第二列展开(有零元素，可以简化计算)，得

$$\begin{aligned} D &= a_{12}A_{12} + a_{22}A_{22} + a_{32}A_{32} = (-1) \times (-1)^{1+2} \begin{vmatrix} 4 & 5 \\ 1 & 1 \end{vmatrix} + 2 \times (-1)^{2+2} \begin{vmatrix} 2 & 3 \\ 1 & 1 \end{vmatrix} + 0 \times A_{32} \\ &= 1 \times (-1) + 2 \times (-1) = -3. \end{aligned}$$

类似地，也可以利用三阶行列式求解三元线性方程组(2.3). 记

$$D = \begin{vmatrix} a_{11} & a_{12} & a_{13} \\ a_{21} & a_{22} & a_{23} \\ a_{31} & a_{32} & a_{33} \end{vmatrix}, D_1 = \begin{vmatrix} b_1 & a_{12} & a_{13} \\ b_2 & a_{22} & a_{23} \\ b_3 & a_{32} & a_{33} \end{vmatrix}, D_2 = \begin{vmatrix} a_{11} & b_1 & a_{13} \\ a_{21} & b_2 & a_{23} \\ a_{31} & b_3 & a_{33} \end{vmatrix},$$

$$D_3 = \begin{vmatrix} a_{11} & a_{12} & b_1 \\ a_{21} & a_{22} & b_2 \\ a_{31} & a_{32} & b_3 \end{vmatrix}.$$

其中，D 为方程组(2.3)的系数行列式. 当 $D \neq 0$ 时，方程组(2.3)有唯一解，且可以用行列式表示为

$$x_1 = \frac{D_1}{D}, \quad x_2 = \frac{D_2}{D}, \quad x_3 = \frac{D_3}{D}.$$

称上述结论为**三元线性方程组(2.3)的克莱姆法则**.

2.1.4 n 阶行列式

定义 2.3 (n 阶行列式) 设 n 阶方阵 $\mathbf{A} = (a_{ij})_{n \times n}$，$\mathbf{A}$ 的行列式

$$|\mathbf{A}| = \begin{vmatrix} a_{11} & a_{12} & \cdots & a_{1n} \\ a_{21} & a_{22} & \cdots & a_{2n} \\ \vdots & \vdots & & \vdots \\ a_{n1} & a_{n2} & \cdots & a_{nn} \end{vmatrix}$$

是由 $\mathbf{A}$ 所确定的一个数值，称此数值为 n 阶方阵 $\mathbf{A}$ 的行列式，简称为 n 阶行列式，即：

(1) 当 $n=1$ 时，$|\mathbf{A}| = a_{11}$；

(2) 当 $n\geqslant 2$ 时，$|\boldsymbol{A}|=a_{11}A_{11}+a_{12}A_{12}+\cdots+a_{1n}A_{1n}=\sum\limits_{j=1}^{n}a_{1j}A_{1j}$，其中

$$A_{1j}=(-1)^{1+j}M_{1j},$$

$M_{1j}(j=1,2,\cdots,n)$ 为 $|\boldsymbol{A}|$ 中划掉元素 a_{1j} 所在的第 1 行和第 j 列，剩下的元素按原相对位置构成的 $n-1$ 阶行列式，M_{1j} 称为 a_{1j} 的**余子式**，$A_{1j}=(-1)^{1+j}M_{1j}$ 称为 a_{1j} 的**代数余子式**.

该定义可以看成是 n 阶行列式按第一行的展开公式.

在 n 阶行列式中，划掉元素 $a_{ij}(i=1,2,\cdots,n;j=1,2,\cdots,n)$ 所在的行和列，剩下的元素按原相对位置构成的 $n-1$ 阶行列式称为 a_{ij} 的**余子式**，记作 M_{ij}，称 $(-1)^{i+j}M_{ij}$ 为 a_{ij} 的**代数余子式**，记为 A_{ij}.

与三阶行列式类似，对于 n 阶行列式，也可以按任一行(列)展开计算，公式为

$$|\boldsymbol{A}|=a_{i1}A_{i1}+a_{i2}A_{i2}+\cdots+a_{in}A_{in}=\sum_{k=1}^{n}a_{ik}A_{ik},i=1,2,\cdots,n, \tag{2.6}$$

及

$$|\boldsymbol{A}|=a_{1j}A_{1j}+a_{2j}A_{2j}+\cdots+a_{nj}A_{nj}=\sum_{k=1}^{n}a_{kj}A_{kj},j=1,2,\cdots,n. \tag{2.7}$$

定理 2.2 (n 阶行列式按行(列)展开定理) n 阶行列式等于其任意一行(列)的 n 个元素与其对应的代数余子式乘积的和.

(2.6)式和(2.7)式分别称为 **n 阶行列式的按行展开公式和按列展开公式**. 利用这些公式，可以将 n 阶行列式降为 $n-1$ 阶行列式进行计算.

例 4 设方阵 $\boldsymbol{A}=\begin{pmatrix}2&-5&7&3\\0&1&5&0\\0&2&4&-1\\0&0&-2&0\end{pmatrix}$，计算 $|\boldsymbol{A}|$.

解 按第一列展开，得

$$\begin{aligned}|\boldsymbol{A}|&=a_{11}A_{11}+a_{21}A_{21}+a_{31}A_{31}+a_{41}A_{41}\\&=2\cdot A_{11}+0\cdot A_{21}+0\cdot A_{31}+0\cdot A_{41}\\&=2\cdot A_{11}=2\cdot\begin{vmatrix}1&5&0\\2&4&-1\\0&-2&0\end{vmatrix}=2\cdot(-2)(-1)^{3+2}\begin{vmatrix}1&0\\2&-1\end{vmatrix}\\&=-4.\end{aligned}$$

注 利用按行(列)展开公式计算行列式时，为了减少计算量，一般按零元素最多的那一行(列)展开.

例 5 计算 n 阶上三角形行列式

$$D=\begin{vmatrix} a_{11} & a_{12} & \cdots & a_{1n} \\ 0 & a_{22} & \cdots & a_{2n} \\ \vdots & \vdots & \ddots & \vdots \\ 0 & 0 & \cdots & a_{nn} \end{vmatrix}.$$

解 按第一列展开,得

$$D=a_{11}(-1)^{1+1}\begin{vmatrix} a_{22} & \cdots & a_{2n} \\ \vdots & \ddots & \vdots \\ 0 & \cdots & a_{nn} \end{vmatrix}=a_{11}a_{22}(-1)^{1+1}\begin{vmatrix} a_{33} & \cdots & a_{3n} \\ \vdots & \ddots & \vdots \\ 0 & \cdots & a_{nn} \end{vmatrix}$$

$$=\cdots=a_{11}a_{22}\cdots a_{nn}.$$

容易计算,n 阶**下三角形行列式**

$$D=\begin{vmatrix} a_{11} & 0 & \cdots & 0 \\ a_{21} & a_{22} & \cdots & 0 \\ \vdots & \vdots & \ddots & \vdots \\ a_{n1} & a_{n2} & \cdots & a_{nn} \end{vmatrix}=a_{11}a_{22}\cdots a_{nn},$$

n 阶**主对角线行列式**

$$D=\begin{vmatrix} a_{11} & 0 & \cdots & 0 \\ 0 & a_{22} & \cdots & 0 \\ \vdots & \vdots & \ddots & \vdots \\ 0 & 0 & \cdots & a_{nn} \end{vmatrix}=a_{11}a_{22}\cdots a_{nn}.$$

例 6 计算 n 阶行列式

$$D=\begin{vmatrix} a & b & 0 & \cdots & 0 & 0 \\ 0 & a & b & \cdots & 0 & 0 \\ 0 & 0 & a & \cdots & 0 & 0 \\ \vdots & \vdots & \vdots & \ddots & \vdots & \vdots \\ 0 & 0 & 0 & \cdots & a & b \\ b & 0 & 0 & \cdots & 0 & a \end{vmatrix}.$$

解 按第一列展开,得

$$D=a\begin{vmatrix} a & b & \cdots & 0 & 0 \\ 0 & a & \cdots & 0 & 0 \\ \vdots & \vdots & \ddots & \vdots & \vdots \\ 0 & 0 & \cdots & a & b \\ 0 & 0 & \cdots & 0 & a \end{vmatrix}+b\times(-1)^{n+1}\begin{vmatrix} b & 0 & \cdots & 0 & 0 \\ a & b & \cdots & 0 & 0 \\ 0 & a & \cdots & 0 & 0 \\ \vdots & \vdots & \ddots & \vdots & \vdots \\ 0 & 0 & \cdots & a & b \end{vmatrix}$$

$$=a^n+(-1)^{n+1}b^n.$$

思考题

1. 已知 2×2 的线性方程组 $\begin{cases} a_{11}x_1+a_{12}x_2=b_1, \\ a_{21}x_1+a_{22}x_2=b_2. \end{cases}$ 设 $a_{i1},a_{i2}(i=1,2)$ 不同时为零,且 b_1,

b_2 不全为零，若系数行列式等于零，此线性方程组中的这两条直线是怎样的位置关系？

2. 设矩阵 $\boldsymbol{A}=\begin{pmatrix} a & b \\ c & d \end{pmatrix}$，$\boldsymbol{B}=\begin{pmatrix} 6a & b \\ 6c & d \end{pmatrix}$，则 $|\boldsymbol{A}|$ 和 $|\boldsymbol{B}|$ 有什么关系？

习题 2.1

A组

1. 判断下列结论哪些是正确的，哪些是错误的，并说明理由.

(1) 设 $\boldsymbol{A},\boldsymbol{B}$ 都为三阶方阵，则 $|\boldsymbol{A}+\boldsymbol{B}|=|\boldsymbol{A}|+|\boldsymbol{B}|$；

(2) 设 $\boldsymbol{A}$ 为 n 阶对角矩阵，则 $\boldsymbol{A}$ 的行列式不等于零的充要条件是 $\boldsymbol{A}$ 的主对角元都不为零；

(3) 已知三阶行列式 $D=\begin{vmatrix} a_{11} & a_{12} & a_{13} \\ a_{21} & a_{22} & a_{23} \\ a_{31} & a_{32} & a_{33} \end{vmatrix}$，$M_{ij}$ 和 A_{ij} 分别表示 D 中元素 a_{ij} 的余子式和代数余子式 $(i,j=1,2,3)$，则当 $i+j$ 为偶数时，$A_{ij}=M_{ij}$，当 $i+j$ 为奇数时，$A_{ij}=-M_{ij}$；

(4) 设矩阵 $\boldsymbol{A}=\begin{pmatrix} a & b \\ c & d \end{pmatrix}$，$\boldsymbol{B}=\begin{pmatrix} a & b \\ c+ka & d+kb \end{pmatrix}$，其中 k 为常数，则 $|\boldsymbol{A}|=|\boldsymbol{B}|$.

2. 在下列横线上填上正确答案：

(1) 行列式 $D=\begin{vmatrix} 3 & 2 & -1 \\ -2 & 1 & 3 \\ 0 & 9 & 4 \end{vmatrix}$ 中，元素 2 的代数余子式与余子式之和为__________；

(2) 设 $D=\begin{vmatrix} 3 & -1 & 2 \\ 0 & -5 & 1 \\ 0 & 0 & -4 \end{vmatrix}$，则 $2A_{13}+A_{23}-4A_{33}=$__________，$3A_{21}-A_{22}+2A_{23}=$__________，其中 A_{ij} 表示 D 中元素 a_{ij} 的代数余子式 $(i,j=1,2,3)$；

(3) 设矩阵 $\boldsymbol{A}=\begin{pmatrix} 7 & 8 & 15 \\ 3 & 0 & 0 \\ 7 & 8 & k \end{pmatrix}$，则 $|\boldsymbol{A}|=0$ 的充要条件是 $k=$__________.

3. 计算下列行列式：

(1) $\begin{vmatrix} \cos\alpha & -\sin\alpha \\ \sin\alpha & \cos\alpha \end{vmatrix}$；　　(2) $\begin{vmatrix} a & b \\ 3a & 3b \end{vmatrix}$；

(3) $\begin{vmatrix} 2 & 3 & 8 \\ 3 & 2 & 0 \\ -1 & 1 & 0 \end{vmatrix}$；　　(4) $\begin{vmatrix} 0 & 5 & 1 \\ 4 & -3 & 0 \\ 2 & 1 & 2 \end{vmatrix}$；

(5) $\begin{vmatrix} 3 & 9 & 1 & 1 \\ 0 & -2 & 1 & 2 \\ 0 & 0 & 4 & 1 \\ 0 & 0 & 0 & 5 \end{vmatrix}$；　　(6) $\begin{vmatrix} 2 & -4 & 3 & 1 \\ 0 & 3 & 0 & -4 \\ 2 & -5 & 0 & 3 \\ 0 & 6 & 0 & -5 \end{vmatrix}$；

(7) $\begin{vmatrix} l & a & g & 0 & h \\ 0 & u & 0 & 0 & a \\ 0 & e & c & 0 & p \\ b & r & a & k & p \\ 0 & 0 & 0 & 0 & y \end{vmatrix}$；　(8) $\begin{vmatrix} x & y & 0 & 0 & 0 \\ 0 & x & y & 0 & 0 \\ 0 & 0 & x & y & 0 \\ 0 & 0 & 0 & x & y \\ y & 0 & 0 & 0 & x \end{vmatrix}$.

4. 解下列方程：

(1) $\begin{vmatrix} 4-\lambda & 1 \\ 1 & 4-\lambda \end{vmatrix}=0$；　(2) $\begin{vmatrix} -2-\lambda & 1 & 1 \\ 0 & 2-\lambda & 0 \\ -4 & 1 & 3-\lambda \end{vmatrix}=0$.

5. 设矩阵 $\boldsymbol{A}=\begin{pmatrix} a & b \\ c & d \end{pmatrix}$，$\boldsymbol{B}=\begin{pmatrix} e & f \\ g & h \end{pmatrix}$，$k$ 为常数. 证明：

(1) $|k\boldsymbol{A}|=k^2|\boldsymbol{A}|$；　(2) $|\boldsymbol{AB}|=|\boldsymbol{A}|\cdot|\boldsymbol{B}|$.

6. 证明：$\begin{vmatrix} a_{11} & a_{12} & a_{13} & a_{14} \\ a_{21} & a_{22} & a_{23} & a_{24} \\ 0 & 0 & a_{33} & a_{34} \\ 0 & 0 & a_{43} & a_{44} \end{vmatrix}=\begin{vmatrix} a_{11} & a_{12} \\ a_{21} & a_{22} \end{vmatrix}\cdot\begin{vmatrix} a_{33} & a_{34} \\ a_{43} & a_{44} \end{vmatrix}$.

7. 用克莱姆法则解下列线性方程组：

(1) $\begin{cases} 3x_1-2x_2=12, \\ x_1+4x_2=-10; \end{cases}$　(2) $\begin{cases} 5x_1+6x_2=-8, \\ 3x_1+4x_2=-10. \end{cases}$

B 组

1. 设函数 $f(x)=\begin{vmatrix} 2x & x & -1 & 1 \\ -1 & -x & 1 & 2 \\ 3 & 2 & -x & 3 \\ 0 & 0 & 0 & 1 \end{vmatrix}$，则 $f(x)$ 中 x^3 项的系数为________.

2. 写出四阶行列式 $\begin{vmatrix} a_{11} & a_{12} & a_{13} & a_{14} \\ a_{21} & a_{22} & a_{23} & a_{24} \\ a_{31} & a_{32} & a_{33} & a_{34} \\ a_{41} & a_{42} & a_{43} & a_{44} \end{vmatrix}$ 中含有 $a_{11}a_{23}$ 的项.

3. 设 $\boldsymbol{A}=\begin{pmatrix} 1 & 4 & 5 \\ 0 & 2 & 6 \\ 0 & 0 & 3 \end{pmatrix}$，(1)计算$|\boldsymbol{A}|$；(2)$\boldsymbol{A}$ 是否可逆？若可逆，求$|\boldsymbol{A}^{-1}|$.

4. 计算行列式：

(1) $\begin{vmatrix} 1-\lambda & 1 & 1 \\ 1 & 1-\lambda & 1 \\ 1 & 1 & 1-\lambda \end{vmatrix}$；　(2) $\begin{vmatrix} x & y & x+y \\ y & x+y & x \\ x+y & x & y \end{vmatrix}$；

(3) $\begin{vmatrix} x & -1 & 0 & 0 \\ 0 & x & -1 & 0 \\ 0 & 0 & x & -1 \\ a_0 & a_1 & a_2 & a_3 \end{vmatrix}$；　(4) $\begin{vmatrix} a & 0 & 0 & 1 \\ 0 & a & 0 & 0 \\ 0 & 0 & a & 0 \\ 1 & 0 & 0 & a \end{vmatrix}$.

5. 已知矩阵 $\boldsymbol{A}=\begin{pmatrix}a_{11}&a_{12}&a_{13}\\a_{21}&a_{22}&a_{23}\\a_{31}&a_{32}&a_{33}\end{pmatrix}$，初等矩阵 $\boldsymbol{P}_1=\begin{pmatrix}0&1&0\\1&0&0\\0&0&1\end{pmatrix}$，$\boldsymbol{P}_2=\begin{pmatrix}1&0&0\\0&m&0\\0&0&1\end{pmatrix}$，$\boldsymbol{P}_3=\begin{pmatrix}1&0&0\\0&1&0\\n&0&1\end{pmatrix}$，其中 $m\neq0,n\neq0$.

(1) 计算乘积矩阵 $\boldsymbol{P}_1\boldsymbol{A},\boldsymbol{P}_2\boldsymbol{A}$ 和 $\boldsymbol{P}_3\boldsymbol{A}$；

(2) 计算行列式 $|\boldsymbol{P}_1\boldsymbol{A}|,|\boldsymbol{P}_2\boldsymbol{A}|$ 和 $|\boldsymbol{P}_3\boldsymbol{A}|$，并观察它们与 $|\boldsymbol{A}|$ 的关系.

2.2 行列式的性质与计算

2.2.1 行列式的性质

对于 n 阶方阵 $\boldsymbol{A}$，$|\boldsymbol{A}^{\mathrm{T}}|$ 与 $|\boldsymbol{A}|$ 有什么关系？$\boldsymbol{A}$ 分别经过对换变换、倍乘变换及倍加变换后，得到的新矩阵的行列式与 $|\boldsymbol{A}|$ 有什么关系？n 阶方阵 $\boldsymbol{A}$ 与 $\boldsymbol{B}$ 乘积的行列式如何计算？本节给出的行列式的性质将回答这些问题. 重要的是，利用性质可以为行列式的计算带来方便.

性质 1 设 $\boldsymbol{A}$ 为 n 阶方阵，则 $|\boldsymbol{A}|=|\boldsymbol{A}^{\mathrm{T}}|$，即

$$|\boldsymbol{A}|=\begin{vmatrix}a_{11}&a_{12}&\cdots&a_{1n}\\a_{21}&a_{22}&\cdots&a_{2n}\\\vdots&\vdots&\ddots&\vdots\\a_{n1}&a_{n2}&\cdots&a_{nn}\end{vmatrix}=\begin{vmatrix}a_{11}&a_{21}&\cdots&a_{n1}\\a_{12}&a_{22}&\cdots&a_{n2}\\\vdots&\vdots&\ddots&\vdots\\a_{1n}&a_{2n}&\cdots&a_{nn}\end{vmatrix}=|\boldsymbol{A}^{\mathrm{T}}|.$$

例如，设 $\boldsymbol{A}=\begin{pmatrix}1&-5\\-2&8\end{pmatrix}$，则 $|\boldsymbol{A}|=\begin{vmatrix}1&-5\\-2&8\end{vmatrix}=-2$. 而 $|\boldsymbol{A}^{\mathrm{T}}|=\begin{vmatrix}1&-2\\-5&8\end{vmatrix}=-2$，从而 $|\boldsymbol{A}|=|\boldsymbol{A}^{\mathrm{T}}|$.

为方便，这里先给出行列式的转置行列式的概念.

设

$$D=\begin{vmatrix}a_{11}&a_{12}&\cdots&a_{1n}\\a_{21}&a_{22}&\cdots&a_{2n}\\\vdots&\vdots&&\vdots\\a_{n1}&a_{n2}&\cdots&a_{nn}\end{vmatrix},D^{\mathrm{T}}=\begin{vmatrix}a_{11}&a_{21}&\cdots&a_{n1}\\a_{12}&a_{22}&\cdots&a_{n2}\\\vdots&\vdots&&\vdots\\a_{1n}&a_{2n}&\cdots&a_{nn}\end{vmatrix},$$

行列式 D^{T} 称为行列式 D 的**转置行列式**. 因此，性质 1 也常表述为：**行列式与其转置行列式相等**. 该性质说明，在行列式中，行与列的地位是平等的，因此，凡是对行成立的性质，对列也成立.

下面按矩阵的阶数 n 用数学归纳法给出性质 1 的证明.

证明 当 $n=2$ 时，从二阶行列式的定义不难看出，结论成立.

设 $n=k$ 时结论成立，则对于 $k+1$ 阶方阵 $\boldsymbol{A}=(a_{ij})$，将 $|\boldsymbol{A}|$ 按第一行展开，并用 M_{1j} 和

$A_{1j}(j=1,2,\cdots,k,k+1)$分别表示$|\boldsymbol{A}|$中第一行元素$a_{1j}$的余子式和代数余子式，得

$$|\boldsymbol{A}|=a_{11}A_{11}+a_{12}A_{12}+\cdots+a_{1k+1}A_{1k+1}=a_{11}M_{11}-a_{12}M_{12}+\cdots+(-1)^{1+k+1}M_{1k+1}.$$

因为$|\boldsymbol{A}|$中第一行元素a_{1j}的余子式M_{1j}都是k阶行列式，所以$M_{1j}^{\mathrm{T}}=M^{1j}(j=1,2,\cdots,k,k+1)$，其中$M_{1j}^{\mathrm{T}}$为$M_{1j}$的转置行列式，从而有

$$|\boldsymbol{A}|=a_{11}M_{11}^{\mathrm{T}}-a_{12}M_{12}^{\mathrm{T}}+\cdots+(-1)^{1+k+1}M_{1k+1}^{\mathrm{T}}.$$

而上式的右端是$|\boldsymbol{A}^{\mathrm{T}}|$按第一列展开的公式，因此$|\boldsymbol{A}|=|\boldsymbol{A}^{\mathrm{T}}|$. 即$n=k+1$时结论成立.

由数学归纳法原理知，性质1成立. ■

性质2 若交换n阶方阵$\boldsymbol{A}$的某两行(列)得到方阵$\boldsymbol{B}$，则$|\boldsymbol{A}|=-|\boldsymbol{B}|$.

下面用数学归纳法证明这个性质.

证明 当$n=2$时，即对二阶方阵$\boldsymbol{A}=(a_{ij})_{2\times 2}$，交换它的两行得到方阵$\boldsymbol{B}$，容易证明，$|\boldsymbol{A}|=-|\boldsymbol{B}|$.

假设当$n=k$时结论成立，接下来证明$n=k+1$时结论也成立.

设$k+1$阶方阵$\boldsymbol{A}=(a_{ij})$的行列式为

$$|\boldsymbol{A}|=\begin{vmatrix} a_{11} & a_{12} & \cdots & a_{1k} & a_{1,k+1} \\ \vdots & \vdots & & \vdots & \vdots \\ a_{i1} & a_{i2} & \cdots & a_{ik} & a_{i,k+1} \\ \vdots & \vdots & & \vdots & \vdots \\ a_{j1} & a_{j2} & \cdots & a_{jk} & a_{j,k+1} \\ \vdots & \vdots & & \vdots & \vdots \\ a_{k+1,1} & a_{k+1,2} & \cdots & a_{k+1,k} & a_{k+1,k+1} \end{vmatrix},$$

设交换$\boldsymbol{A}$的第i行与第j行得到的方阵为$\boldsymbol{B}$，则$\boldsymbol{B}$的行列式为

$$|\boldsymbol{B}|=\begin{vmatrix} a_{11} & a_{12} & \cdots & a_{1k} & a_{1,k+1} \\ \vdots & \vdots & & \vdots & \vdots \\ a_{j1} & a_{j2} & \cdots & a_{jk} & a_{j,k+1} \\ \vdots & \vdots & & \vdots & \vdots \\ a_{i1} & a_{i2} & \cdots & a_{ik} & a_{i,k+1} \\ \vdots & \vdots & & \vdots & \vdots \\ a_{k+1,1} & a_{k+1,2} & \cdots & a_{k+1,k} & a_{k+1,k+1} \end{vmatrix}.$$

可将$|\boldsymbol{A}|$和$|\boldsymbol{B}|$按第i,j行之外的任意一行展开，为方便，设i,j行中不含第一行，这样，将$|\boldsymbol{A}|$和$|\boldsymbol{B}|$按第一行展开. 用M_{1j}和A_{1j}分别表示$|\boldsymbol{A}|$中第一行元素a_{1j}的余子式和代数余子式，用$\widetilde{M}_{1j}$和$\widetilde{A}_{1j}$分别表示$|\boldsymbol{B}|$中第一行元素a_{1j}的余子式和代数余子式，其中$j=1,2,\cdots,k,k+1$，则$|\boldsymbol{A}|$和$|\boldsymbol{B}|$按第一行的展开式分别为

$$|\boldsymbol{A}|=a_{11}A_{11}+a_{12}A_{12}+\cdots+a_{1k+1}A_{1k+1}=a_{11}M_{11}-a_{12}M_{12}+\cdots+(-1)^{1+k+1}M_{1k+1}$$

和

$$|\boldsymbol{B}|=a_{11}\widetilde{A}_{11}+a_{12}\widetilde{A}_{12}+\cdots+a_{1k+1}\widetilde{A}_{1k+1}=a_{11}\widetilde{M}_{11}-a_{12}\widetilde{M}_{12}+\cdots+(-1)^{1+k+1}\widetilde{M}_{1k+1}.$$

因为$|\boldsymbol{B}|$中第一行元素a_{1j}的余子式$\widetilde{M}_{1j}$是k阶行列式，并且可以看成是由$|\boldsymbol{A}|$中第一

行元素 a_{1j} 的余子式 M_{1j} 交换第 i,j 两行得到的,由归纳假设,可以得到

$$M_{1j}=-\widetilde{M}_{1j},j=1,2,\cdots,k,k+1,$$

从而

$$A_{1j}=-\widetilde{A}_{1j},j=1,2,\cdots,k,k+1,$$

所以,$|\boldsymbol{A}|=-|\boldsymbol{B}|$,即 $n=k+1$ 时结论成立.

由数学归纳法原理知,性质 2 成立. ■

推论 1 若 n 阶方阵 $\boldsymbol{A}$ 中有两行(列)元素对应相同,则 $|\boldsymbol{A}|=0$.

这是因为,由性质 2,交换 $\boldsymbol{A}$ 的这相同的两行(列),得 $|\boldsymbol{A}|=-|\boldsymbol{A}|$,即 $2|\boldsymbol{A}|=0$,从而 $|\boldsymbol{A}|=0$.

推论 2 行列式的某一行(列)的每一个元素与另一行(列)对应元素的代数余子式乘积的和为零,即

$$a_{i1}A_{j1}+a_{i2}A_{j2}+\cdots+a_{in}A_{jn}=\sum_{k=1}^{n}a_{ik}A_{jk}=0(i\neq j),\tag{2.8}$$

$$a_{1i}A_{1j}+a_{2i}A_{2j}+\cdots+a_{ni}A_{nj}=\sum_{k=1}^{n}a_{ki}A_{kj}=0(i\neq j).\tag{2.9}$$

这是因为

$$a_{i1}A_{j1}+a_{i2}A_{j2}+\cdots+a_{in}A_{jn}=\begin{vmatrix} a_{11} & a_{12} & \cdots & a_{1n} \\ \vdots & \vdots & & \vdots \\ a_{i1} & a_{i2} & \cdots & a_{in} \\ \vdots & \vdots & & \vdots \\ a_{i1} & a_{i2} & \cdots & a_{in} \\ \vdots & \vdots & & \vdots \\ a_{n1} & a_{n2} & \cdots & a_{nn} \end{vmatrix}\begin{matrix} \\ \\ \leftarrow\text{第 } i \text{ 行} \\ \\ \leftarrow\text{第 } j \text{ 行} \\ \\ \\ \end{matrix},$$

上式等号的左端是右端行列式按第 j 行的展开式,而右端行列式等于零,从而

$$a_{i1}A_{j1}+a_{i2}A_{j2}+\cdots+a_{in}A_{jn}=0,$$

即式(2.8)成立.类似地,也可以说明式(2.9)成立.

将行列式按行(列)展开式(2.6)和式(2.7)与推论 2 的式(2.8)及式(2.9)结合起来,可以写成

$$\sum_{k=1}^{n}a_{ik}A_{jk}=\begin{cases}|\boldsymbol{A}|, & i=j,\\ 0, & i\neq j,\end{cases}\tag{2.10}$$

或

$$\sum_{k=1}^{n}a_{ki}A_{kj}=\begin{cases}|\boldsymbol{A}|, & i=j,\\ 0, & i\neq j.\end{cases}\tag{2.11}$$

性质 3 用数 k 乘以 n 阶方阵 $\boldsymbol{A}$ 的某一行(列),得到方阵 $\boldsymbol{B}$,则 $|\boldsymbol{B}|=k|\boldsymbol{A}|$.

下面以 $n=3$ 为例给出说明.

设 $\boldsymbol{A}=\begin{pmatrix}a_{11}&a_{12}&a_{13}\\a_{21}&a_{22}&a_{23}\\a_{31}&a_{32}&a_{33}\end{pmatrix}$,用数 k 乘以方阵 $\boldsymbol{A}$ 的第二行,得 $\boldsymbol{B}=\begin{pmatrix}a_{11}&a_{12}&a_{13}\\ka_{21}&ka_{22}&ka_{23}\\a_{31}&a_{32}&a_{33}\end{pmatrix}$,对行列式 $|\boldsymbol{B}|$,按第二行展开,有

$$|\boldsymbol{B}|=ka_{21}A_{21}+ka_{22}A_{22}+ka_{23}A_{23}=k(a_{21}A_{21}+a_{22}A_{22}+a_{23}A_{23})=k|\boldsymbol{A}|,$$

即

$$\begin{vmatrix}a_{11}&a_{12}&a_{13}\\ka_{21}&ka_{22}&ka_{23}\\a_{31}&a_{32}&a_{33}\end{vmatrix}=k\begin{vmatrix}a_{11}&a_{12}&a_{13}\\a_{21}&a_{22}&a_{23}\\a_{31}&a_{32}&a_{33}\end{vmatrix}.$$

推论1 若行列式某一行(列)有公因子,可以把这个公因子提到行列式符号外面来.

推论2 若行列式有一行(列)元素全为零,则这个行列式等于零.

推论3 若行列式有两行(列)对应元素成比例,则这个行列式等于零.

利用性质3的推论1及性质2的推论1即可证明推论3.

性质4 若行列式的某一行(列)的每个元素可以表示为两个数的和,则这个行列式等于两个行列式之和.

例如,设

$$\boldsymbol{A}=\begin{pmatrix}a_{11}&a_{12}&a_{13}\\b_{21}+c_{21}&b_{22}+c_{22}&b_{23}+c_{23}\\a_{31}&a_{32}&a_{33}\end{pmatrix},$$

则

$$\begin{vmatrix}a_{11}&a_{12}&a_{13}\\b_{21}+c_{21}&b_{22}+c_{22}&b_{23}+c_{23}\\a_{31}&a_{32}&a_{33}\end{vmatrix}=\begin{vmatrix}a_{11}&a_{12}&a_{13}\\b_{21}&b_{22}&b_{23}\\a_{31}&a_{32}&a_{33}\end{vmatrix}+\begin{vmatrix}a_{11}&a_{12}&a_{13}\\c_{21}&c_{22}&c_{23}\\a_{31}&a_{32}&a_{33}\end{vmatrix}.$$

将上式等号的左端按第二行展开即得等号的右端.

性质5 将 n 阶方阵 $\boldsymbol{A}$ 的某行(列)的 k 倍加到另一行(列)上,得到方阵 $\boldsymbol{B}$,则 $|\boldsymbol{A}|=|\boldsymbol{B}|$.

例如,设

$$\boldsymbol{A}=\begin{pmatrix}a_{11}&a_{12}&a_{13}\\a_{21}&a_{22}&a_{23}\\a_{31}&a_{32}&a_{33}\end{pmatrix},$$

将 $\boldsymbol{A}$ 的第三行的 k 倍加到第二行上,得

$$\boldsymbol{B}=\begin{pmatrix}a_{11}&a_{12}&a_{13}\\a_{21}+ka_{31}&a_{22}+ka_{32}&a_{23}+ka_{33}\\a_{31}&a_{32}&a_{33}\end{pmatrix},$$

利用性质 4 将$|\boldsymbol{B}|$写成两个行列式的和，再利用性质 3 的推论 3 即可得出$|\boldsymbol{A}|=|\boldsymbol{B}|$.

性质 6 设$\boldsymbol{A},\boldsymbol{B}$为$n$阶方阵，$k$为常数，则 (1) $|k\boldsymbol{A}|=k^n|\boldsymbol{A}|$；(2) $|\boldsymbol{AB}|=|\boldsymbol{A}||\boldsymbol{B}|$.

对于性质 6 中的公式(1)，利用行列式的性质 3 即可以证明. 公式(2)的证明比较复杂，这里不再给出.

利用行列式的性质 2、性质 3 及性质 5，容易得出三种初等矩阵$\boldsymbol{E}(i,j)$，$\boldsymbol{E}(i(k))$，$\boldsymbol{E}(i,j(k))$的行列式的值分别为

$$|\boldsymbol{E}(i,j)|=-1,\ |\boldsymbol{E}(i(k))|=k(k\neq 0),\ |\boldsymbol{E}(i,j(k))|=1.$$

2.2.2 行列式的计算

利用行列式的性质，可以简化行列式的计算. 计算行列式的常用方法有两种：一是利用性质将行列式的某行(列)化出有尽可能多的零，之后按该行(列)展开计算；二是利用性质将行列式化为上三角形行列式，而上三角形行列式等于其主对角元的乘积.

在行列式计算中，用得较多的是性质 2、性质 3 及性质 5，其中性质 5 是最常用的，其主要作用是在行列式中产生“0”元素.

例 1 计算行列式 $D=\begin{vmatrix} 1 & -4 & 3 & 4 \\ 3 & -9 & 5 & 10 \\ -3 & 0 & 1 & -2 \\ 1 & -4 & 0 & 6 \end{vmatrix}$.

解 (**方法 1**)将该四阶行列式的某行(列)化出 3 个“0”元素.

考虑到第四行已经有一个零，可以利用性质再化出两个零. 利用性质 5，将第一列的 4 倍加到第二列上，同时，将第一列的-6倍加到第四列上，得到

$$D=\begin{vmatrix} 1 & -4 & 3 & 4 \\ 3 & -9 & 5 & 10 \\ -3 & 0 & 1 & -2 \\ 1 & -4 & 0 & 6 \end{vmatrix} \xlongequal[c_4-6c_1]{c_2+4c_1} \begin{vmatrix} 1 & 0 & 3 & -2 \\ 3 & 3 & 5 & -8 \\ -3 & -12 & 1 & 16 \\ 1 & 0 & 0 & 0 \end{vmatrix},$$

再按第四行展开，得

$$D=1\times(-1)^{4+1}\begin{vmatrix} 0 & 3 & -2 \\ 3 & 5 & -8 \\ -12 & 1 & 16 \end{vmatrix},$$

将第二行的 4 倍加到第三行上，得

$$D\xlongequal{r_3+4r_2}-\begin{vmatrix} 0 & 3 & -2 \\ 3 & 5 & -8 \\ 0 & 21 & -16 \end{vmatrix},$$

按第一列展开，得

$$D=-3\times(-1)^{2+1}\begin{vmatrix} 3 & -2 \\ 21 & -16 \end{vmatrix}=-18.$$

(**方法 2**)将行列式化为上三角形行列式.

$$D=\begin{vmatrix}1&-4&3&4\\3&-9&5&10\\-3&0&1&-2\\1&-4&0&6\end{vmatrix}\xlongequal[r_4-r_1]{\substack{r_2-3r_1\\r_3+3r_1}}\begin{vmatrix}1&-4&3&4\\0&3&-4&-2\\0&-12&10&10\\0&0&-3&2\end{vmatrix}\xlongequal{r_3+4r_2}\begin{vmatrix}1&-4&3&4\\0&3&-4&-2\\0&0&-6&2\\0&0&-3&2\end{vmatrix}$$

$$\xlongequal{r_4-\frac{1}{2}r_3}\begin{vmatrix}1&-4&3&4\\0&3&-4&-2\\0&0&-6&2\\0&0&0&1\end{vmatrix}=1\times3\times(-6)\times1=-18.$$

例 2 计算行列式 $D=\begin{vmatrix}a&b&b&b\\b&a&b&b\\b&b&a&b\\b&b&b&a\end{vmatrix}$.

解 该行列式的特点是每一行元素的和都相等,为 $a+3b$. 可以将各列都加到第一列上,之后将行列式化为上三角形行列式.

$$D=\begin{vmatrix}a&b&b&b\\b&a&b&b\\b&b&a&b\\b&b&b&a\end{vmatrix}\xlongequal{c_1+c_2+c_3+c_4}\begin{vmatrix}a+3b&b&b&b\\a+3b&a&b&b\\a+3b&b&a&b\\a+3b&b&b&a\end{vmatrix}=(a+3b)\begin{vmatrix}1&b&b&b\\1&a&b&b\\1&b&a&b\\1&b&b&a\end{vmatrix}$$

$$\xlongequal[r_4-r_1]{\substack{r_2-r_1\\r_3-r_1}}(a+3b)\begin{vmatrix}1&b&b&b\\0&a-b&0&0\\0&0&a-b&0\\0&0&0&a-b\end{vmatrix}=(a+3b)(a-b)^3.$$

例 3 **证明三阶范德蒙德(Vandermonde)行列式**

$$D_3=\begin{vmatrix}1&1&1\\x_1&x_2&x_3\\x_1^2&x_2^2&x_3^2\end{vmatrix}=(x_2-x_1)(x_3-x_1)(x_3-x_2).$$

证明 第三行减去第二行的 x_1 倍,第二行减去第一行的 x_1 倍,得

$$D_3=\begin{vmatrix}1&1&1\\x_1&x_2&x_3\\x_1^2&x_2^2&x_3^2\end{vmatrix}=\begin{vmatrix}1&1&1\\0&x_2-x_1&x_3-x_1\\0&x_2(x_2-x_1)&x_3(x_3-x_1)\end{vmatrix},$$

按第一列展开,得

$$D_3=\begin{vmatrix}x_2-x_1&x_3-x_1\\x_2(x_2-x_1)&x_3(x_3-x_1)\end{vmatrix}=(x_2-x_1)(x_3-x_1)\begin{vmatrix}1&1\\x_2&x_3\end{vmatrix}$$

$$=(x_2-x_1)(x_3-x_1)(x_3-x_2).$$

利用数学归纳法,采用类似例 3 的计算技巧,可以证明 n 阶范德蒙德行列式

$$D_n=\begin{vmatrix}1 & 1 & \cdots & 1\\ x_1 & x_2 & \cdots & x_n\\ x_1^2 & x_2^2 & \cdots & x_n^2\\ \vdots & \vdots & & \vdots\\ x_1^{n-1} & x_2^{n-1} & \cdots & x_n^{n-1}\end{vmatrix}=\prod_{1\leqslant i<j\leqslant n}(x_j-x_i).$$

注 $\prod$ 是连乘符号，例如，$\prod_{i=1}^{10}h_i=h_1h_2\cdots h_{10}$. $\prod_{1\leqslant i<j\leqslant n}(x_j-x_i)$ 表示满足 $1\leqslant i<j\leqslant n$ 的所有形如 (x_j-x_i) 的因子的乘积. 例如

$$\prod_{1\leqslant i<j\leqslant 3}(x_j-x_i)=(x_2-x_1)(x_3-x_1)(x_3-x_2).$$

思考题

下列每个等式分别用的是行列式的哪一个性质？

(1) $\begin{vmatrix}0 & 1 & -2\\ 2 & 3 & 5\\ 7 & 2 & -1\end{vmatrix}=-\begin{vmatrix}1 & 0 & -2\\ 3 & 2 & 5\\ 2 & 7 & -1\end{vmatrix}$； (2) $\begin{vmatrix}1 & 0 & -2\\ 6 & 4 & 10\\ 2 & 7 & -1\end{vmatrix}=2\begin{vmatrix}1 & 0 & -2\\ 3 & 2 & 5\\ 2 & 7 & -1\end{vmatrix}$；

(3) $\begin{vmatrix}1 & 0 & -2\\ 3 & 2 & 5\\ 2 & 7 & -1\end{vmatrix}=\begin{vmatrix}1 & 0 & -2\\ 0 & 2 & 11\\ 2 & 7 & -1\end{vmatrix}$； (4) $\begin{vmatrix}1 & 0 & -2\\ 6 & 21 & -3\\ 2 & 7 & -1\end{vmatrix}=0$.

习题 2.2

A 组

1. 判断下列结论哪些是正确的，哪些是错误的，并说明理由.

(1) 设 $\boldsymbol{A}$ 为 n 阶方阵，则 $|6\boldsymbol{A}|=6|\boldsymbol{A}|$；

(2) 设 $\boldsymbol{A},\boldsymbol{B}$ 都为 n 阶方阵，$\boldsymbol{E}$ 为 n 阶单位矩阵，若 $\boldsymbol{AB}=\boldsymbol{E}$，则 $\boldsymbol{A},\boldsymbol{B}$ 的行列式互为倒数关系；

(3) 设 $\boldsymbol{A},\boldsymbol{B}$ 都为 n 阶方阵，若 $|\boldsymbol{A}|=|\boldsymbol{B}|$，则 $\boldsymbol{A}=\boldsymbol{B}$；

(4) 若 n 阶方阵 $\boldsymbol{A},\boldsymbol{B}$ 是行等价的，则 $|\boldsymbol{A}|=|\boldsymbol{B}|$；

(5) 设行列式 $D=\begin{vmatrix}a_{11} & a_{12} & a_{13}\\ a_{21} & a_{22} & a_{23}\\ a_{31} & a_{32} & a_{33}\end{vmatrix}=m\neq 0$，$D_1=\begin{vmatrix}2a_{11} & 2a_{12} & 2a_{13}\\ 3a_{31} & 3a_{32} & 3a_{33}\\ a_{21} & a_{22} & a_{23}\end{vmatrix}$，则 $D_1=6m$.

2. 在下列横线上填上正确答案：

(1) 行列式 $\begin{vmatrix}a & b & c\\ d & e & f\\ d+2a & e+2b & f+2c\end{vmatrix}=$__________，$\begin{vmatrix}27 & 36\\ 305 & 406\end{vmatrix}=$__________；

(2) 设四阶方阵 $\boldsymbol{A}=(\boldsymbol{A}_1\ \boldsymbol{A}_2\ \boldsymbol{A}_3\ \boldsymbol{A}_4)$，且 $\boldsymbol{A}$ 的四列满足 $\boldsymbol{A}_1-3\boldsymbol{A}_2+4\boldsymbol{A}_3-\boldsymbol{A}_4=\boldsymbol{0}$，则方阵 $\boldsymbol{A}$ 的行列式 $|\boldsymbol{A}|=$__________；

(3) 设三阶方阵 $\boldsymbol{A}$ 的行列式 $|\boldsymbol{A}|=8$，则其转置矩阵的行列式 $|\boldsymbol{A}^{\mathrm{T}}|=$__________；

(4) 设 $\boldsymbol{A}=\begin{pmatrix}1&7&-5\\2&0&9\\3&0&14\end{pmatrix}$，$\boldsymbol{B}=\begin{pmatrix}2&0&0\\5&1&0\\6&4&5\end{pmatrix}$，则 $|\boldsymbol{AB}|=$__________.

3. 计算下列行列式：

(1) $\begin{vmatrix}1&2&3\\4&5&6\\7&8&9\end{vmatrix}$；　　(2) $\begin{vmatrix}a&b&c\\c&a&b\\b&c&a\end{vmatrix}$；

(3) $\begin{vmatrix}2&3&1&4\\0&1&-3&-6\\4&7&-1&2\\2&2&3&0\end{vmatrix}$；　　(4) $\begin{vmatrix}2&1&3&5\\1&0&-1&2\\-6&2&-2&4\\1&1&3&1\end{vmatrix}$；

(5) $\begin{vmatrix}3&1&1&1\\1&3&1&1\\1&1&3&1\\1&1&1&3\end{vmatrix}$；　　(6) $\begin{vmatrix}1&-1&0&0\\-1&2&-1&0\\0&-1&2&-1\\0&0&-1&2\end{vmatrix}$.

4. 设三阶方阵 $\boldsymbol{A}=\begin{pmatrix}a_{11}&a_{12}&a_{13}\\a_{21}&a_{22}&a_{23}\\a_{31}&a_{32}&a_{33}\end{pmatrix}$，$A_{ij}$ 表示 $|\boldsymbol{A}|$ 中元素 a_{ij} 的代数余子式($i,j=1,2,3$)，构造矩阵 $\boldsymbol{A}^*=\begin{pmatrix}A_{11}&A_{21}&A_{31}\\A_{12}&A_{22}&A_{32}\\A_{13}&A_{23}&A_{33}\end{pmatrix}$，试证明：$\boldsymbol{AA}^*=\boldsymbol{A}^*\boldsymbol{A}=|\boldsymbol{A}|\boldsymbol{E}$，其中 $\boldsymbol{E}$ 为三阶单位矩阵.

5. 设四阶行列式的第一行元素为 $1,-2,3,-4$，第二行元素为 $3,0,x,-7$，而第一行元素的余子式分别为 $3,-1,2,1$，求：(1)该行列式的值；(2)x 的值.

6. 已知行列式 $D=\begin{vmatrix}1&-4&3&4\\3&-9&5&10\\-3&0&1&-2\\1&-4&0&6\end{vmatrix}$，$M_{ij}$ 和 A_{ij} 分别为 D 中元素 a_{ij}($i,j=1,2,3,4$)的余子式和代数余子式，求：

(1) $A_{11}+A_{12}+A_{13}+A_{14}$；　　(2) $M_{12}+M_{22}+M_{32}+M_{42}$.

7. 设三阶方阵 $\boldsymbol{A}=\begin{pmatrix}a+1&a+4&a+7\\a+2&a+5&a+8\\a+3&a+6&a+9\end{pmatrix}$，求 $|\boldsymbol{A}|$ 并判断 $\boldsymbol{A}$ 是否可逆.

B 组

1. 设四阶方阵 $\boldsymbol{A}=(\boldsymbol{A}_1\quad\boldsymbol{A}_2\quad\boldsymbol{A}_3\quad\boldsymbol{A}_4)$，$\boldsymbol{B}=(\boldsymbol{A}_1\quad\boldsymbol{A}_2\quad\boldsymbol{A}_3\quad\boldsymbol{B}_4)$，其中 $\boldsymbol{A}_1,\boldsymbol{A}_2,\boldsymbol{A}_3,\boldsymbol{A}_4,\boldsymbol{B}_4$ 为四维列向量，且 $|\boldsymbol{A}|=-4$，$|\boldsymbol{B}|=-1$，求 $|\boldsymbol{A}+\boldsymbol{B}|$.

2. 计算行列式：

(1) $\begin{vmatrix} 1 & 2 & 3 & 4 \\ 4 & 1 & 2 & 3 \\ 3 & 4 & 1 & 2 \\ 2 & 3 & 4 & 1 \end{vmatrix}$；　(2) $\begin{vmatrix} 1 & 1 & 1 & 1 \\ x & y & t & s \\ x^2 & y^2 & t^2 & s^2 \\ x^3 & y^3 & t^3 & s^3 \end{vmatrix}$；

(3) $\begin{vmatrix} a & 1 & 0 & 0 \\ -1 & b & 1 & 0 \\ 0 & -1 & c & 1 \\ 0 & 0 & -1 & d \end{vmatrix}$；　(4) $\begin{vmatrix} 1+a_1 & 1 & \cdots & 1 \\ 1 & 1+a_2 & \cdots & 1 \\ \vdots & \vdots & \ddots & \vdots \\ 1 & 1 & \cdots & 1+a_n \end{vmatrix}$，$a_1a_2\cdots a_n \neq 0$；

(5) $\begin{vmatrix} 1-x & 2 & \cdots & n-1 & n \\ 1 & 2-x & \cdots & n-1 & n \\ \vdots & \vdots & \ddots & \vdots & \vdots \\ 1 & 2 & \cdots & (n-1)-x & n \\ 1 & 2 & \cdots & n-1 & n-x \end{vmatrix}$；

(6) $\begin{vmatrix} 1 & a_1 & a_2 & \cdots & a_n \\ 1 & a_1+b_1 & a_2 & \cdots & a_n \\ 1 & a_1 & a_2+b_2 & \cdots & a_n \\ \vdots & \vdots & \vdots & \ddots & \vdots \\ 1 & a_1 & a_2 & \cdots & a_n+b_n \end{vmatrix}$.

3. 证明：

(1) $\begin{vmatrix} x+1 & 2 & -1 \\ 2 & x+1 & 1 \\ -1 & 1 & x+1 \end{vmatrix} = (x+3)(x^2-3)$；

(2) $\begin{vmatrix} a & b & c & d \\ a & a+b & a+b+c & a+b+c+d \\ a & 2a+b & 3a+2b+c & 4a+3b+2c+d \\ a & 3a+b & 6a+3b+c & 10a+6b+3c+d \end{vmatrix} = a^4$.

4. 设 n 阶矩阵 $\boldsymbol{A}$ 满足 $\boldsymbol{A}^{\mathrm{T}}\boldsymbol{A}=\boldsymbol{E}$，其中 $\boldsymbol{E}$ 为 n 阶单位矩阵，求证：

(1) $|\boldsymbol{A}|=1$ 或 $|\boldsymbol{A}|=-1$；　(2) 若 $|\boldsymbol{A}|=-1$，则 $|\boldsymbol{A}+\boldsymbol{E}|=0$.

2.3 行列式的简单应用

2.3.1 矩阵可逆的行列式判别法

在 1.5 节给出了 n 阶方阵可逆的判别方法，方阵可逆与否与该方阵的行列式的值之间是否存在关系？为讨论这个问题，先给出方阵 $\boldsymbol{A}$ 的伴随矩阵的概念.

定义 2.4（伴随矩阵） 设 $\boldsymbol{A}=(a_{ij})_{n\times n}$，$A_{ij}$ 为 $|\boldsymbol{A}|$ 中元素 a_{ij} 的代数余子式，则 n 阶矩阵

$$\begin{pmatrix} A_{11} & A_{21} & \cdots & A_{n1} \\ A_{12} & A_{22} & \cdots & A_{n2} \\ \vdots & \vdots & & \vdots \\ A_{1n} & A_{2n} & \cdots & A_{nn} \end{pmatrix}$$

称为 $\boldsymbol{A}$ 的伴随矩阵，记为 $\boldsymbol{A}^*$.

利用公式(2.10)，可以得到

$$\boldsymbol{AA}^*=\begin{pmatrix} a_{11} & a_{12} & \cdots & a_{1n} \\ a_{21} & a_{22} & \cdots & a_{2n} \\ \vdots & \vdots & & \vdots \\ a_{n1} & a_{n2} & \cdots & a_{nn} \end{pmatrix}\begin{pmatrix} A_{11} & A_{21} & \cdots & A_{n1} \\ A_{12} & A_{22} & \cdots & A_{n2} \\ \vdots & \vdots & & \vdots \\ A_{1n} & A_{2n} & \cdots & A_{nn} \end{pmatrix}=\begin{pmatrix} |\boldsymbol{A}| & 0 & \cdots & 0 \\ 0 & |\boldsymbol{A}| & \cdots & 0 \\ \vdots & \vdots & \ddots & \vdots \\ 0 & 0 & \cdots & |A| \end{pmatrix},$$

即 $\boldsymbol{AA}^*=|\boldsymbol{A}|\boldsymbol{E}$. 利用公式(2.11)，同理可得，$\boldsymbol{A}^*\boldsymbol{A}=|\boldsymbol{A}|\boldsymbol{E}$. 因此，得如下定理.

定理 2.3 设 $\boldsymbol{A}$ 为 n 阶方阵，$\boldsymbol{A}^*$ 为 $\boldsymbol{A}$ 的伴随矩阵，则

$$\boldsymbol{AA}^*=\boldsymbol{A}^*\boldsymbol{A}=|\boldsymbol{A}|\boldsymbol{E}.$$

由 1.5 节逆矩阵的定义 1.14，可以得到矩阵可逆的一个充要条件，即为下面的定理.

定理 2.4 n 阶方阵 $\boldsymbol{A}$ 可逆的充要条件为 $\boldsymbol{A}$ 的行列式 $|\boldsymbol{A}|\neq 0$. 并且 $\boldsymbol{A}$ 可逆时，有

$$\boldsymbol{A}^{-1}=\frac{1}{|\boldsymbol{A}|}\boldsymbol{A}^*.$$

证明 （必要性）设 $\boldsymbol{A}$ 可逆，由逆矩阵的定义知，存在 $\boldsymbol{A}^{-1}$，满足 $\boldsymbol{AA}^{-1}=\boldsymbol{E}$，由 2.2 节行列式的性质 6，得 $|\boldsymbol{AA}^{-1}|=|\boldsymbol{A}||\boldsymbol{A}^{-1}|=|\boldsymbol{E}|=1\neq 0$，从而 $|\boldsymbol{A}|\neq 0$.

（充分性）设 $\boldsymbol{A}$ 的行列式 $|\boldsymbol{A}|\neq 0$，由定理 2.3 可得 $\boldsymbol{A}\dfrac{\boldsymbol{A}^*}{|\boldsymbol{A}|}=\dfrac{\boldsymbol{A}^*}{|\boldsymbol{A}|}\boldsymbol{A}=\boldsymbol{E}$，由逆矩阵的定义知，$\boldsymbol{A}$ 可逆，并且 $\boldsymbol{A}^{-1}=\dfrac{1}{|\boldsymbol{A}|}\boldsymbol{A}^*$. ■

推论 若 n 阶方阵 $\boldsymbol{A},\boldsymbol{B}$ 满足 $\boldsymbol{AB}=\boldsymbol{E}$（或 $\boldsymbol{BA}=\boldsymbol{E}$），则 $\boldsymbol{A}$ 可逆，且 $\boldsymbol{B}=\boldsymbol{A}^{-1}$.

证明 因为 n 阶方阵 $\boldsymbol{A},\boldsymbol{B}$ 满足 $\boldsymbol{AB}=\boldsymbol{E}$，则 $|\boldsymbol{AB}|=|\boldsymbol{A}||\boldsymbol{B}|=|\boldsymbol{E}|=1\neq 0$，从而 $|\boldsymbol{A}|\neq 0$，由定理 2.4 知，$\boldsymbol{A}$ 可逆.

又因为 $\boldsymbol{B}=\boldsymbol{EB}=(\boldsymbol{A}^{-1}\boldsymbol{A})\boldsymbol{B}=\boldsymbol{A}^{-1}(\boldsymbol{AB})=\boldsymbol{A}^{-1}\boldsymbol{E}=\boldsymbol{A}^{-1}$，所以 $\boldsymbol{B}=\boldsymbol{A}^{-1}$. ■

该推论简化了逆矩阵的定义 1.14，即：要说明 $\boldsymbol{A}$ 可逆，只需验证是否存在同阶方阵 $\boldsymbol{B}$，使得 $\boldsymbol{AB}=\boldsymbol{E}$ 和 $\boldsymbol{BA}=\boldsymbol{E}$ 中的一个成立即可.

注 定理 2.4 不仅给出了一个判别方阵 $\boldsymbol{A}$ 是否可逆的充要条件，还给出了求 $\boldsymbol{A}$ 的逆矩阵的一个方法，即 $\boldsymbol{A}^{-1}=\dfrac{1}{|\boldsymbol{A}|}\boldsymbol{A}^*$，称这种求逆矩阵的方法为**伴随矩阵法**.

例 1 判断下列矩阵是否可逆，若可逆，利用伴随矩阵法求出 $\boldsymbol{A}^{-1}$.

(1) $\boldsymbol{A}=\begin{pmatrix}1&2&3\\-1&0&1\\0&4&8\end{pmatrix}$； (2) $\boldsymbol{A}=\begin{pmatrix}1&4&3\\-1&-2&0\\2&2&3\end{pmatrix}$.

解 (1) 因为 $|\boldsymbol{A}|=\begin{vmatrix}1&2&3\\-1&0&1\\0&4&8\end{vmatrix}=0$，所以 $\boldsymbol{A}$ 不可逆.

(2) 因为 $|\boldsymbol{A}|=\begin{vmatrix}1&4&3\\-1&-2&0\\2&2&3\end{vmatrix}=12\neq 0$，所以 $\boldsymbol{A}$ 可逆.

$|\boldsymbol{A}|$ 中每个元素的代数余子式分别为

$$A_{11}=\begin{vmatrix}-2&0\\2&3\end{vmatrix}=-6, A_{12}=-\begin{vmatrix}-1&0\\2&3\end{vmatrix}=3, A_{13}=\begin{vmatrix}-1&-2\\2&2\end{vmatrix}=2;$$

$$A_{21}=-\begin{vmatrix}4&3\\2&3\end{vmatrix}=-6, A_{22}=\begin{vmatrix}1&3\\2&3\end{vmatrix}=-3, A_{23}=-\begin{vmatrix}1&4\\2&2\end{vmatrix}=6;$$

$$A_{31}=\begin{vmatrix}4&3\\-2&0\end{vmatrix}=6, A_{32}=-\begin{vmatrix}1&3\\-1&0\end{vmatrix}=-3, A_{33}=\begin{vmatrix}1&4\\-1&-2\end{vmatrix}=2.$$

于是

$$\boldsymbol{A}^{-1}=\frac{1}{|\boldsymbol{A}|}\boldsymbol{A}^{*}=\frac{1}{|\boldsymbol{A}|}\begin{pmatrix}A_{11}&A_{21}&A_{31}\\A_{12}&A_{22}&A_{32}\\A_{13}&A_{23}&A_{33}\end{pmatrix}=\frac{1}{12}\begin{pmatrix}-6&-6&6\\3&-3&-3\\2&6&2\end{pmatrix}=\begin{pmatrix}-\frac{1}{2}&-\frac{1}{2}&\frac{1}{2}\\\frac{1}{4}&-\frac{1}{4}&-\frac{1}{4}\\\frac{1}{6}&\frac{1}{2}&\frac{1}{6}\end{pmatrix}.$$

2.3.2 克莱姆法则

在 2.1 节，给出了二元及三元线性方程组的克莱姆法则，下面给出 n 元线性方程组

$$\begin{cases}a_{11}x_1+a_{12}x_2+\cdots+a_{1n}x_n=b_1,\\a_{21}x_1+a_{22}x_2+\cdots+a_{2n}x_n=b_2,\\\qquad\vdots\\a_{n1}x_1+a_{n2}x_2+\cdots+a_{nn}x_n=b_n\end{cases}\tag{2.12}$$

的克莱姆法则，并给出证明.

定理 2.5（克莱姆法则） 若 n 元线性方程组(2.12)的系数行列式不等于零，即

$$D=\begin{vmatrix}a_{11}&a_{12}&\cdots&a_{1n}\\a_{21}&a_{22}&\cdots&a_{2n}\\\vdots&\vdots&&\vdots\\a_{n1}&a_{n2}&\cdots&a_{nn}\end{vmatrix}\neq 0,$$

则线性方程组(2.12)有唯一解,且可以用行列式表示为

$$x_1=\frac{D_1}{D},x_2=\frac{D_2}{D},\cdots,x_n=\frac{D_n}{D}.$$

其中,$D_1,D_2,\cdots,D_n$ 分别是用线性方程组右端的常数项列向量替换系数行列式 D 中的第一列、第二列、…、第 n 列得到的行列式.

证明 线性方程组(2.12)的矩阵形式为 $\boldsymbol{Ax}=\boldsymbol{b}$,其中 $\boldsymbol{A}$ 为系数矩阵,$\boldsymbol{x}$ 为未知列向量,$\boldsymbol{b}$ 为常数项列向量.

(唯一性)设列向量 $\boldsymbol{x},\boldsymbol{y}$ 都为方程组 $\boldsymbol{Ax}=\boldsymbol{b}$ 的解,则 $\boldsymbol{Ax}=\boldsymbol{Ay}$,因为系数行列式 $D=|\boldsymbol{A}|\neq0$,故 $\boldsymbol{A}$ 可逆,上式两端左乘 $\boldsymbol{A}^{-1}$,得 $\boldsymbol{A}^{-1}\boldsymbol{Ax}=\boldsymbol{A}^{-1}\boldsymbol{Ay}$,即 $\boldsymbol{x}=\boldsymbol{y}$.

(存在性)因为 $|\boldsymbol{A}|\neq0$,故 $\boldsymbol{A}$ 可逆,$\boldsymbol{Ax}=\boldsymbol{b}$ 两端左乘 $\boldsymbol{A}^{-1}$,得 $\boldsymbol{x}=\boldsymbol{A}^{-1}\boldsymbol{b}$. 而 $\boldsymbol{A}^{-1}=\dfrac{\boldsymbol{A}^*}{|\boldsymbol{A}|}$,故 $\boldsymbol{x}=\dfrac{\boldsymbol{A}^*}{|\boldsymbol{A}|}\boldsymbol{b}$,即

$$\boldsymbol{x}=\begin{pmatrix}x_1\\x_2\\\vdots\\x_n\end{pmatrix}=\frac{1}{|\boldsymbol{A}|}\begin{pmatrix}A_{11}&A_{21}&\cdots&A_{n1}\\A_{12}&A_{22}&\cdots&A_{n2}\\\vdots&\vdots&&\vdots\\A_{1n}&A_{2n}&\cdots&A_{nn}\end{pmatrix}\begin{pmatrix}b_1\\b_2\\\vdots\\b_n\end{pmatrix}=\frac{1}{|\boldsymbol{A}|}\begin{pmatrix}\sum\limits_{i=1}^{n}b_iA_{i1}\\\sum\limits_{i=1}^{n}b_iA_{i2}\\\vdots\\\sum\limits_{i=1}^{n}b_iA_{in}\end{pmatrix}.$$

由 n 阶行列式的按列展开公式(2.7),知

$$D_1=\sum_{i=1}^{n}b_iA_{i1},D_2=\sum_{i=1}^{n}b_iA_{i2},\cdots,D_n=\sum_{i=1}^{n}b_iA_{in},$$

从而

$$x_1=\frac{D_1}{D},x_2=\frac{D_2}{D},\cdots,x_n=\frac{D_n}{D}.\ \blacksquare$$

注 线性方程组必须满足如下两个条件时,才可以使用克莱姆法则求解.

(1) 方程组中方程个数与未知数个数相等,即系数矩阵为方阵;

(2) 方程组的系数行列式不等于零.

另外,用克莱姆法则解 n 元线性方程组时,因为需要计算 $n+1$ 个 n 阶行列式,计算量很大,所以克莱姆法则在实际中并不实用. 求解线性方程组的常用方法是高斯消元法.

若线性方程组(2.12)的右端常数项不全为零,称方程组(2.12)为**非齐次线性方程组**(nonhomogeneous system of linear equations);若线性方程组(2.12)的右端常数项都为零,方程组变为

$$\begin{cases}a_{11}x_1+a_{12}x_2+\cdots+a_{1n}x_n=0,\\a_{21}x_1+a_{22}x_2+\cdots+a_{2n}x_n=0,\\\qquad\vdots\\a_{n1}x_1+a_{n2}x_2+\cdots+a_{nn}x_n=0,\end{cases}\tag{2.13}$$

称方程组(2.13)为**齐次线性方程组**(homogeneous system of linear equations).

对于齐次线性方程组(2.13),显然(0,0,…,0)是它的解,这个解称作齐次线性方程组(2.13)的**零解**.若一组不全为零的数是方程组(2.13)的解,则称其为齐次线性方程组(2.13)的**非零解**.齐次线性方程组(2.13)一定有零解,但不一定有非零解.

例如,对于齐次线性方程组$\begin{cases}x_1-2x_2=0,\\3x_1-6x_2=0,\end{cases}$(0,0)是它的零解,而(2,1)是它的一个非零解;而对于齐次线性方程组$\begin{cases}x_1-2x_2=0,\\x_1+2x_2=0,\end{cases}$它只有零解(0,0).

由定理2.5,容易得出如下两个推论.

推论1 若齐次线性方程组(2.13)的系数行列式$D\neq 0$,则它只有零解.

推论1的逆否命题为如下的推论2.

推论2 若齐次线性方程组(2.13)有非零解,则它的系数行列式$D=0$.

例2 设齐次线性方程组

$$\begin{cases}\lambda x_1+x_2+x_3=0,\\x_1+\lambda x_2+x_3=0,\\x_1+x_2+\lambda x_3=0\end{cases}$$

有非零解,求λ的值.

解 此线性方程组的系数行列式

$$D=\begin{vmatrix}\lambda & 1 & 1\\1 & \lambda & 1\\1 & 1 & \lambda\end{vmatrix}=(\lambda-1)^2(\lambda+2).$$

因为方程组有非零解,由定理2.5的推论2知,$D=0$,从而$\lambda_1=1,\lambda_2=-2$.

例3(信息加密问题) 信息加密的一个常用方法就是将每个英文字母分别与一个整数对应,之后将密文用数字串发出.例如,要发出的信息为"RIVERBANK",可以加密为8,25,12,21,8,18,17,4,1,其中,8代表R,25代表I,等等.

但是,这种加密级别很低,很容易就能破译.当信息比较长的时候,根据数字出现频次的多少,很容易猜出字母与数字的对应关系.例如,如果21出现的最多,21就有可能代表E,因为E是英语中出现频率最高的字母.

我们可以利用矩阵乘法提高加密级别,增加破译难度,方法如下.

将数字8,25,12,21,8,18,17,4,1按列组成一个三阶矩阵

$$\boldsymbol{B}=\begin{pmatrix}8 & 21 & 17\\25 & 8 & 4\\12 & 18 & 1\end{pmatrix}.$$

之后,用一个可逆矩阵$\boldsymbol{A}$乘以矩阵$\boldsymbol{B}$.我们取

$$\boldsymbol{A}=\begin{pmatrix}3 & 1 & 5\\2 & 3 & 2\\1 & 0 & 2\end{pmatrix},$$

计算 $\boldsymbol{A}$ 与 $\boldsymbol{B}$ 的乘积，得

$$\boldsymbol{AB}=\begin{pmatrix}3&1&5\\2&3&2\\1&0&2\end{pmatrix}\begin{pmatrix}8&21&17\\25&8&4\\12&18&1\end{pmatrix}=\begin{pmatrix}109&161&60\\115&102&48\\32&57&19\end{pmatrix}.$$

发出的信息为 109,115,32,161,102,57,60,48,19. 收到信息的人，在 $\boldsymbol{AB}$ 的左边乘以 $\boldsymbol{A}^{-1}$，即得原始信息

$$\boldsymbol{A}^{-1}(\boldsymbol{AB})=\begin{pmatrix}6&-2&-13\\-2&1&4\\-3&1&7\end{pmatrix}\begin{pmatrix}109&161&60\\115&102&48\\32&57&19\end{pmatrix}=\begin{pmatrix}8&21&17\\25&8&4\\12&18&1\end{pmatrix}.$$

注 此处的可逆矩阵 $\boldsymbol{A}$ 称为**加密矩阵**，它的元素为整数，为保证**解密矩阵** $\boldsymbol{A}^{-1}$ 的元素也是整数，根据求 $\boldsymbol{A}^{-1}$ 的伴随矩阵法，只要 $|\boldsymbol{A}|=\pm1$ 即可.

为构造符合以上条件的加密矩阵 $\boldsymbol{A}$，可以从单位矩阵 $\boldsymbol{E}$ 开始，对 $\boldsymbol{E}$ 实施若干次倍加变换(也可以使用对换变换).

思考题

1. 若 n 阶方阵 $\boldsymbol{A}$ 可逆，$\boldsymbol{A}$ 的伴随矩阵 $\boldsymbol{A}^*$ 是否可逆？
2. 若一个 n 元非齐次线性方程组的系数行列式等于零，此方程组解的情况如何？

习题 2.3

A 组

1. 判断下列结论哪些是正确的，哪些是错误的，并说明理由.

(1) 若 n 阶方阵 $\boldsymbol{A}$ 可逆，则其行列式 $|\boldsymbol{A}|=0$；

(2) 若 n 阶方阵 $\boldsymbol{A}$ 的阶梯形矩阵中有全零行，则 $|\boldsymbol{A}|=0$；

(3) 设 $\boldsymbol{A}$ 为 n 阶方阵，且齐次线性方程组 $\boldsymbol{Ax}=\boldsymbol{0}$ 有非零解，则 $|\boldsymbol{A}|=0$；

(4) 若 n 阶方阵 $\boldsymbol{A}$ 是奇异的，则 $\boldsymbol{A}$ 与其伴随矩阵 $\boldsymbol{A}^*$ 的乘积是零矩阵.

2. 用伴随矩阵法求下列矩阵的逆矩阵：

(1) $\begin{pmatrix}\cos\alpha&-\sin\alpha\\\sin\alpha&\cos\alpha\end{pmatrix}$；　　(2) $\begin{pmatrix}5&6\\7&8\end{pmatrix}$；

(3) $\begin{pmatrix}2&0&0\\-2&1&0\\-1&4&3\end{pmatrix}$；　　(4) $\begin{pmatrix}1&2&1\\2&5&3\\2&3&2\end{pmatrix}$.

3. 用克莱姆法则解下列线性方程组：

(1) $\begin{cases}2x_1+x_2=7,\\-3x_1+x_3=-8,\\x_2+2x_3=3;\end{cases}$　　(2) $\begin{cases}2x_1-x_2+3x_3=1,\\4x_1+2x_2+5x_3=4,\\x_1+x_3=3.\end{cases}$

4. 已知矩阵$\boldsymbol{A}=\begin{pmatrix}1&2&2&1\\0&5&1&3\\0&0&2&7\\0&0&0&1\end{pmatrix}$为四阶上三角形矩阵，求其伴随矩阵$\boldsymbol{A}^*$，$\boldsymbol{A}^*$是否为上三角形矩阵？

5. 已知齐次线性方程组$\begin{cases}mx_1+\ \ x_2+x_3=0,\\x_1+\ nx_2+x_3=0,\\x_1+3nx_2+x_3=0\end{cases}$有非零解，求$m,n$的值.

6. (信息加密问题)加密信息时，用数字1,2,3,…分别表示字母$a,b,c,\cdots$，空格用数字0表示. 将要传输的信息按列组成一个四阶方阵$\boldsymbol{B}$，设加密矩阵为

$$\boldsymbol{A}=\begin{pmatrix}-1&-1&2&0\\1&1&-1&0\\0&0&-1&1\\1&0&0&-1\end{pmatrix}.$$

发出的信息是乘积矩阵$\boldsymbol{AB}$的四列，接收者收到的信息为

$$-19,19,25,-21,0,18,-18,15,3,10,-8,3,-2,20,-7,12.$$

求原始信息.

B组

1. 设n阶矩阵$\boldsymbol{A}$的伴随矩阵为$\boldsymbol{A}^*$，证明：

(1) 若$|\boldsymbol{A}|=0$，则$|\boldsymbol{A}^*|=0$； (2) $|\boldsymbol{A}^*|=|\boldsymbol{A}|^{n-1}$.

2. 设$\boldsymbol{A}$为三阶方阵，且$|\boldsymbol{A}|=\dfrac{1}{2}$，求$|(2\boldsymbol{A})^{-1}-5\boldsymbol{A}^*|$.

3. 已知$\boldsymbol{A}=\mathrm{diag}(1,-2,1)$，且$\boldsymbol{A}^*\boldsymbol{BA}=2\boldsymbol{BA}-8\boldsymbol{E}$，其中$\boldsymbol{E}$为三阶单位矩阵，$\boldsymbol{A}^*$为$\boldsymbol{A}$的伴随矩阵，求矩阵$\boldsymbol{B}$.

4. 设$\boldsymbol{A},\boldsymbol{B}$都为三阶方阵，$\boldsymbol{E}$为三阶单位矩阵，且满足$\boldsymbol{AB}+4\boldsymbol{E}=\boldsymbol{A}^2+2\boldsymbol{B}$，其中$\boldsymbol{A}=\begin{pmatrix}3&0&2\\0&5&0\\2&0&3\end{pmatrix}$，求$\boldsymbol{B}$及$|\boldsymbol{B}^{-1}|$.

5. 设矩阵

$$\boldsymbol{A}=\begin{pmatrix}2&0&0&0&0\\0&1&2&0&0\\0&1&4&0&0\\0&0&0&3&-1\\0&0&0&-5&2\end{pmatrix},$$

利用分块矩阵求$\boldsymbol{A}^{-1}$和$|\boldsymbol{A}^5|$.

6. 设三阶方阵$\boldsymbol{A}$满足$\boldsymbol{A}^*=\boldsymbol{A}^{\mathrm{T}}$，且$\boldsymbol{A}$中第一行的三个元素都为$m$，求$|\boldsymbol{A}|$和$m$.

复习题 2

一、选择题

1. 下列结论中，不正确的是（　　）.

A. 设 $\boldsymbol{A}$ 为 n 阶方阵，且 $|\boldsymbol{A}|=3$，则 $|\boldsymbol{A}^3|=9$

B. 设 $\boldsymbol{AB}=\boldsymbol{O}$，且 $\boldsymbol{A}$ 非奇异，则 $\boldsymbol{B}=\boldsymbol{O}$

C. 设 $\boldsymbol{A}$ 为三阶方阵，则 $|5\boldsymbol{A}|=5^3|\boldsymbol{A}|$

D. 设 $\boldsymbol{A},\boldsymbol{B}$ 是 n 阶方阵，则 $|\boldsymbol{AB}|=|\boldsymbol{BA}|$

2. 设 $\boldsymbol{A}^2+\boldsymbol{AB}+2\boldsymbol{E}=\boldsymbol{O}$，其中 $\boldsymbol{E}$ 为三阶单位矩阵，且 $|\boldsymbol{A}|=2$，则 $|\boldsymbol{A}+\boldsymbol{B}|=$（　　）.

A. 0　　B. -1　　C. -4　　D. -2

3. 已知矩阵 $\boldsymbol{A}=\begin{pmatrix}2&a&2\\2&2&a\\a&2&2\end{pmatrix}$，伴随矩阵 $\boldsymbol{A}^*\neq\boldsymbol{O}$，且 $\boldsymbol{Ax}=\boldsymbol{0}$ 有非零解，则（　　）.

A. $a=2$　　B. $a=2$ 或 $a=-4$

C. $a=-4$　　D. $a\neq2$ 且 $a\neq-4$

4. 设矩阵 $\boldsymbol{A}=\begin{pmatrix}1&1&1\\1&9&c\\1&c&3\end{pmatrix}$，若 $\boldsymbol{A}$ 可逆，则（　　）.

A. $c\neq5$　　B. $c=5$ 或 $c=-3$

C. $c\neq-3$　　D. $c\neq5$ 且 $c\neq-3$

二、填空题

1. 设 $\boldsymbol{A}$ 为方阵，$\boldsymbol{E}$ 为同阶单位矩阵，且 $\boldsymbol{A}^{\mathrm{T}}\boldsymbol{A}=\boldsymbol{E}$，则 $|\boldsymbol{A}|=$__________.

2. 设 $\boldsymbol{A}$ 为三阶方阵，$\boldsymbol{A}^*$ 是 $\boldsymbol{A}$ 的伴随矩阵，且 $|\boldsymbol{A}|=m\neq0$，则 $|(2\boldsymbol{A})^{-1}|=$__________，$|2\boldsymbol{A}^*|=$__________.

3. 设 $\boldsymbol{A}$ 为三阶方阵，且 $|\boldsymbol{A}|=9$，已知初等矩阵 $\boldsymbol{P}=\begin{pmatrix}0&0&1\\0&1&0\\1&0&0\end{pmatrix}$，$\boldsymbol{Q}=\begin{pmatrix}1&0&0\\0&1&0\\3&0&1\end{pmatrix}$，则 $|\boldsymbol{AP}|=$__________，$|\boldsymbol{QA}|=$__________.

4. 设三阶范德蒙德矩阵 $\boldsymbol{A}=\begin{pmatrix}1&1&1\\3&5&7\\3^2&5^2&7^2\end{pmatrix}$，则 $|\boldsymbol{A}|=$__________.

5. 设行列式 $D=\begin{vmatrix}0&1&0\\2&0&0\\0&0&3\end{vmatrix}$，$A_{ij}$ 是 D 中元素 a_{ij} 的代数余子式，则 $\sum\limits_{i=1}^{3}\sum\limits_{j=1}^{3}A_{ij}=$__________.

6. 设 $|\boldsymbol{A}|=2$，$\boldsymbol{M}$ 为可逆方阵，则 $|\boldsymbol{MAM}^{-1}|=$__________.

7. 设矩阵 $\boldsymbol{B}=\begin{pmatrix}1 & a & a & a\\ a & 1 & a & a\\ a & a & 1 & a\\ a & a & a & 1\end{pmatrix}$ 不可逆，则 a 的取值为____________.

三、解答题

1. 设 n 阶方阵 $\boldsymbol{A}$ 满足 $\boldsymbol{A}^2-2\boldsymbol{A}+\boldsymbol{E}=\boldsymbol{O}$，其中 $\boldsymbol{E}$ 为 n 阶单位矩阵，求证：

(1) $\boldsymbol{A}^3=3\boldsymbol{A}-2\boldsymbol{E}$，$\boldsymbol{A}^4=4\boldsymbol{A}-3\boldsymbol{E}$；(2) $\boldsymbol{A}$ 可逆，且 $\boldsymbol{A}^{-1}=2\boldsymbol{E}-\boldsymbol{A}$；

(3) 存在数 λ，使行列式 $|\boldsymbol{A}-\lambda\boldsymbol{E}|=0$.

2. 计算下列行列式：

(1) $\begin{vmatrix}1 & 1 & 1\\ 1 & 2 & 2\\ 1 & 2 & 3\end{vmatrix}$；(2) $\begin{vmatrix}1 & 1 & 1 & 1\\ 1 & 2 & 2 & 2\\ 1 & 2 & 3 & 3\\ 1 & 2 & 3 & 4\end{vmatrix}$；(3) $\begin{vmatrix}1 & 1 & 1 & \cdots & 1\\ 1 & 2 & 2 & \cdots & 2\\ 1 & 2 & 3 & \cdots & 3\\ \vdots & \vdots & \vdots & \ddots & \vdots\\ 1 & 2 & 3 & \cdots & n\end{vmatrix}$.

3. 设齐次线性方程组 $\begin{cases}kx_1+(k-1)x_2+x_3=0,\\ kx_1+kx_2+x_3=0,\\ 2kx_1+2(k-1)x_2+kx_3=0\end{cases}$ 有非零解，求 k 的值.

第 3 章

矩阵的秩与线性方程组的解

在第 2 章，我们曾利用克莱姆法则求解线性方程组，但克莱姆法则只适用于方程组的系数矩阵为方阵，且系数矩阵的行列式不为零的情况. 若系数矩阵的行列式为零或系数矩阵不是方阵，如何判断线性方程组是否有解？在有解的情况下，究竟有多少解及如何去求解？本章将解决以上问题.

本章主要讨论

1. 何谓矩阵的秩？如何求矩阵的秩？
2. 由系数矩阵的秩怎样判断齐次线性方程组解的情况？
3. 由系数矩阵和增广矩阵的秩怎样判断非齐次线性方程组解的情况？

3.1 矩阵的秩

3.1.1 矩阵的秩的定义

定义 3.1 设 $\boldsymbol{A}$ 是一个 $m\times n$ 矩阵，在 $\boldsymbol{A}$ 中任取 k 行和 k 列 $(1\leqslant k\leqslant\min\{m,n\})$，位于这些选定的行和列的交叉位置上的 k^2 个元素按原来的相对位置所组成的 k 阶行列式，称为 $\boldsymbol{A}$ 的 k **阶子式**(minor of order k)，记作 D_k.

例如，在矩阵

$$\boldsymbol{A}=\begin{pmatrix}1&3&2&0\\2&0&6&5\\1&0&1&4\\0&0&0&-1\end{pmatrix}$$

中，选第一、三行和第三、四列，它们交叉位置上的元素所构成的二阶行列式 $\begin{vmatrix}2&0\\1&4\end{vmatrix}$ 是 $\boldsymbol{A}$ 的一个二阶子式；又如，选第一、二、三行和第二、三、四列，得 $\boldsymbol{A}$ 的一个三阶子式为 $\begin{vmatrix}3&2&0\\0&6&5\\0&1&4\end{vmatrix}$.

显然，$m\times n$ 矩阵 $\boldsymbol{A}$ 的 k 阶子式共有 $C_m^k\cdot C_n^k$ 个.

定义 3.2 设 $\boldsymbol{A}$ 是一个 $m\times n$ 矩阵，若 $\boldsymbol{A}$ 中存在一个 r 阶子式 D_r 不为零，且所有的 $r+1$ 阶子式 D_{r+1}（如果存在的话）全为零，则称数 r 为矩阵 $\boldsymbol{A}$ 的**秩**(rank)，记作 $\mathrm{r}(\boldsymbol{A})=r$.

规定零矩阵的秩为零.

由定义 3.2 易知，若 $\boldsymbol{A}$ 为 $m\times n$ 矩阵，则 $0\leqslant \mathrm{r}(\boldsymbol{A})\leqslant \min\{m,n\}$.

由于 $\boldsymbol{A}^{\mathrm{T}}$ 的子式与 $\boldsymbol{A}$ 的子式对应相等，所以 $\mathrm{r}(\boldsymbol{A}^{\mathrm{T}})=\mathrm{r}(\boldsymbol{A})$.

当 $\mathrm{r}(\boldsymbol{A})=r$ 时，则矩阵 $\boldsymbol{A}$ 中所有的 $r+1$ 阶子式全等于零，由行列式的性质可知，所有的高于 $r+1$ 阶的子式一定也全等于零，因此矩阵 $\boldsymbol{A}$ 的秩就是 $\boldsymbol{A}$ 中不等于零的子式的最高阶数.

特别地，若 $\boldsymbol{A}$ 是 n 阶方阵，由于 $\boldsymbol{A}$ 的 n 阶子式只有一个 $|\boldsymbol{A}|$，故当 $|\boldsymbol{A}|\neq 0$ 时，$\mathrm{r}(\boldsymbol{A})=n$，当 $|\boldsymbol{A}|=0$ 时，$\mathrm{r}(\boldsymbol{A})<n$. 由此可知，可逆矩阵的秩等于矩阵的阶数. 因此，我们也把可逆矩阵称为**满秩矩阵**(full rank matrix)，不可逆矩阵称为**降秩矩阵**(rank deficient matrix).

例 1 求下列矩阵的秩：

(1) $\boldsymbol{A}=\begin{pmatrix}2&1&0\\8&4&2\end{pmatrix}$；(2) $\boldsymbol{B}=\begin{pmatrix}1&0&1\\2&1&0\\-3&2&-5\end{pmatrix}$；(3) $\boldsymbol{C}=\begin{pmatrix}2&6&0&2&3\\0&1&3&-1&2\\0&0&0&4&1\\0&0&0&0&0\end{pmatrix}$.

解 (1) 显然，$\boldsymbol{A}$ 有一个二阶子式 $D_2=\begin{vmatrix}1&0\\4&2\end{vmatrix}=2\neq 0$，且 $\boldsymbol{A}$ 没有三阶子式，所以 $\mathrm{r}(\boldsymbol{A})=2$.

(2) 因为 $\boldsymbol{B}$ 只有一个三阶子式，就是 $|\boldsymbol{B}|$，且

$$|\boldsymbol{B}|=\begin{vmatrix}1&0&1\\2&1&0\\-3&2&-5\end{vmatrix}=2\neq 0,$$

所以 $\boldsymbol{B}$ 可逆，即 $\mathrm{r}(\boldsymbol{B})=3$.

(3) $\boldsymbol{C}$ 是一个阶梯形矩阵，其非零行有 3 行，即 $\boldsymbol{C}$ 的所有的四阶子式全为零，而以非零行的非零首元素所在的行和列交叉位置上的元素构成的三阶子式为

$$D_3=\begin{vmatrix}2&6&2\\0&1&-1\\0&0&4\end{vmatrix}=8\neq 0,$$

所以 $\mathrm{r}(\boldsymbol{C})=3$.

由此可以看出，阶梯形矩阵的秩等于矩阵的非零行的行数.

3.1.2 矩阵的秩的计算

由例 1 可以看出，对于一般的矩阵，当行数和列数较多时，按定义求秩比较麻烦. 然而对于阶梯形矩阵而言，它的秩就等于非零行的行数，一看便知，无需计算. 因此自然想到利用初等变换可将矩阵化为阶梯形矩阵，但两个等价矩阵的秩是否相等呢？下面定理对此做出了肯定的回答.

定理 3.1 初等变换不改变矩阵的秩.

证明 先证矩阵 $\boldsymbol{A}$ 经过一次初等行变换变为矩阵 $\boldsymbol{B}$，则 $\mathrm{r}(\boldsymbol{B})\geqslant\mathrm{r}(\boldsymbol{A})$.

设 $\mathrm{r}(\boldsymbol{A})=r$，且 $\boldsymbol{A}$ 的某个 r 阶子式 $D\neq0$.

当 $\boldsymbol{A}\xrightarrow{r_i\leftrightarrow r_j}\boldsymbol{B}$ 或 $\boldsymbol{A}\xrightarrow{kr_i}\boldsymbol{B}$ 时，在 $\boldsymbol{B}$ 中总能找到与 D 相对应的 r 阶子式 D_1，使 $D_1=D$，或 $D_1=-D$，或 $D_1=kD$，即 $D_1\neq0$，从而 $\mathrm{r}(\boldsymbol{B})\geqslant r$.

当 $\boldsymbol{A}\xrightarrow{r_i+kr_j}\boldsymbol{B}$ 时，可分以下三种情况讨论：

(1) D 中不含第 i 行；

(2) D 中同时含有第 i 行和第 j 行；

(3) D 中含第 i 行但不含第 j 行.

在第(1)种情况下，很容易在 $\boldsymbol{B}$ 中找到与 D 对应的子式 D_1，此时 $D_1=D\neq0$，从而 $\mathrm{r}(\boldsymbol{B})\geqslant r$.

在第(2)种情况下，在 $\boldsymbol{B}$ 中也能找到与 D 对应的子式 D_1，即 $D_1=\begin{vmatrix}\vdots\\ \boldsymbol{\alpha}_i+k\boldsymbol{\alpha}_j\\ \vdots\\ \boldsymbol{\alpha}_j\\ \vdots\end{vmatrix}$，由 2.2 节行列式的性质 5 知 $D_1=D\neq0$，从而 $\mathrm{r}(\boldsymbol{B})\geqslant r$.

在第(3)种情况下，在 $\boldsymbol{B}$ 中找到的与 D 对应的子式 $D_1=\begin{vmatrix}\vdots\\ \boldsymbol{\alpha}_i+k\boldsymbol{\alpha}_j\\ \vdots\end{vmatrix}$，由 2.2 节行列式的性质 4 知

$$D_1=\begin{vmatrix}\vdots\\ \boldsymbol{\alpha}_i+k\boldsymbol{\alpha}_j\\ \vdots\end{vmatrix}=\begin{vmatrix}\vdots\\ \boldsymbol{\alpha}_i\\ \vdots\end{vmatrix}+\begin{vmatrix}\vdots\\ k\boldsymbol{\alpha}_j\\ \vdots\end{vmatrix}=D+kD_2.$$

若 $D_2=0$，则 $D_1=D\neq0$，从而 $\mathrm{r}(\boldsymbol{B})\geqslant r$，若 $D_2\neq0$，由 $D=D_1-kD_2\neq0$ 知，D_1 和 D_2 不同时为 0，所以，在 $\boldsymbol{B}$ 中存在 r 阶非零子式 D_1 或 D_2，从而 $\mathrm{r}(\boldsymbol{B})\geqslant r$.

以上证明了矩阵 $\boldsymbol{A}$ 经过一次初等行变换变为矩阵 $\boldsymbol{B}$，则 $\mathrm{r}(\boldsymbol{B})\geqslant\mathrm{r}(\boldsymbol{A})$. 由于矩阵 $\boldsymbol{B}$ 经过一次初等行变换也可变为矩阵 $\boldsymbol{A}$，故也有 $\mathrm{r}(\boldsymbol{A})\geqslant\mathrm{r}(\boldsymbol{B})$. 因此 $\mathrm{r}(\boldsymbol{A})=\mathrm{r}(\boldsymbol{B})$.

同理可知，经过有限次初等行变换矩阵的秩仍不变.

若矩阵 $\boldsymbol{A}$ 经过初等列变换变为矩阵 $\boldsymbol{B}$，则相当于 $\boldsymbol{A}^{\mathrm{T}}$ 经过初等行变换变为 $\boldsymbol{B}^{\mathrm{T}}$，由以上证明知 $\mathrm{r}(\boldsymbol{A}^{\mathrm{T}})=\mathrm{r}(\boldsymbol{B}^{\mathrm{T}})$，又 $\mathrm{r}(\boldsymbol{A})=\mathrm{r}(\boldsymbol{A}^{\mathrm{T}})$，$\mathrm{r}(\boldsymbol{B})=\mathrm{r}(\boldsymbol{B}^{\mathrm{T}})$，因此 $\mathrm{r}(\boldsymbol{A})=\mathrm{r}(\boldsymbol{B})$.

综上知，初等变换不改变矩阵的秩. ■

上述定理也可叙述为：若 $\boldsymbol{A}\leftrightarrow\boldsymbol{B}$，则 $\mathrm{r}(\boldsymbol{A})=\mathrm{r}(\boldsymbol{B})$.

由定理 1.9 及定理 3.1 可得如下推论.

推论 设 $\boldsymbol{A}$ 为 $m\times n$ 矩阵，$\boldsymbol{P}$，$\boldsymbol{Q}$ 分别为 m 阶和 n 阶可逆矩阵，则 $\mathrm{r}(\boldsymbol{PA})=\mathrm{r}(\boldsymbol{AQ})=\mathrm{r}(\boldsymbol{PAQ})=\mathrm{r}(\boldsymbol{A})$.

例 2 设 $\boldsymbol{A}=\begin{pmatrix}1&3&5\\0&7&0\\2&4&6\end{pmatrix}$，$\boldsymbol{B}=\begin{pmatrix}1&-1&2\\0&3&4\\0&0&0\end{pmatrix}$，求 $\mathrm{r}(\boldsymbol{AB})$.

解 因为 $|\boldsymbol{A}|=-28\neq 0$，所以 $\boldsymbol{A}$ 可逆，显然 $\mathrm{r}(\boldsymbol{B})=2$，因此根据定理 3.1 的推论知，$\mathrm{r}(\boldsymbol{AB})=\mathrm{r}(\boldsymbol{B})=2$.

例 3 求矩阵 $\boldsymbol{A}=\begin{pmatrix}1&1&1&4\\1&-1&3&-2\\2&1&3&5\\3&1&5&4\end{pmatrix}$ 的秩.

解 对矩阵 $\boldsymbol{A}$ 实施初等行变换，化为阶梯形矩阵：

$$\boldsymbol{A}=\begin{pmatrix}1&1&1&4\\1&-1&3&-2\\2&1&3&5\\3&1&5&4\end{pmatrix}\xrightarrow[r_4-3r_1]{\substack{r_2-r_1\\r_3-2r_1}}\begin{pmatrix}1&1&1&4\\0&-2&2&-6\\0&-1&1&-3\\0&-2&2&-8\end{pmatrix}\xrightarrow{r_2\times\left(-\frac{1}{2}\right)}\begin{pmatrix}1&1&1&4\\0&1&-1&3\\0&-1&1&-3\\0&-2&2&-8\end{pmatrix}$$

$$\xrightarrow{\substack{r_3+r_2\\r_4+2r_2}}\begin{pmatrix}1&1&1&4\\0&1&-1&3\\0&0&0&0\\0&0&0&-2\end{pmatrix}\xrightarrow{r_3\leftrightarrow r_4}\begin{pmatrix}1&1&1&4\\0&1&-1&3\\0&0&0&-2\\0&0&0&0\end{pmatrix}=\boldsymbol{B},$$

阶梯形矩阵 $\boldsymbol{B}$ 有 3 个非零行，即 $\mathrm{r}(\boldsymbol{B})=3$，所以 $\mathrm{r}(\boldsymbol{A})=3$.

思考题

1. 若 $\boldsymbol{A}$ 是 $m\times n$ 矩阵，则 $\boldsymbol{A}$ 的秩最大可能为多少？

2. 根据矩阵的秩的定义，下面两个结论成立吗？

(1) $\mathrm{r}(\boldsymbol{A})\geqslant r\Leftrightarrow\boldsymbol{A}$ 中存在一个 r 阶子式不等于零；

(2) $\mathrm{r}(\boldsymbol{A})\leqslant r\Leftrightarrow\boldsymbol{A}$ 的所有 $r+1$ 阶子式都等于零.

习题 3.1

A 组

1. 判断下列结论哪些是正确的，哪些是错误的，并说明理由.

(1) 设 $\boldsymbol{A}$ 为 $m\times n$ 的矩阵，且 $m>1$，若从 $\boldsymbol{A}$ 中划去一行得到矩阵 $\boldsymbol{B}$，则 $\mathrm{r}(\boldsymbol{A})>\mathrm{r}(\boldsymbol{B})$；

(2) 设 $\boldsymbol{A}$ 为 $m\times n$ 的矩阵，k 为任意实数，则有 $\mathrm{r}(\boldsymbol{A})=\mathrm{r}(k\boldsymbol{A})$；

(3) 若 $\mathrm{r}(\boldsymbol{A})=r(r>1)$，则矩阵 $\boldsymbol{A}$ 中有可能存在等于零的 $r-1$ 阶子式，但不可能存在等于零的 r 阶子式.

2. 求下列矩阵的秩：

(1) $\boldsymbol{A}=\begin{pmatrix}1&2&3\\2&3&-5\\4&7&2\end{pmatrix}$； (2) $\boldsymbol{A}=\begin{pmatrix}1&2&3&4\\-1&-1&-4&-2\\3&4&11&7\end{pmatrix}$；

(3) $\boldsymbol{A}=\begin{pmatrix}1&3&-2&2\\0&2&-1&3\\-2&0&1&5\end{pmatrix}$；　　(4) $\boldsymbol{A}=\begin{pmatrix}3&6&0\\3&-2&3\\2&0&0\\1&2&-4\end{pmatrix}$.

3. 设矩阵 $\boldsymbol{A}=\begin{pmatrix}1&-1&3&-2\\1&-3&2&-6\\1&5&-1&10\\3&1&c+2&c\end{pmatrix}$，已知 $\mathrm{r}(\boldsymbol{A})=3$，求 c 的值.

4. 设矩阵 $\boldsymbol{A}=\begin{pmatrix}1&1&k\\1&k&1\\k&1&1\end{pmatrix}$，问 k 满足什么条件，可使

(1) $\mathrm{r}(\boldsymbol{A})=1$；(2) $\mathrm{r}(\boldsymbol{A})=2$；(3) $\mathrm{r}(\boldsymbol{A})=3$.

5. 设矩阵 $\boldsymbol{A}=\begin{pmatrix}1&-2&2&-1\\2&-4&8&0\\-2&4&-2&3\\3&-6&0&-6\end{pmatrix}$，$\boldsymbol{b}=\begin{pmatrix}1\\2\\3\\4\end{pmatrix}$，求矩阵 $\boldsymbol{A}$ 及矩阵 $\boldsymbol{B}=(\boldsymbol{A},\boldsymbol{b})$ 的秩.

B 组

1. 设 $\boldsymbol{A}$ 为 2×3 的矩阵，且 $\mathrm{r}(\boldsymbol{A})=2$，$\boldsymbol{B}=\begin{pmatrix}1&-1&0\\2&0&1\\0&2&2\end{pmatrix}$，求 $\mathrm{r}(\boldsymbol{AB})$.

2. 已知矩阵 $\boldsymbol{A}=\begin{pmatrix}1&a&a&a\\a&1&a&a\\a&a&1&a\\a&a&a&1\end{pmatrix}$ 的秩为 3，求常数 a 的值.

3. 求下列线性方程组的系数矩阵的秩和增广矩阵的秩，并求出线性方程组的解.

(1) $\begin{cases}x_1+2x_2+x_3=0,\\2x_1+x_2+4x_3=0,\\3x_1-x_2+5x_3=0;\end{cases}$　　(2) $\begin{cases}x_1-2x_2+4x_3=5,\\3x_1+8x_2-x_3=5,\\4x_1-x_2+9x_3=13,\\2x_1+3x_2+x_3=3.\end{cases}$

4. 若 $m\times n$ 的矩阵 $\boldsymbol{A}$ 满足 $\mathrm{r}(\boldsymbol{A})=n$，则称矩阵 $\boldsymbol{A}$ 是**列满秩矩阵**. 证明：

(1) 若 $\boldsymbol{A}_{m\times n}\boldsymbol{B}_{n\times l}=\boldsymbol{C}_{m\times l}$，且 $\mathrm{r}(\boldsymbol{A})=n$，则 $\mathrm{r}(\boldsymbol{B})=\mathrm{r}(\boldsymbol{C})$；

(2) 若有齐次线性方程组 $\boldsymbol{A}_{m\times n}\boldsymbol{x}_{n\times1}=\boldsymbol{0}$，且 $\mathrm{r}(\boldsymbol{A})=n$，则该线性方程组只有零解.

5. 设 $\boldsymbol{A},\boldsymbol{B}$ 为同型矩阵，证明：

(1) $\max\{\mathrm{r}(\boldsymbol{A}),\mathrm{r}(\boldsymbol{B})\}\leqslant\mathrm{r}(\boldsymbol{A},\boldsymbol{B})\leqslant\mathrm{r}(\boldsymbol{A})+\mathrm{r}(\boldsymbol{B})$；

(2) $\mathrm{r}(\boldsymbol{A}\pm\boldsymbol{B})\leqslant\mathrm{r}(\boldsymbol{A})+\mathrm{r}(\boldsymbol{B})$.

3.2 齐次线性方程组解的存在性

设齐次线性方程组

$$\begin{cases}a_{11}x_1+a_{12}x_2+\cdots+a_{1n}x_n=0,\\ a_{21}x_1+a_{22}x_2+\cdots+a_{2n}x_n=0,\\ \qquad\vdots\\ a_{m1}x_1+a_{m2}x_2+\cdots+a_{mn}x_n=0,\end{cases}$$

其矩阵形式为

$$\boldsymbol{Ax}=\boldsymbol{0},$$

其中 $\boldsymbol{A}=\begin{pmatrix}a_{11}&a_{12}&\cdots&a_{1n}\\ a_{21}&a_{22}&\cdots&a_{2n}\\ \vdots&\vdots&&\vdots\\ a_{m1}&a_{m2}&\cdots&a_{mn}\end{pmatrix}$ 为系数矩阵，$\boldsymbol{x}=\begin{pmatrix}x_1\\ x_2\\ \vdots\\ x_n\end{pmatrix}$ 为未知数列向量.

因为齐次线性方程组 $\boldsymbol{Ax}=\boldsymbol{0}$ 一定有零解，于是，对齐次线性方程组，我们需要讨论何时只有零解，何时有非零解，在有非零解的情况下怎样表示出它的非零解.

定理 3.2 n 元齐次线性方程组 $\boldsymbol{Ax}=\boldsymbol{0}$ 有非零解的充要条件是其系数矩阵的秩 $\mathrm{r}(\boldsymbol{A})<n$.

证明 （必要性）设方程组 $\boldsymbol{Ax}=\boldsymbol{0}$ 有非零解，要证 $\mathrm{r}(\boldsymbol{A})<n$. 用反证法，假设 $\mathrm{r}(\boldsymbol{A})$ 不小于 n，即 $\mathrm{r}(\boldsymbol{A})=n$，则 $\boldsymbol{A}$ 中一定存在一个 n 阶子式 $D\neq 0$，于是由克莱姆法则知，此 n 阶子式 D 所对应的 n 个方程只有零解，所以原方程组只有零解，这与已知条件方程组有非零解矛盾，故 $\mathrm{r}(\boldsymbol{A})<n$.

（充分性）记 $\mathrm{r}(\boldsymbol{A})=r<n$，要证明方程组 $\boldsymbol{Ax}=\boldsymbol{0}$ 有非零解. 因为 $\mathrm{r}(\boldsymbol{A})=r<n$，所以将 $\boldsymbol{A}$ 化为阶梯形矩阵后，阶梯形矩阵中有 r 个非零行，将非零行的非零首元素所对应的未知量称为**固定未知量**(leading variables)，其余未知量称为**自由未知量**(free variables). 而固定未知量的个数为 r，从而自由未知量的个数为 $n-r$. 任取一个自由未知量为 1，其余自由未知量为 0，即可得方程组的一个非零解. ■

推论 n 元齐次线性方程组 $\boldsymbol{Ax}=\boldsymbol{0}$ 只有零解的充要条件是其系数矩阵的秩 $\mathrm{r}(\boldsymbol{A})=n$.

例 1 求齐次线性方程组

$$\begin{cases}x_1+x_2+x_3+x_4=0,\\ x_1+2x_2+3x_3=0,\\ 2x_1+3x_2+4x_3+x_4=0,\\ 3x_1+4x_2+5x_3+2x_4=0\end{cases}$$

的解.

解 对系数矩阵实施初等行变换，得

$$\boldsymbol{A}=\begin{pmatrix}1&1&1&1\\ 1&2&3&0\\ 2&3&4&1\\ 3&4&5&2\end{pmatrix}\xrightarrow[r_4-3r_1]{\substack{r_2-r_1\\ r_3-2r_1}}\begin{pmatrix}1&1&1&1\\ 0&1&2&-1\\ 0&1&2&-1\\ 0&1&2&-1\end{pmatrix}\xrightarrow[r_4-r_2]{r_3-r_2}\begin{pmatrix}1&1&1&1\\ 0&1&2&-1\\ 0&0&0&0\\ 0&0&0&0\end{pmatrix}$$

$$\xrightarrow{r_1-r_2}\begin{pmatrix}1&0&-1&2\\0&1&2&-1\\0&0&0&0\\0&0&0&0\end{pmatrix}.$$

由于 $\mathrm{r}(\boldsymbol{A})=2<4$,故方程组有非零解,显然与原方程组同解的方程组为

$$\begin{cases}x_1 \quad -x_3+2x_4=0,\\ \quad x_2+2x_3-x_4=0,\end{cases}$$

即

$$\begin{cases}x_1=\quad x_3-2x_4,\\ x_2=-2x_3+x_4.\end{cases}$$

令自由未知量 $x_3=c_1,x_4=c_2$,可得通解

$$\begin{cases}x_1=c_1-2c_2,\\ x_2=-2c_1+c_2,\\ x_3=c_1,\\ x_4=c_2\end{cases}(c_1,c_2\text{ 为任意常数}).$$

上面的解包含了该方程组的所有解,通常称其为原线性方程组的**通解**(general solution).

例 2 求齐次线性方程组

$$\begin{cases}x_1+2x_2-x_3=0,\\ -x_1+x_2-2x_3=0,\\ 2x_1+x_2+3x_3=0,\\ x_1+5x_2-4x_3=0\end{cases}$$

的解.

解 对系数矩阵实施初等行变换,得

$$\boldsymbol{A}=\begin{pmatrix}1&2&-1\\-1&1&-2\\2&1&3\\1&5&-4\end{pmatrix}\xrightarrow[r_4-r_1]{\substack{r_2+r_1\\r_3-2r_1}}\begin{pmatrix}1&2&-1\\0&3&-3\\0&-3&5\\0&3&-3\end{pmatrix}\xrightarrow{\substack{r_3+r_2\\r_4-r_2}}\begin{pmatrix}1&2&-1\\0&3&-3\\0&0&2\\0&0&0\end{pmatrix},$$

由于 $\mathrm{r}(\boldsymbol{A})=3$,故此线性方程组只有零解,即 $x_1=0,x_2=0,x_3=0$.

例 3 已知齐次线性方程组 $\begin{cases}x_1+2x_2+\lambda x_3=0,\\ 2x_1+5x_2-x_3=0,\\ x_1+x_2+13x_3=0\end{cases}$ 有非零解,求 λ 的值.

解 对系数矩阵实施初等行变换,得

$$\boldsymbol{A}=\begin{pmatrix}1&2&\lambda\\2&5&-1\\1&1&13\end{pmatrix}\xrightarrow{\substack{r_2-2r_1\\r_3-r_1}}\begin{pmatrix}1&2&\lambda\\0&1&-1-2\lambda\\0&-1&13-\lambda\end{pmatrix}\xrightarrow{r_3+r_2}\begin{pmatrix}1&2&\lambda\\0&1&-1-2\lambda\\0&0&12-3\lambda\end{pmatrix},$$

因为方程组有非零解,故 $\mathrm{r}(\boldsymbol{A})<3$,则必有 $12-3\lambda=0$,即 $\lambda=4$,所以当 $\lambda=4$ 时,方程组有非零解.

此题也可利用定理2.5的推论2，计算$|\boldsymbol{A}|=0$，得$\lambda=4$.

例4 （化学方程式的配平）化学实验的结果表明，丁烷（C_4H_{10}）燃烧时将消耗氧气（O_2），并产生二氧化碳（CO_2）和水（H_2O），该反应的化学方程式具有下列形式：

$$x_1C_4H_{10}+x_2O_2 = x_3CO_2+x_4H_2O.$$

为使该化学方程式平衡，求正整数x_1,x_2,x_3,x_4，使上式两端的C、H、O的原子数目对应相等.

解 要使化学方程式两端C、H、O的原子数目对应相等，需满足

$$\begin{cases}4x_1=x_3,\\10x_1=2x_4,\\2x_2=2x_3+x_4,\end{cases}$$

即

$$\begin{cases}4x_1 \quad -x_3 \quad =0,\\10x_1 \quad -2x_4=0,\\2x_2-2x_3-x_4=0.\end{cases}$$

此方程组为四元齐次线性方程组，对其系数矩阵实施初等行变换，得

$$\boldsymbol{A}=\begin{pmatrix}4&0&-1&0\\10&0&0&-2\\0&2&-2&-1\end{pmatrix}\xrightarrow{5r_1,2r_2}\begin{pmatrix}20&0&-5&0\\20&0&0&-4\\0&2&-2&-1\end{pmatrix}\xrightarrow{r_2-r_1}\begin{pmatrix}20&0&-5&0\\0&0&5&-4\\0&2&-2&-1\end{pmatrix}$$

$$\xrightarrow{r_2\leftrightarrow r_3}\begin{pmatrix}20&0&-5&0\\0&2&-2&-1\\0&0&5&-4\end{pmatrix}\xrightarrow[r_2+\frac{2}{5}r_3]{r_1+r_3}\begin{pmatrix}20&0&0&-4\\0&2&0&-\frac{13}{5}\\0&0&5&-4\end{pmatrix}$$

$$\xrightarrow{\frac{1}{20}r_1,\frac{1}{2}r_2,\frac{1}{5}r_3}\begin{pmatrix}1&0&0&-\frac{1}{5}\\0&1&0&-\frac{13}{10}\\0&0&1&-\frac{4}{5}\end{pmatrix},$$

得同解方程组

$$\begin{cases}x_1=\frac{1}{5}x_4,\\x_2=\frac{13}{10}x_4,\\x_3=\frac{4}{5}x_4,\end{cases}$$

其中x_4为自由未知量，因为化学方程式的系数须满足原子的数目为正整数的要求，取$x_4=10$，得$x_1=2,x_2=13,x_3=8$，故该化学方程式为

$$2C_4H_{10}+13O_2=8CO_2+10H_2O.$$

如果上面方程式的每个系数乘以同一个正整数，该方程式仍然是平衡的，但一般情况下，化学平衡方程式的系数都采用最小正整数.

思考题

若 $\boldsymbol{A}$ 是 $m\times n$ 矩阵，且 $m<n$，则齐次线性方程组 $\boldsymbol{Ax}=\boldsymbol{0}$ 是否一定有非零解？

习题 3.2

A 组

1. 判断下列结论哪些是正确的，哪些是错误的，并说明理由.

(1) n 元齐次线性方程组 $\boldsymbol{Ax}=\boldsymbol{0}$ 总有解；

(2) 设 $\boldsymbol{A}$ 为 n 阶方阵，若有两个不同的列向量 $\boldsymbol{u},\boldsymbol{v}$ 满足 $\boldsymbol{Au}=\boldsymbol{Av}$，则 $\mathrm{r}(\boldsymbol{A})=n$；

(3) 设 $\boldsymbol{A}$ 为 n 阶方阵，若 $\boldsymbol{A}$ 中有两行元素对应成比例，则 $\boldsymbol{Ax}=\boldsymbol{0}$ 只有零解；

(4) 设 $\boldsymbol{A}$ 为 $m\times n$ 矩阵，若 $\mathrm{r}(\boldsymbol{A})=r<n$，则齐次线性方程组 $\boldsymbol{Ax}=\boldsymbol{0}$ 一定有非零解，且自由未知量的个数为 $n-r$；

(5) 设 $\boldsymbol{A}$ 为 n 阶方阵，$\boldsymbol{E}$ 为 n 阶单位矩阵，若有非零向量 $\boldsymbol{x}$ 满足 $\boldsymbol{Ax}=5\boldsymbol{x}$，则 $|\boldsymbol{A}-5\boldsymbol{E}|=0$.

2. 求下列齐次线性方程组的解：

(1) $\begin{cases} x_1-3x_2+2x_3=0, \\ 2x_1-5x_2+3x_3=0, \\ 3x_1-8x_2+2x_3=0; \end{cases}$

(2) $\begin{cases} x_1-x_2+x_4=0, \\ x_1-2x_2+x_3+4x_4=0, \\ 2x_1-3x_2+x_3+5x_4=0; \end{cases}$

(3) $\begin{cases} x_1-2x_2+3x_3-4x_4=0, \\ x_2-x_3+x_4=0, \\ x_1+3x_2-3x_4=0, \\ x_1-4x_2+3x_3-2x_4=0; \end{cases}$

(4) $\begin{cases} x_1+x_2+x_3+x_4+x_5=0, \\ 3x_1+2x_2+x_3+x_4-3x_5=0, \\ x_2+2x_3+2x_4+6x_5=0, \\ 5x_1+4x_2+3x_3+3x_4-x_5=0. \end{cases}$

3. 已知 $\boldsymbol{A}=\begin{pmatrix} 1 & 2 \\ t & 4 \end{pmatrix}$，

(1) 若齐次线性方程组 $\boldsymbol{Ax}=\boldsymbol{0}$ 有非零解，求 t；

(2) 设 $\boldsymbol{X}_1=\begin{pmatrix} x_{11} \\ x_{12} \end{pmatrix}$ 和 $\boldsymbol{X}_2=\begin{pmatrix} x_{21} \\ x_{22} \end{pmatrix}$ 分别是 $\boldsymbol{Ax}=\boldsymbol{0}$ 的两个非零解，并令 $\boldsymbol{B}=(\boldsymbol{X}_1,\boldsymbol{X}_2)$，求乘积矩阵 $\boldsymbol{AB}$.

4. 当 k 为何值时，齐次线性方程组

$$\begin{cases} x_1+x_2+kx_3=0, \\ x_1+kx_2+x_3=0, \\ kx_1+x_2+x_3=0 \end{cases}$$

有非零解？并求其通解.

5. (化学方程式的配平) 硫化硼(B_2S_3)与水(H_2O)剧烈反应，生成硼酸(H_3BO_3)和硫化氢(H_2S)，该反应的化学方程式具有下列形式

$$x_1B_2S_3+x_2H_2O=\!=\!=x_3H_3BO_3+x_4H_2S.$$

要使该化学方程式平衡，求正整数 x_1,x_2,x_3,x_4，使上式两端的 B、S、H、O 的原子数目对应

相等.

B组

1. 设 a,b,c 是三个互不相同的实数,证明齐次线性方程组 $\begin{cases}x_1+ax_2+a^2x_3=0,\\x_1+bx_2+b^2x_3=0,\\x_1+cx_2+c^2x_3=0\end{cases}$ 只有零解.

2. 设 $\boldsymbol{A}=\begin{pmatrix}1&2&1&2\\0&1&t&t\\1&t&0&1\end{pmatrix}$ 是齐次线性方程组 $\boldsymbol{Ax}=\boldsymbol{0}$ 的系数矩阵,已知 $\boldsymbol{Ax}=\boldsymbol{0}$ 有非零解且非零解中含有两个自由未知量,求 $\boldsymbol{Ax}=\boldsymbol{0}$ 的通解.

3. 讨论齐次线性方程组 $\begin{cases}(4-\lambda)x_1+\qquad x_2=0,\\ \qquad x_1+(4-\lambda)x_2=0\end{cases}$ 解的情况.

4. 设 $\boldsymbol{A}=\begin{pmatrix}1&2&-2\\4&t&3\\3&-1&1\end{pmatrix}$,$\boldsymbol{B}$ 为三阶非零矩阵,且 $\boldsymbol{AB}=\boldsymbol{O}$,求 t.

5. 在二元二次方程 $ax^2+bxy+cy^2+dx+ey+f=0$ 中,如果 a,b,c 至少有一个不为零,那么此方程对应的图像称为二次曲线. 求经过点 $(-4,1)$,$(-1,2)$,$(3,2)$,$(5,1)$ 以及 $(7,-1)$ 的二次曲线表达式.

6. 设 $\boldsymbol{A}$ 为列满秩矩阵,且 $\boldsymbol{AB}=\boldsymbol{C}$,证明齐次线性方程组 $\boldsymbol{Bx}=\boldsymbol{0}$ 和 $\boldsymbol{Cx}=\boldsymbol{0}$ 同解.

3.3 非齐次线性方程组解的存在性

设非齐次线性方程组

$$\begin{cases}a_{11}x_1+a_{12}x_2+\cdots+a_{1n}x_n=b_1,\\a_{21}x_1+a_{22}x_2+\cdots+a_{2n}x_n=b_2,\\ \qquad\vdots\\a_{m1}x_1+a_{m2}x_2+\cdots+a_{mn}x_n=b_m,\end{cases}$$

其矩阵形式为

$$\boldsymbol{Ax}=\boldsymbol{b},$$

其中

$$\boldsymbol{A}=\begin{pmatrix}a_{11}&a_{12}&\cdots&a_{1n}\\a_{21}&a_{22}&\cdots&a_{2n}\\\vdots&\vdots&&\vdots\\a_{m1}&a_{m2}&\cdots&a_{mn}\end{pmatrix},\boldsymbol{x}=\begin{pmatrix}x_1\\x_2\\\vdots\\x_n\end{pmatrix},\boldsymbol{b}=\begin{pmatrix}b_1\\b_2\\\vdots\\b_m\end{pmatrix},$$

$\boldsymbol{A}$ 为系数矩阵,$\boldsymbol{x}$ 为未知数列向量,$\boldsymbol{b}$ 为常数项列向量.

与齐次线性方程组不同,非齐次线性方程组不一定有解. 下面我们来探讨非齐次线性方程组解的情况与系数矩阵及增广矩阵的秩之间的关系.

例 1 求非齐次线性方程组

$$\begin{cases} x_1-3x_2-6x_3+5x_4=0, \\ 2x_1+x_2+4x_3-2x_4=1, \\ 5x_1-x_2+2x_3+x_4=7 \end{cases}$$

的解.

解 对增广矩阵实施初等行变换,得

$$(\boldsymbol{A},\boldsymbol{b})=\begin{pmatrix} 1 & -3 & -6 & 5 & 0 \\ 2 & 1 & 4 & -2 & 1 \\ 5 & -1 & 2 & 1 & 7 \end{pmatrix} \xrightarrow[r_3-5r_1]{r_2-2r_1} \begin{pmatrix} 1 & -3 & -6 & 5 & 0 \\ 0 & 7 & 16 & -12 & 1 \\ 0 & 14 & 32 & -24 & 7 \end{pmatrix}$$

$$\xrightarrow{r_3-2r_2} \begin{pmatrix} 1 & -3 & -6 & 5 & 0 \\ 0 & 7 & 16 & -12 & 1 \\ 0 & 0 & 0 & 0 & 5 \end{pmatrix}.$$

上面阶梯形矩阵的最后一行对应的方程为 $0=5$,是矛盾方程,故原线性方程组无解.

由阶梯形矩阵可以看出,此方程组的系数矩阵的秩 $\mathrm{r}(\boldsymbol{A})=2$,增广矩阵的秩 $\mathrm{r}(\boldsymbol{A},\boldsymbol{b})=3$,显然 $\mathrm{r}(\boldsymbol{A})<\mathrm{r}(\boldsymbol{A},\boldsymbol{b})$.

例 2 求非齐次线性方程组

$$\begin{cases} x_1+x_2+2x_3=1, \\ 2x_1-x_2+2x_3=4, \\ x_1-2x_2=3, \\ 4x_1+x_2+4x_3=2 \end{cases}$$

的解.

解 对增广矩阵实施初等行变换,得

$$(\boldsymbol{A},\boldsymbol{b})=\begin{pmatrix} 1 & 1 & 2 & 1 \\ 2 & -1 & 2 & 4 \\ 1 & -2 & 0 & 3 \\ 4 & 1 & 4 & 2 \end{pmatrix} \xrightarrow[\substack{r_3-r_1 \\ r_4-4r_1}]{r_2-2r_1} \begin{pmatrix} 1 & 1 & 2 & 1 \\ 0 & -3 & -2 & 2 \\ 0 & -3 & -2 & 2 \\ 0 & -3 & -4 & -2 \end{pmatrix} \xrightarrow[r_4-r_2]{r_3-r_2} \begin{pmatrix} 1 & 1 & 2 & 1 \\ 0 & -3 & -2 & 2 \\ 0 & 0 & 0 & 0 \\ 0 & 0 & -2 & -4 \end{pmatrix}$$

$$\xrightarrow{r_3\leftrightarrow r_4} \begin{pmatrix} 1 & 1 & 2 & 1 \\ 0 & -3 & -2 & 2 \\ 0 & 0 & -2 & -4 \\ 0 & 0 & 0 & 0 \end{pmatrix} \xrightarrow{-\frac{1}{2}r_3} \begin{pmatrix} 1 & 1 & 2 & 1 \\ 0 & -3 & -2 & 2 \\ 0 & 0 & 1 & 2 \\ 0 & 0 & 0 & 0 \end{pmatrix} \xrightarrow[r_1-2r_3]{r_2+2r_3} \begin{pmatrix} 1 & 1 & 0 & -3 \\ 0 & -3 & 0 & 6 \\ 0 & 0 & 1 & 2 \\ 0 & 0 & 0 & 0 \end{pmatrix}$$

$$\xrightarrow{-\frac{1}{3}r_3} \begin{pmatrix} 1 & 1 & 0 & -3 \\ 0 & 1 & 0 & -2 \\ 0 & 0 & 1 & 2 \\ 0 & 0 & 0 & 0 \end{pmatrix} \xrightarrow{r_1-r_2} \begin{pmatrix} 1 & 0 & 0 & -1 \\ 0 & 1 & 0 & -2 \\ 0 & 0 & 1 & 2 \\ 0 & 0 & 0 & 0 \end{pmatrix}.$$

由简化阶梯形矩阵得原方程组的解为

$$\begin{cases} x_1=-1, \\ x_2=-2, \\ x_3=2. \end{cases}$$

不难看出,此方程组的系数矩阵的秩 $r(\boldsymbol{A})=3$,增广矩阵的秩 $r(\boldsymbol{A},\boldsymbol{b})=3$,都等于未知数的个数 3,即 $r(\boldsymbol{A})=r(\boldsymbol{A},\boldsymbol{b})=3$.

例 3 求非齐次线性方程组

$$\begin{cases}3x_1-5x_2+5x_3-3x_4=2,\\ x_1-2x_2+3x_3-x_4=1,\\ 2x_1-3x_2+2x_3-2x_4=1\end{cases}$$

的解.

解 对增广矩阵实施初等行变换,得

$$(\boldsymbol{A},\boldsymbol{b})=\begin{pmatrix}3&-5&5&-3&2\\1&-2&3&-1&1\\2&-3&2&-2&1\end{pmatrix}\xrightarrow{r_1\leftrightarrow r_2}\begin{pmatrix}1&-2&3&-1&1\\3&-5&5&-3&2\\2&-3&2&-2&1\end{pmatrix}$$

$$\xrightarrow[r_3-2r_1]{r_2-3r_1}\begin{pmatrix}1&-2&3&-1&1\\0&1&-4&0&-1\\0&1&-4&0&-1\end{pmatrix}\xrightarrow{r_3-r_2}\begin{pmatrix}1&-2&3&-1&1\\0&1&-4&0&-1\\0&0&0&0&0\end{pmatrix}$$

$$\xrightarrow{r_1+2r_2}\begin{pmatrix}1&0&-5&-1&-1\\0&1&-4&0&-1\\0&0&0&0&0\end{pmatrix}.$$

由简化阶梯形矩阵得同解线性方程组

$$\begin{cases}x_1\quad -5x_3-x_4=-1,\\ x_2-4x_3\qquad=-1.\end{cases}$$

令自由未知量 $x_3=c_1,x_4=c_2$,可得通解

$$\begin{cases}x_1=5c_1+c_2-1,\\ x_2=4c_1-1,\\ x_3=c_1,\\ x_4=c_2\end{cases}\quad(c_1,c_2\text{ 为任意常数}).$$

不难看出,此方程组的系数矩阵的秩 $r(\boldsymbol{A})=2$,增广矩阵的秩 $r(\boldsymbol{A},\boldsymbol{b})=2$,都小于未知数的个数 4,即 $r(\boldsymbol{A})=r(\boldsymbol{A},\boldsymbol{b})=2<4$.

由上面三个线性方程组的解的情况和系数矩阵与增广矩阵的秩之间的关系,可以得到下面定理.

定理 3.3 给定 n 元非齐次线性方程组 $\boldsymbol{Ax}=\boldsymbol{b}$.

(1) 方程组无解的充要条件是 $r(\boldsymbol{A})<r(\boldsymbol{A},\boldsymbol{b})$;

(2) 方程组有唯一解的充要条件是 $r(\boldsymbol{A})=r(\boldsymbol{A},\boldsymbol{b})=n$;

(3) 方程组有无穷多解的充要条件是 $r(\boldsymbol{A})=r(\boldsymbol{A},\boldsymbol{b})<n$.

证明略.

注 在定理 3.3 中,当方程组中方程的个数等于未知数的个数时,则系数矩阵 $\boldsymbol{A}$ 为方阵,此时方程组解的情况也可用 $\boldsymbol{A}$ 的行列式来判断,结论如下:

(1) 方程组 $\boldsymbol{Ax}=\boldsymbol{b}$ 有唯一解的充要条件是 $|\boldsymbol{A}|\neq 0$;

(2) 当$|\boldsymbol{A}|=0$时,则方程组$\boldsymbol{Ax}=\boldsymbol{b}$有无穷多解或无解.

定理 3.3 中的(2)和(3)可以合并为如下结论:

非齐次线性方程组$\boldsymbol{Ax}=\boldsymbol{b}$有解的充要条件是$r(\boldsymbol{A})=r(\boldsymbol{A},\boldsymbol{b})$.

将该结论推广到矩阵方程,可以得如下定理.

定理 3.4 矩阵方程$\boldsymbol{AX}=\boldsymbol{B}$有解的充要条件是$r(\boldsymbol{A})=r(\boldsymbol{A},\boldsymbol{B})$.

证明略.

例 4 设有非齐次线性方程组

$$\begin{cases}\lambda x_1+x_2+x_3=1,\\ x_1+\lambda x_2+x_3=\lambda,\\ x_1+x_2+\lambda x_3=\lambda^2,\end{cases}$$

问λ取何值时,此方程组(1)无解;(2)有唯一解;(3)有无穷多解?并在有无穷多解时求其通解.

解 **(方法 1)**对线性方程组的增广矩阵$(\boldsymbol{A},\boldsymbol{b})$实施初等行变换,化为阶梯形矩阵.

$$(\boldsymbol{A},\boldsymbol{b})=\begin{pmatrix}\lambda&1&1&1\\1&\lambda&1&\lambda\\1&1&\lambda&\lambda^2\end{pmatrix}\xrightarrow{r_1\leftrightarrow r_3}\begin{pmatrix}1&1&\lambda&\lambda^2\\1&\lambda&1&\lambda\\\lambda&1&1&1\end{pmatrix}\xrightarrow[r_3-\lambda r_1]{r_2-r_1}\begin{pmatrix}1&1&\lambda&\lambda^2\\0&\lambda-1&1-\lambda&\lambda-\lambda^2\\0&1-\lambda&1-\lambda^2&1-\lambda^3\end{pmatrix}$$

$$\xrightarrow{r_3+r_2}\begin{pmatrix}1&1&\lambda&\lambda^2\\0&\lambda-1&-(\lambda-1)&-\lambda(\lambda-1)\\0&0&-(\lambda+2)(\lambda-1)&-(\lambda+1)^2(\lambda-1)\end{pmatrix}.$$

(1) 当$\lambda=-2$时,$r(\boldsymbol{A})=2$,$r(\boldsymbol{A},\boldsymbol{b})=3$,$r(\boldsymbol{A})<r(\boldsymbol{A},\boldsymbol{b})$,此时线性方程组无解;

(2) 当$\lambda\neq1$且$\lambda\neq-2$时,$r(\boldsymbol{A})=r(\boldsymbol{A},\boldsymbol{b})=3$,此时线性方程组有唯一解;

(3) 当$\lambda=1$时,$r(\boldsymbol{A})=r(\boldsymbol{A},\boldsymbol{b})=1$,此时线性方程组有无穷多解,原方程组同解于

$$x_1+x_2+x_3=1,$$

令自由未知量$x_2=c_1$,$x_3=c_2$,可得通解

$$\begin{cases}x_1=1-c_1-c_2,\\x_2=c_1,\\x_3=c_2\end{cases}\quad(c_1,c_2\text{ 为任意常数}).$$

(方法 2)系数矩阵的行列式$|\boldsymbol{A}|=\begin{vmatrix}\lambda&1&1\\1&\lambda&1\\1&1&\lambda\end{vmatrix}=(\lambda+2)(\lambda-1)^2$.

(1) 当$\lambda\neq1$且$\lambda\neq-2$时,$|\boldsymbol{A}|\neq0$,此时线性方程组有唯一解;

(2) 当$\lambda=-2$时,对方程组的增广矩阵实施初等行变换,得

$$(\boldsymbol{A},\boldsymbol{b})=\begin{pmatrix}-2&1&1&1\\1&-2&1&-2\\1&1&-2&4\end{pmatrix}\xrightarrow{r_1\leftrightarrow r_2}\begin{pmatrix}1&1&-2&4\\1&-2&1&-2\\-2&1&1&1\end{pmatrix}$$

$$\xrightarrow[r_3+2r_1]{r_2-r_1}\begin{pmatrix}1&1&-2&4\\0&-3&3&-6\\0&3&-3&9\end{pmatrix}\xrightarrow{r_3+r_2}\begin{pmatrix}1&1&-2&4\\0&-3&3&-6\\0&0&0&3\end{pmatrix}.$$

由阶梯形矩阵知，$r(\boldsymbol{A})=2$，$r(\boldsymbol{A},\boldsymbol{b})=3$，$r(\boldsymbol{A})<r(\boldsymbol{A},\boldsymbol{b})$，此时线性方程组无解；

(3) 当 $\lambda=1$ 时，对方程组的增广矩阵实施初等行变换，得

$$(\boldsymbol{A},\boldsymbol{b})=\begin{pmatrix}1&1&1&1\\1&1&1&1\\1&1&1&1\end{pmatrix}\xrightarrow[r_3-r_1]{r_2-r_1}\begin{pmatrix}1&1&1&1\\0&0&0&0\\0&0&0&0\end{pmatrix},$$

由阶梯形矩阵知，$r(\boldsymbol{A})=r(\boldsymbol{A},\boldsymbol{b})=1<$未知量的个数，此时线性方程组有无穷多解，原方程组同解于

$$x_1+x_2+x_3=1,$$

令自由未知量 $x_2=c_1$，$x_3=c_2$，可得通解

$$\begin{cases}x_1=1-c_1-c_2,\\x_2=c_1,\\x_3=c_2\end{cases}\quad(c_1,c_2\text{ 为任意常数}).$$

例5 （交通流量分析）某城市有两组单行道，构成了四个十字路口A、B、C、D，如图3-1所示，图上标出了在交通高峰时段车辆进出这些十字路口的流量（每小时的车流数）. 设在每个路口，进入和离开的车流量相等，请计算各个路段的车流量 x_1,x_2,x_3,x_4.

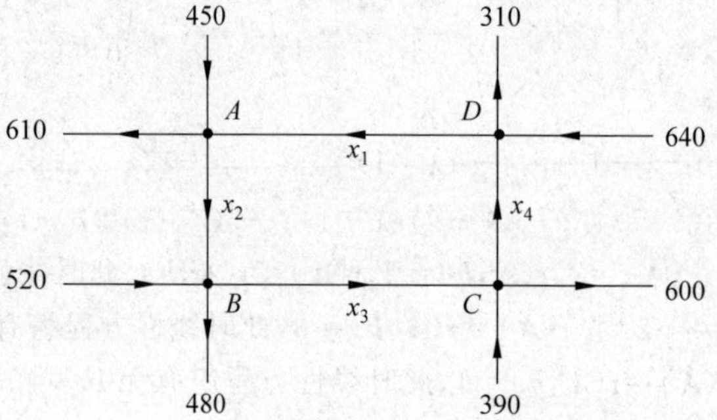

图 3-1

解 因为在每个十字路口，进入和离开的车流量相等，依次考虑十字路口A、B、C、D，得

$$\begin{cases}x_1+450=x_2+610,\\x_2+520=x_3+480,\\x_3+390=x_4+600,\\x_4+640=x_1+310,\end{cases}$$

即

$$\begin{cases}x_1-x_2\qquad\qquad=160,\\\qquad x_2-x_3\qquad=-40,\\\qquad\qquad x_3-x_4=210,\\x_1\qquad\qquad-x_4=330.\end{cases}$$

此方程组为四元非齐次线性方程组，对方程组的增广矩阵实施初等行变换，得

$$(\boldsymbol{A},\boldsymbol{b})=\begin{pmatrix}1&-1&0&0&160\\0&1&-1&0&-40\\0&0&1&-1&210\\1&0&0&-1&330\end{pmatrix}\xrightarrow{r_4-r_1}\begin{pmatrix}1&-1&0&0&160\\0&1&-1&0&-40\\0&0&1&-1&210\\0&1&0&-1&170\end{pmatrix}$$

$$\xrightarrow{r_4-r_2}\begin{pmatrix}1&-1&0&0&160\\0&1&-1&0&-40\\0&0&1&-1&210\\0&0&1&-1&210\end{pmatrix}\xrightarrow{r_4-r_3}\begin{pmatrix}1&-1&0&0&160\\0&1&-1&0&-40\\0&0&1&-1&210\\0&0&0&0&0\end{pmatrix}$$

$$\xrightarrow{r_2+r_3}\begin{pmatrix}1&-1&0&0&160\\0&1&0&-1&170\\0&0&1&-1&210\\0&0&0&0&0\end{pmatrix}\xrightarrow{r_1+r_2}\begin{pmatrix}1&0&0&-1&330\\0&1&0&-1&170\\0&0&1&-1&210\\0&0&0&0&0\end{pmatrix},$$

因此,得同解线性方程组为

$$\begin{cases}x_1-x_4=330,\\x_2-x_4=170,\\x_3-x_4=210,\end{cases}$$

其中 x_4 是自由未知量,令 $x_4=c$,得方程组的通解为

$$\begin{cases}x_1=c+330,\\x_2=c+170,\\x_3=c+210,\\x_4=c\end{cases}(c\text{ 为非负整数}).$$

思考题

1. n 元非齐次线性方程组 $\boldsymbol{Ax}=\boldsymbol{b}$ 一定有解吗?

2. 若非齐次线性方程组 $\boldsymbol{Ax}=\boldsymbol{b}$ 有无穷多解,则对应的齐次线性方程组 $\boldsymbol{Ax}=\boldsymbol{0}$ 一定有无穷多解吗?

3. 若 $\boldsymbol{\xi}_1$ 与 $\boldsymbol{\xi}_2$ 为非齐次线性方程组 $\boldsymbol{Ax}=\boldsymbol{b}$ 的两个解,则 $\boldsymbol{\xi}_1-\boldsymbol{\xi}_2$ 是否为其对应的齐次线性方程组 $\boldsymbol{Ax}=\boldsymbol{0}$ 的解?

习题 3.3

A 组

1. 判断下列结论哪些是正确的,哪些是错误的,并说明理由.

(1) 当 $\boldsymbol{A}$ 为 n 阶不可逆矩阵时,则非齐次线性方程组 $\boldsymbol{Ax}=\boldsymbol{b}$ 无解;

(2) 当非齐次线性方程组 $\boldsymbol{Ax}=\boldsymbol{b}$ 有自由未知量时,则该线性方程组一定有无穷多解;

(3) 当非齐次线性方程组 $\boldsymbol{Ax}=\boldsymbol{b}$ 的增广矩阵的阶梯形中有一行为$(0\quad 0\quad 0\quad 5\quad 0)$时,则 $\boldsymbol{Ax}=\boldsymbol{b}$ 一定有解;

(4) 当非齐次线性方程组 $\boldsymbol{A}_{3\times 5}\boldsymbol{x}=\boldsymbol{b}$ 的系数矩阵的阶梯形中有三个非零行时,则该线性

方程组一定有无穷多解；

(5) 设 $\boldsymbol{A}\boldsymbol{x}=\boldsymbol{b}$ 为 $m\times n$ 的非齐次线性方程组，若 $\mathrm{r}(\boldsymbol{A})=m$，则 $\boldsymbol{A}\boldsymbol{x}=\boldsymbol{b}$ 一定有解.

2. 在下列横线上填上正确答案：

(1) 已知某线性方程组的增广矩阵的行阶梯形为 $\begin{pmatrix}1&-1&3&8\\0&1&2&7\\0&0&3&6\end{pmatrix}$，则该线性方程组的解为________；

(2) 下列矩阵都是非齐次线性方程组对应的增广矩阵：

$$(\mathrm{a})\begin{pmatrix}1&-1&3&8\\0&0&1&3\\0&0&0&1\end{pmatrix},\ (\mathrm{b})\begin{pmatrix}1&3&2&-2\\0&1&1&1\\0&0&0&0\end{pmatrix},\ (\mathrm{c})\begin{pmatrix}1&3&1\\0&1&2\\0&0&0\end{pmatrix},\ (\mathrm{d})\begin{pmatrix}1&2&3\\0&0&0\\0&0&0\end{pmatrix},$$

则这四个增广矩阵对应的线性方程组解的情况是：________有唯一解，________有无穷多解，________无解；

(3) 已知某非齐次线性方程组的增广矩阵的行最简形为 $\begin{pmatrix}1&-3&0&2\\0&0&1&-2\\0&0&0&0\end{pmatrix}$，则该线性方程组中，固定未知量为________，自由未知量为________，该线性方程组的解为________.

3. 求解下列非齐次线性方程组：

(1) $\begin{cases}x_1-2x_2+3x_3-x_4=1,\\3x_1-x_2+5x_3-3x_4=2,\\2x_1+x_2+2x_3-2x_4=3;\end{cases}$

(2) $\begin{cases}x_1+x_2-3x_3-x_4=1,\\3x_1-x_2-3x_3+4x_4=4,\\x_1+5x_2-9x_3-8x_4=0;\end{cases}$

(3) $\begin{cases}2x_1+3x_2+x_3=4,\\x_1-2x_2+4x_3=-5,\\3x_1+8x_2-2x_3=13,\\4x_1-x_2+9x_3=-6;\end{cases}$

(4) $\begin{cases}x_1-2x_2+x_3=-5,\\x_1+5x_2-7x_3=2,\\3x_1+x_2-4x_3=-8.\end{cases}$

4. 证明线性方程组

$$\begin{cases}x_1-x_2=a_1,\\x_2-x_3=a_2,\\x_3-x_4=a_3,\\x_4-x_5=a_4,\\-x_1+x_5=a_5\end{cases}$$

有解的充要条件是 $\sum\limits_{i=1}^{5}a_i=0$，在有解的情况下，求出其通解.

5. 讨论当参数 p,t 为何值时，线性方程组

$$\begin{cases}x_1+x_2-2x_3+3x_4=0,\\2x_1+x_2-6x_3+4x_4=-1,\\3x_1+2x_2+px_3+7x_4=-1,\\x_1-x_2-6x_3-x_4=t\end{cases}$$

有解,无解;当有无穷多解时,试求出其通解.

6. (交通流量分析)某个城市某路段的交通示意图如图 3-2 所示,图上标出了在上班早高峰时段车辆进出各个路口 A,B,C 的流量(每小时的车流数). 设在每个路口进入和离开的车流量相等,请计算各个路段的车流量 x_1,x_2,x_3,x_4.

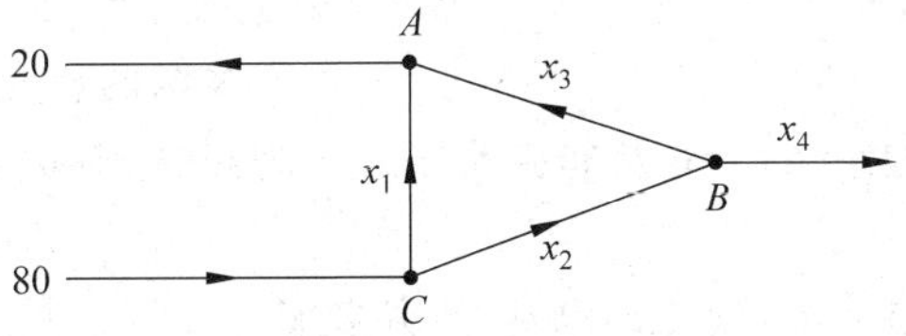

图 3-2

B 组

1. 设 a,b,c 是三个互不相同的实数,证明非齐次线性方程组 $\begin{cases} x_1+ax_2=a^2, \\ x_1+bx_2=b^2, \\ x_1+cx_2=c^2 \end{cases}$ 无解.

2. 设矩阵 $\boldsymbol{A},\boldsymbol{B},\boldsymbol{C}$ 满足 $\boldsymbol{AB}=\boldsymbol{C}$,证明 $\mathrm{r}(\boldsymbol{C})\leqslant\min\{\mathrm{r}(\boldsymbol{A}),\mathrm{r}(\boldsymbol{B})\}$.

3. 一般地,三元线性方程 $ax_1+bx_2+cx_3+d=0$ 在空间解析几何中表示一个平面. 设有线性方程组 $\begin{cases} a_{11}x_1+a_{12}x_2+a_{13}x_3=b_1, \\ a_{21}x_1+a_{22}x_2+a_{23}x_3=b_2, \end{cases}$ 问:

(1) 若此线性方程组无解,两个平面有什么位置关系?

(2) 若此线性方程组有无穷多解,两个平面有什么位置关系?

(3) 此线性方程组有可能有唯一解吗?

4. 某食品厂准备用原料 A_1,A_2,A_3,A_4,A_5 二次开发一种含脂肪 3%、碳水化合物 12.5%、蛋白质 15%的新产品 2000kg,已知原料含脂肪、碳水化合物、蛋白质的百分比如下表:

	A_1	A_2	A_3	A_4	A_5
脂肪/%	2	2	4	6	8
碳水化合物/%	10	15	5	25	5
蛋白质/%	20	10	30	5	15

问开发这种新产品是否可能? 如果可以,那么有多少种配方可供选择?

复习题 3

一、选择题

1. 下列结论中,不正确的是(　　).

A. 设 $\boldsymbol{A}$ 为 n 阶方阵,且 $|\boldsymbol{A}|\neq 0$,则 $\mathrm{r}(\boldsymbol{A})=n$

B. 设 $\boldsymbol{A}$ 为 5×4 的矩阵,则 $\mathrm{r}(\boldsymbol{A})$ 有可能大于 4

C. 设 $\boldsymbol{A}$ 为方阵，且齐次线性方程组 $\boldsymbol{Ax}=\boldsymbol{0}$ 有非零解，则 $|\boldsymbol{A}|=0$

D. 已知非齐次线性方程组 $\boldsymbol{Ax}=\boldsymbol{b}$，若 $\mathrm{r}(\boldsymbol{A})=\mathrm{r}(\boldsymbol{A},\boldsymbol{b})$，则该方程组一定有解

2. 已知三条直线(a)$x_1+x_2=0$，(b)$2x_1+3x_2=0$，(c)$3x_1-2x_2=0$，则它们的位置关系是(　　).

A. 三条直线互相平行　　B. 三条直线重合

C. 三条直线相交于同一点　　D. 三条直线两两相交

3. 已知齐次线性方程组 $\boldsymbol{Ax}=\boldsymbol{0}$ 及非齐次线性方程组 $\boldsymbol{Ax}=\boldsymbol{b}$，其中 $\boldsymbol{A}$ 为 n 阶方阵，则下列叙述中不正确的是(　　).

A. 若 $\boldsymbol{Ax}=\boldsymbol{0}$ 有非零解，则 $\boldsymbol{Ax}=\boldsymbol{b}$ 有无穷多解

B. 若 $\boldsymbol{Ax}=\boldsymbol{b}$ 有无穷多解，则 $\boldsymbol{Ax}=\boldsymbol{0}$ 有非零解

C. 若 $\boldsymbol{Ax}=\boldsymbol{0}$ 只有零解，则 $\boldsymbol{Ax}=\boldsymbol{b}$ 有唯一解

D. 若 $\boldsymbol{Ax}=\boldsymbol{b}$ 有唯一解，则 $\boldsymbol{Ax}=\boldsymbol{0}$ 只有零解

二、填空题

1. 已知矩阵 $\boldsymbol{B}=\begin{pmatrix}3 & 1 & 0 & 2\\ 1 & -1 & 2 & -1\\ 1 & 3 & -4 & 4\end{pmatrix}$，则 $\mathrm{r}(\boldsymbol{B})=$________，以 $\boldsymbol{B}$ 为系数矩阵的齐次线性方程组________(只有零解，有非零解)，以 $\boldsymbol{B}$ 为增广矩阵的非齐次线性方程组________(有唯一解，有无穷多解，无解).

2. 设矩阵 $\boldsymbol{C}=\begin{pmatrix}1 & 0 & 1 & 0\\ 1 & 1 & 0 & 0\\ 0 & 1 & 1 & 0\\ 0 & 0 & 1 & 1\end{pmatrix}$，则 $\mathrm{r}(\boldsymbol{C})=$________，以 $\boldsymbol{C}$ 为系数矩阵的齐次线性方程组________(只有零解，有非零解)，以 $\boldsymbol{C}$ 为增广矩阵的非齐次线性方程组________(有唯一解，有无穷多解，无解).

3. 已知非齐次线性方程组 $\boldsymbol{Ax}=\boldsymbol{b}$ 的增广矩阵为 $\begin{pmatrix}1 & -4 & 7 & g\\ 0 & 3 & -5 & h\\ -2 & 5 & -9 & k\end{pmatrix}$，当 g,h,k 满足________时，该方程组有解.

4. 设 $\boldsymbol{A}=\begin{pmatrix}1 & 0 & 1 & 0\\ -1 & 1 & 0 & -1\\ 0 & 1 & -a & -1\\ 0 & a & -1 & 1\end{pmatrix}$，若 $\boldsymbol{Ax}=\boldsymbol{0}$ 只有零解，则 a 应满足________.

三、解答题

1. 设 $\boldsymbol{A}=\begin{pmatrix}1 & 2 & -2\\ 3 & 7 & -6\\ 4 & 8 & -8\end{pmatrix}$，如何构造一个三阶非零矩阵 $\boldsymbol{B}$，使得 $\boldsymbol{AB}=\boldsymbol{O}$？

2. 问 a,b 取何值时，非齐次线性方程组

$$\begin{cases} x_1+x_2+x_3+x_4+x_5=1, \\ 3x_1+2x_2+x_3+x_4-3x_5=a, \\ x_2+2x_3+2x_4+6x_5=3, \\ 5x_1+4x_2+3x_3+3x_4-x_5=b \end{cases}$$

有解？有解时，请写出通解.

3.（生产分配问题）一家服装厂共有三个加工车间，第一车间用一匹布能生产 4 件衬衣、15 条长裤和 3 件外衣；第二车间用一匹布能生产 4 件衬衣、5 条长裤和 9 件外衣；第三车间用一匹布能生产 8 件衬衣、10 条长裤和 3 件外衣. 现该厂接到一张订单，要求供应 2000 件衬衣、3500 条长裤和 2400 件外衣. 问该厂应如何向三个车间安排加工任务，以完成该订单？

（提示：设安排第一车间 x_1 匹布，第二车间 x_2 匹布，第三车间 x_3 匹布.）

第 4 章

向量及向量空间

向量是线性代数中一个非常重要的概念，借助于向量可以使一些相关知识的描述变得非常简单. 本章介绍了向量的概念及其运算，研究了向量组的线性相关性，向量组的极大无关组及向量组的秩，在此基础上建立起向量空间的概念，并借助向量空间的理论研究了线性方程组解的结构.

本章主要讨论

1. 如何判断向量组的线性相关性？
2. 如何求向量组的秩及其极大无关组？
3. 何谓向量空间？
4. 利用基础解系如何表示线性方程组的通解？

4.1 向量组及其线性相关性

4.1.1 n 维向量

定义 4.1 n 个有次序的数 $a_1, a_2, \cdots, a_n$ 所组成的 n 元数组 $(a_1, a_2, \cdots, a_n)$ 称为 **n 维向量**（n-dimensional vector），a_i 称为该向量的第 i 个分量（component）或坐标（coordinate）.

向量通常用小写字母 $a, b, c, \cdots$ 或 $\alpha, \beta, \gamma, \cdots$ 等表示，在出版物中常用小写黑斜体字母表示. 如果向量以列矩阵的形式出现，即

$$\boldsymbol{\alpha} = \begin{pmatrix} a_1 \\ a_2 \\ \vdots \\ a_n \end{pmatrix},$$

则称为**列向量**，也就是 $n \times 1$ 矩阵；如果向量以行矩阵的形式出现，即

$$\boldsymbol{\beta} = (b_1, b_2, \cdots, b_n),$$

则称为**行向量**，也就是 $1 \times n$ 矩阵. 本书中所讨论的向量在没有指明是行向量还是列向量时都当作列向量.

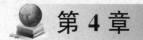

分量全为零的向量称为**零向量**(zero vector),记为 $\mathbf{0}=\begin{pmatrix}0\\0\\\vdots\\0\end{pmatrix}$.

向量 $\begin{pmatrix}-a_1\\-a_2\\\vdots\\-a_n\end{pmatrix}$ 称为向量 $\boldsymbol{\alpha}=\begin{pmatrix}a_1\\a_2\\\vdots\\a_n\end{pmatrix}$ 的**负向量**(negative vector),记为 $-\boldsymbol{\alpha}$.

因为向量可以看作一个特殊的矩阵,所以向量的加法和数量乘法对应为矩阵的加法和数量乘法,即向量可按矩阵的相应的运算规则进行运算.

4.1.2 向量组的线性组合

称若干个同维数的列(行)向量所组成的集合为**向量组**(vector set). 例如,向量

$$\boldsymbol{\alpha}_1=\begin{pmatrix}1\\3\\2\end{pmatrix},\boldsymbol{\alpha}_2=\begin{pmatrix}-2\\0\\4\end{pmatrix},\boldsymbol{\alpha}_3=\begin{pmatrix}2\\1\\5\end{pmatrix},\boldsymbol{\alpha}_4=\begin{pmatrix}0\\4\\-3\end{pmatrix},$$

为一个三维向量组. 此向量组也可看作矩阵

$$\boldsymbol{A}=\begin{pmatrix}1&-2&2&0\\3&0&1&4\\2&4&5&-3\end{pmatrix}$$

的列向量组. 记 $\boldsymbol{\beta}_1=(1,-2,2,0)$, $\boldsymbol{\beta}_2=(3,0,1,4)$, $\boldsymbol{\beta}_3=(2,4,5,-3)$,此向量组可看作矩阵 $\boldsymbol{A}$ 的行向量组,该向量组为四维的.

对于 n 阶单位矩阵 $\boldsymbol{E}=\begin{pmatrix}1&0&\cdots&0\\0&1&\cdots&0\\\vdots&\vdots&\ddots&\vdots\\0&0&\cdots&1\end{pmatrix}=(\boldsymbol{e}_1,\boldsymbol{e}_2,\cdots,\boldsymbol{e}_n)$,称列向量组 $\boldsymbol{e}_1=\begin{pmatrix}1\\0\\\vdots\\0\end{pmatrix}$,

$\boldsymbol{e}_2=\begin{pmatrix}0\\1\\\vdots\\0\end{pmatrix},\cdots,\boldsymbol{e}_n=\begin{pmatrix}0\\\vdots\\1\\0\end{pmatrix}$ 为 n 维**基本单位向量组**.

定义 4.2 给定 n 维向量组 $A:\boldsymbol{\alpha}_1,\boldsymbol{\alpha}_2,\cdots,\boldsymbol{\alpha}_m$,对于任何一组实数 $k_1,k_2,\cdots,k_m$,表达式 $k_1\boldsymbol{\alpha}_1+k_2\boldsymbol{\alpha}_2+\cdots+k_m\boldsymbol{\alpha}_m$ 称为向量组 A 的一个**线性组合**(linear combination),$k_1,k_2,\cdots,k_m$ 称为这个线性组合的**系数**(coefficient). 给定 n 维向量 $\boldsymbol{\beta}$,如果存在一组实数 $\lambda_1,\lambda_2,\cdots,\lambda_m$ 使

$$\boldsymbol{\beta}=\lambda_1\boldsymbol{\alpha}_1+\lambda_2\boldsymbol{\alpha}_2+\cdots+\lambda_m\boldsymbol{\alpha}_m$$

成立,则称向量 $\boldsymbol{\beta}$ 是向量组 $\boldsymbol{\alpha}_1,\boldsymbol{\alpha}_2,\cdots,\boldsymbol{\alpha}_m$ 的一个线性组合,或者称 $\boldsymbol{\beta}$ 可由向量组 $\boldsymbol{\alpha}_1,\boldsymbol{\alpha}_2,\cdots,\boldsymbol{\alpha}_m$ **线性表示**.

例如，n 维零向量是任意一个 n 维向量组的线性组合；一个向量组可以线性表示这个向量组中的每一个向量；对任意的一个 n 维向量 $\boldsymbol{\alpha}=(a_1,a_2,\cdots,a_n)^{\mathrm{T}}$ 及 n 维基本单位向量组 $\boldsymbol{e}_1,\boldsymbol{e}_2,\cdots,\boldsymbol{e}_n$，都有

$$\boldsymbol{\alpha}=a_1\boldsymbol{e}_1+a_2\boldsymbol{e}_2+\cdots+a_n\boldsymbol{e}_n,$$

所以任意 n 维向量 $\boldsymbol{\alpha}$ 都可由向量组 $\boldsymbol{e}_1,\boldsymbol{e}_2,\cdots,\boldsymbol{e}_n$ 线性表示.

例 1 设向量组 $\boldsymbol{\alpha}_1=\begin{pmatrix}1\\0\\1\end{pmatrix},\boldsymbol{\alpha}_2=\begin{pmatrix}1\\1\\0\end{pmatrix},\boldsymbol{\alpha}_3=\begin{pmatrix}1\\1\\1\end{pmatrix}$，向量 $\boldsymbol{\beta}=\begin{pmatrix}1\\2\\3\end{pmatrix}$，问 $\boldsymbol{\beta}$ 可否由向量组 $\boldsymbol{\alpha}_1,\boldsymbol{\alpha}_2,\boldsymbol{\alpha}_3$ 线性表示，若能，写出表示式.

解 若 $\boldsymbol{\beta}$ 能由 $\boldsymbol{\alpha}_1,\boldsymbol{\alpha}_2,\boldsymbol{\alpha}_3$ 线性表示，根据定义 4.2，则应存在一组实数 x_1,x_2,x_3，使

$$x_1\boldsymbol{\alpha}_1+x_2\boldsymbol{\alpha}_2+x_3\boldsymbol{\alpha}_3=\boldsymbol{\beta} \tag{4.1}$$

成立，即

$$x_1\begin{pmatrix}1\\0\\1\end{pmatrix}+x_2\begin{pmatrix}1\\1\\0\end{pmatrix}+x_3\begin{pmatrix}1\\1\\1\end{pmatrix}=\begin{pmatrix}1\\2\\3\end{pmatrix}$$

成立，也就是线性方程组

$$\begin{cases}x_1+x_2+x_3=1,\\ \quad\ \ x_2+x_3=2,\\ x_1\qquad+x_3=3\end{cases} \tag{4.2}$$

有解.

通常我们称(4.1)式为线性方程组(4.2)的**向量方程**(vector equation)或线性方程组(4.2)的**向量形式**.

对线性方程组(4.2)的增广矩阵实施初等行变换，得

$$(\boldsymbol{A},\boldsymbol{\beta})=(\boldsymbol{\alpha}_1,\boldsymbol{\alpha}_2,\boldsymbol{\alpha}_3,\boldsymbol{\beta})=\begin{pmatrix}1&1&1&1\\0&1&1&2\\1&0&1&3\end{pmatrix}\xrightarrow{r_3-r_1}\begin{pmatrix}1&1&1&1\\0&1&1&2\\0&-1&0&2\end{pmatrix}\xrightarrow{r_3+r_2}\begin{pmatrix}1&1&1&1\\0&1&1&2\\0&0&1&4\end{pmatrix}$$

$$\xrightarrow[r_1-r_3]{r_2-r_3}\begin{pmatrix}1&1&0&-3\\0&1&0&-2\\0&0&1&4\end{pmatrix}\xrightarrow{r_1-r_2}\begin{pmatrix}1&0&0&-1\\0&1&0&-2\\0&0&1&4\end{pmatrix},$$

所以 $\mathrm{r}(\boldsymbol{A})=\mathrm{r}(\boldsymbol{A},\boldsymbol{\beta})=3$，由定理 3.3 知，线性方程组有解，即 $\boldsymbol{\beta}$ 可由 $\boldsymbol{\alpha}_1,\boldsymbol{\alpha}_2,\boldsymbol{\alpha}_3$ 线性表示，由简化阶梯形矩阵得线性方程组的解为

$$\begin{cases}x_1=-1,\\x_2=-2,\\x_3=4,\end{cases}$$

从而 $\boldsymbol{\beta}$ 由 $\boldsymbol{\alpha}_1,\boldsymbol{\alpha}_2,\boldsymbol{\alpha}_3$ 线性表示的表示式为

$$\boldsymbol{\beta}=-\boldsymbol{\alpha}_1-2\boldsymbol{\alpha}_2+4\boldsymbol{\alpha}_3.$$

由例 1 知，n 维向量 $\boldsymbol{\beta}$ 可由 n 维向量组 $\boldsymbol{\alpha}_1,\boldsymbol{\alpha}_2,\cdots,\boldsymbol{\alpha}_m$ 线性表示，就是向量方程

$$x_1\boldsymbol{\alpha}_1+x_2\boldsymbol{\alpha}_2+\cdots+x_m\boldsymbol{\alpha}_m=\boldsymbol{\beta}$$

有解.由定理 3.3 知,向量方程有解的充要条件是 $r(\boldsymbol{A})=r(\boldsymbol{B})$,其中 $\boldsymbol{A}=(\boldsymbol{\alpha}_1,\boldsymbol{\alpha}_2,\cdots,\boldsymbol{\alpha}_m)$,$\boldsymbol{B}=(\boldsymbol{\alpha}_1,\boldsymbol{\alpha}_2,\cdots,\boldsymbol{\alpha}_m,\boldsymbol{\beta})$.于是得到下面的定理.

定理 4.1 设有 n 维向量组 $\boldsymbol{\alpha}_1,\boldsymbol{\alpha}_2,\cdots,\boldsymbol{\alpha}_m$ 和 n 维向量 $\boldsymbol{\beta}$,则 $\boldsymbol{\beta}$ 可由向量组 $\boldsymbol{\alpha}_1,\boldsymbol{\alpha}_2,\cdots,\boldsymbol{\alpha}_m$ 线性表示的充要条件是 $r(\boldsymbol{A})=r(\boldsymbol{B})$,其中 $\boldsymbol{A}=(\boldsymbol{\alpha}_1,\boldsymbol{\alpha}_2,\cdots,\boldsymbol{\alpha}_m)$,$\boldsymbol{B}=(\boldsymbol{\alpha}_1,\boldsymbol{\alpha}_2,\cdots,\boldsymbol{\alpha}_m,\boldsymbol{\beta})$.

注 (1) 当 $r(\boldsymbol{A})=r(\boldsymbol{B})<m$(向量组所含向量的个数)时,向量方程 $x_1\boldsymbol{\alpha}_1+x_2\boldsymbol{\alpha}_2+\cdots+x_m\boldsymbol{\alpha}_m=\boldsymbol{\beta}$ 有无穷多解,向量 $\boldsymbol{\beta}$ 可由向量组 $\boldsymbol{\alpha}_1,\boldsymbol{\alpha}_2,\cdots,\boldsymbol{\alpha}_m$ 线性表示,但表示式不唯一.

(2) 当 $r(\boldsymbol{A})=r(\boldsymbol{B})=m$(向量组所含向量的个数)时,向量方程 $x_1\boldsymbol{\alpha}_1+x_2\boldsymbol{\alpha}_2+\cdots+x_m\boldsymbol{\alpha}_m=\boldsymbol{\beta}$ 有唯一解,向量 $\boldsymbol{\beta}$ 可由向量组 $\boldsymbol{\alpha}_1,\boldsymbol{\alpha}_2,\cdots,\boldsymbol{\alpha}_m$ 线性表示,且表示式唯一.

(3) 当 $r(\boldsymbol{A})<r(\boldsymbol{B})$时,向量方程 $x_1\boldsymbol{\alpha}_1+x_2\boldsymbol{\alpha}_2+\cdots+x_m\boldsymbol{\alpha}_m=\boldsymbol{\beta}$ 无解,向量 $\boldsymbol{\beta}$ 不能由向量组 $\boldsymbol{\alpha}_1,\boldsymbol{\alpha}_2,\cdots,\boldsymbol{\alpha}_m$ 线性表示.

例 2 判断向量 $\boldsymbol{\beta}$ 可否由向量组 $\boldsymbol{\alpha}_1,\boldsymbol{\alpha}_2,\boldsymbol{\alpha}_3$ 线性表示,若能,说明表示式是否唯一.

(1) $\boldsymbol{\alpha}_1=\begin{pmatrix}1\\1\\2\end{pmatrix}$, $\boldsymbol{\alpha}_2=\begin{pmatrix}2\\1\\3\end{pmatrix}$, $\boldsymbol{\alpha}_3=\begin{pmatrix}-1\\1\\0\end{pmatrix}$, $\boldsymbol{\beta}=\begin{pmatrix}3\\2\\5\end{pmatrix}$;

(2) $\boldsymbol{\alpha}_1=\begin{pmatrix}1\\4\\2\end{pmatrix}$, $\boldsymbol{\alpha}_2=\begin{pmatrix}-2\\1\\5\end{pmatrix}$, $\boldsymbol{\alpha}_3=\begin{pmatrix}-1\\2\\4\end{pmatrix}$, $\boldsymbol{\beta}=\begin{pmatrix}-2\\1\\-1\end{pmatrix}$.

解 (1) 由定理 4.1 知,向量 $\boldsymbol{\beta}$ 可由向量组 $\boldsymbol{\alpha}_1,\boldsymbol{\alpha}_2,\boldsymbol{\alpha}_3$ 线性表示的充要条件为 $r(\boldsymbol{A})=r(\boldsymbol{B})$,其中 $\boldsymbol{A}=(\boldsymbol{\alpha}_1,\boldsymbol{\alpha}_2,\boldsymbol{\alpha}_3)$,$\boldsymbol{B}=(\boldsymbol{\alpha}_1,\boldsymbol{\alpha}_2,\boldsymbol{\alpha}_3,\boldsymbol{\beta})$,对 $\boldsymbol{B}$ 实施初等行变换,得

$$\boldsymbol{B}=(\boldsymbol{\alpha}_1,\boldsymbol{\alpha}_2,\boldsymbol{\alpha}_3,\boldsymbol{\beta})=\begin{pmatrix}1&2&-1&3\\1&1&1&2\\2&3&0&5\end{pmatrix}\xrightarrow[r_3-2r_1]{r_2-r_1}\begin{pmatrix}1&2&-1&3\\0&-1&2&-1\\0&-1&2&-1\end{pmatrix}$$

$$\xrightarrow{r_3-r_2}\begin{pmatrix}1&2&-1&3\\0&-1&2&-1\\0&0&0&0\end{pmatrix},$$

所以 $r(\boldsymbol{A})=r(\boldsymbol{B})=2<3$,从而向量 $\boldsymbol{\beta}$ 可由向量组 $\boldsymbol{\alpha}_1,\boldsymbol{\alpha}_2,\boldsymbol{\alpha}_3$ 线性表示,且表示式不唯一.

如果要求向量 $\boldsymbol{\beta}$ 由向量组 $\boldsymbol{\alpha}_1,\boldsymbol{\alpha}_2,\boldsymbol{\alpha}_3$ 线性表示的表示式,因为线性表示系数即是线性方程组 $\boldsymbol{Ax}=\boldsymbol{\beta}$ 的解,所以将矩阵 $\boldsymbol{B}$ 的阶梯形进一步化为简化阶梯形,即

$$\boldsymbol{B}=(\boldsymbol{\alpha}_1,\boldsymbol{\alpha}_2,\boldsymbol{\alpha}_3,\boldsymbol{\beta})\longrightarrow\begin{pmatrix}1&2&-1&3\\0&-1&2&-1\\0&0&0&0\end{pmatrix}\xrightarrow{r_1+2r_2}\begin{pmatrix}1&0&3&1\\0&-1&2&-1\\0&0&0&0\end{pmatrix}$$

$$\xrightarrow{-r_2}\begin{pmatrix}1&0&3&1\\0&1&-2&1\\0&0&0&0\end{pmatrix},$$

得同解线性方程组 $\begin{cases}x_1+3x_3=1,\\x_2-2x_3=1.\end{cases}$ 令自由未知量 $x_3=c$,得 $x_1=1-3c$,$x_2=1+2c$,从而得

$\boldsymbol{\beta}$ 由 $\boldsymbol{\alpha}_1,\boldsymbol{\alpha}_2,\boldsymbol{\alpha}_3$ 线性表示的表示式

$$\boldsymbol{\beta}=(1-3c)\boldsymbol{\alpha}_1+(1+2c)\boldsymbol{\alpha}_2+c\boldsymbol{\alpha}_3,c\text{ 为任意常数}.$$

(2) 设 $\boldsymbol{A}=(\boldsymbol{\alpha}_1,\boldsymbol{\alpha}_2,\boldsymbol{\alpha}_3)$，$\boldsymbol{B}=(\boldsymbol{\alpha}_1,\boldsymbol{\alpha}_2,\boldsymbol{\alpha}_3,\boldsymbol{\beta})$，对 $\boldsymbol{B}$ 实施初等行变换，得

$$\boldsymbol{B}=\begin{pmatrix}1&-2&-1&-2\\4&1&2&1\\2&5&4&-1\end{pmatrix}\xrightarrow[r_3-2r_1]{r_2-4r_1}\begin{pmatrix}1&-2&-1&-2\\0&9&6&9\\0&9&6&3\end{pmatrix}\xrightarrow{r_3-r_2}\begin{pmatrix}1&-2&-1&-2\\0&9&6&9\\0&0&0&-6\end{pmatrix},$$

所以 $\mathrm{r}(\boldsymbol{A})=2$，$\mathrm{r}(\boldsymbol{B})=3$，即 $\mathrm{r}(\boldsymbol{A})<\mathrm{r}(\boldsymbol{B})$，从而向量 $\boldsymbol{\beta}$ 不能由向量组 $\boldsymbol{\alpha}_1,\boldsymbol{\alpha}_2,\boldsymbol{\alpha}_3$ 线性表示.

4.1.3 向量组的等价

定义 4.3 设有两个向量组

$$A:\boldsymbol{\alpha}_1,\boldsymbol{\alpha}_2,\cdots,\boldsymbol{\alpha}_m,\qquad B:\boldsymbol{\beta}_1,\boldsymbol{\beta}_2,\cdots,\boldsymbol{\beta}_n,$$

若 B 中的每个向量都能由向量组 A 线性表示，则称向量组 B 可由向量组 A 线性表示. 若向量组 A 与 B 可相互线性表示，则称向量组 A 与 B **等价**(equivalent)，记作 $A\cong B$.

由定义 4.3 可知，向量组 $B:\boldsymbol{\beta}_1,\boldsymbol{\beta}_2,\cdots,\boldsymbol{\beta}_n$ 可由向量组 $A:\boldsymbol{\alpha}_1,\boldsymbol{\alpha}_2,\cdots,\boldsymbol{\alpha}_m$ 线性表示，其实就是存在矩阵 $\boldsymbol{K}_{m\times n}$，使得 $(\boldsymbol{\beta}_1,\boldsymbol{\beta}_2,\cdots,\boldsymbol{\beta}_n)=(\boldsymbol{\alpha}_1,\boldsymbol{\alpha}_2,\cdots,\boldsymbol{\alpha}_m)\boldsymbol{K}$，也就是矩阵方程 $\boldsymbol{AX}=\boldsymbol{B}$ 有解，其中矩阵 $\boldsymbol{A}=(\boldsymbol{\alpha}_1,\boldsymbol{\alpha}_2,\cdots,\boldsymbol{\alpha}_m)$，矩阵 $\boldsymbol{B}=(\boldsymbol{\beta}_1,\boldsymbol{\beta}_2,\cdots,\boldsymbol{\beta}_n)$.

例如，设两个向量组 $A:\boldsymbol{\alpha}_1=\begin{pmatrix}1\\0\end{pmatrix},\boldsymbol{\alpha}_2=\begin{pmatrix}1\\1\end{pmatrix}$，$B:\boldsymbol{\beta}_1=\begin{pmatrix}3\\1\end{pmatrix},\boldsymbol{\beta}_2=\begin{pmatrix}0\\-1\end{pmatrix},\boldsymbol{\beta}_3=\begin{pmatrix}1\\-2\end{pmatrix}$，因为

$$\boldsymbol{\beta}_1=2\boldsymbol{\alpha}_1+\boldsymbol{\alpha}_2=(\boldsymbol{\alpha}_1,\boldsymbol{\alpha}_2)\begin{pmatrix}2\\1\end{pmatrix},\boldsymbol{\beta}_2=\boldsymbol{\alpha}_1-\boldsymbol{\alpha}_2=(\boldsymbol{\alpha}_1,\boldsymbol{\alpha}_2)\begin{pmatrix}1\\-1\end{pmatrix},\boldsymbol{\beta}_3=3\boldsymbol{\alpha}_1-2\boldsymbol{\alpha}_2=(\boldsymbol{\alpha}_1,\boldsymbol{\alpha}_2)\begin{pmatrix}3\\-2\end{pmatrix},$$

所以向量组 B 可由向量组 A 线性表示，且有 $(\boldsymbol{\beta}_1,\boldsymbol{\beta}_2,\boldsymbol{\beta}_3)=(\boldsymbol{\alpha}_1,\boldsymbol{\alpha}_2)\boldsymbol{K}$，其中 $\boldsymbol{K}=\begin{pmatrix}2&1&3\\1&-1&-2\end{pmatrix}$.

根据上面的讨论，由定理 3.4 可得如下结论：

向量组 $B:\boldsymbol{\beta}_1,\boldsymbol{\beta}_2,\cdots,\boldsymbol{\beta}_n$ 可由向量组 $A:\boldsymbol{\alpha}_1,\boldsymbol{\alpha}_2,\cdots,\boldsymbol{\alpha}_m$ 线性表示的充要条件是 $\mathrm{r}(\boldsymbol{A})=\mathrm{r}(\boldsymbol{A},\boldsymbol{B})$；

同理可得，**向量组 $A:\boldsymbol{\alpha}_1,\boldsymbol{\alpha}_2,\cdots,\boldsymbol{\alpha}_m$ 可由向量组 $B:\boldsymbol{\beta}_1,\boldsymbol{\beta}_2,\cdots,\boldsymbol{\beta}_n$ 线性表示的充要条件是 $\mathrm{r}(\boldsymbol{B})=\mathrm{r}(\boldsymbol{B},\boldsymbol{A})$**；

由以上可知，向量组 $A:\boldsymbol{\alpha}_1,\boldsymbol{\alpha}_2,\cdots,\boldsymbol{\alpha}_m$ 与向量组 $B:\boldsymbol{\beta}_1,\boldsymbol{\beta}_2,\cdots,\boldsymbol{\beta}_n$ 等价的充要条件是 $\mathrm{r}(\boldsymbol{A})=\mathrm{r}(\boldsymbol{A},\boldsymbol{B})$ 且 $\mathrm{r}(\boldsymbol{B})=\mathrm{r}(\boldsymbol{B},\boldsymbol{A})$，又因为 $\mathrm{r}(\boldsymbol{A},\boldsymbol{B})=\mathrm{r}(\boldsymbol{B},\boldsymbol{A})$，所以合起来可得结论：

向量组 $A:\boldsymbol{\alpha}_1,\boldsymbol{\alpha}_2,\cdots,\boldsymbol{\alpha}_m$ 与向量组 $B:\boldsymbol{\beta}_1,\boldsymbol{\beta}_2,\cdots,\boldsymbol{\beta}_n$ 等价的充要条件是 $\mathrm{r}(\boldsymbol{A})=\mathrm{r}(\boldsymbol{B})=\mathrm{r}(\boldsymbol{A},\boldsymbol{B})$.

例 3 证明向量组 $A:\boldsymbol{\alpha}_1=\begin{pmatrix}1\\0\end{pmatrix},\boldsymbol{\alpha}_2=\begin{pmatrix}0\\1\end{pmatrix}$ 与 $B:\boldsymbol{\beta}_1=\begin{pmatrix}1\\1\end{pmatrix},\boldsymbol{\beta}_2=\begin{pmatrix}1\\-1\end{pmatrix},\boldsymbol{\beta}_3=\begin{pmatrix}3\\-2\end{pmatrix}$ 等价.

证明 设

$$\boldsymbol{A}=(\boldsymbol{\alpha}_1,\boldsymbol{\alpha}_2)=\begin{pmatrix}1&0\\0&1\end{pmatrix},\boldsymbol{B}=(\boldsymbol{\beta}_1,\boldsymbol{\beta}_2,\boldsymbol{\beta}_3)=\begin{pmatrix}1&1&3\\1&-1&-2\end{pmatrix},$$

根据上面的讨论，只需证明 $\mathrm{r}(\boldsymbol{A})=\mathrm{r}(\boldsymbol{B})=\mathrm{r}(\boldsymbol{A},\boldsymbol{B})$.

因为$(\boldsymbol{A},\boldsymbol{B})=\begin{pmatrix}1&0&1&1&3\\0&1&1&-1&-2\end{pmatrix}$,显然,$\mathrm{r}(\boldsymbol{A})=\mathrm{r}(\boldsymbol{A},\boldsymbol{B})=2$,又因为矩阵 $\boldsymbol{B}$ 中有二阶子式$\begin{vmatrix}1&1\\1&-1\end{vmatrix}=-2\neq0$,所以对于 2×3 的矩阵 $\boldsymbol{B}$,得 $\mathrm{r}(\boldsymbol{B})=2$,因此 $\mathrm{r}(\boldsymbol{A})=\mathrm{r}(\boldsymbol{B})=\mathrm{r}(\boldsymbol{A},\boldsymbol{B})$,故向量组 A 与向量组 B 等价.

容易证明,等价向量组有如下性质:

(1) **反身性**:任一向量组与它自身等价,即 $A\cong A$;

(2) **对称性**:若向量组 $A\cong B$,则 $B\cong A$;

(3) **传递性**:若向量组 $A\cong B$,$B\cong C$,则 $A\cong C$.

4.1.4 向量组的线性相关性

前面讨论了一个向量与一个向量组之间的关系,现在来讨论同一个向量组中各向量之间的关系.

定义 4.4 给定向量组 A:$\boldsymbol{\alpha}_1,\boldsymbol{\alpha}_2,\cdots,\boldsymbol{\alpha}_m$,若存在一组不全为零的数 $k_1,k_2,\cdots,k_m$,使得等式

$$k_1\boldsymbol{\alpha}_1+k_2\boldsymbol{\alpha}_2+\cdots+k_m\boldsymbol{\alpha}_m=\boldsymbol{0} \tag{4.3}$$

成立,则称向量组 A **线性相关**(linearly dependent).否则,称向量组 A 线性无关,即仅当

$$k_1=k_2=\cdots=k_m=0$$

时,(4.3)式才成立,则向量组 A **线性无关**(linearly independent).

由定义 4.4 易知,对于单个向量,当且仅当它为零向量时线性相关;对于两个向量 $\boldsymbol{\alpha}_1$,$\boldsymbol{\alpha}_2$ 构成的向量组,线性相关的充要条件是 $\boldsymbol{\alpha}_1,\boldsymbol{\alpha}_2$ 的分量对应成比例;含有零向量的向量组一定线性相关;向量组 $\boldsymbol{e}_1=(1,0,0)^{\mathrm{T}}$,$\boldsymbol{e}_2=(0,1,0)^{\mathrm{T}}$,$\boldsymbol{e}_3=(0,0,1)^{\mathrm{T}}$ 线性无关.

例 4 判断下列向量组的线性相关性:

(1) $\boldsymbol{\alpha}_1=\begin{pmatrix}1\\2\\3\end{pmatrix}$,$\boldsymbol{\alpha}_2=\begin{pmatrix}2\\2\\4\end{pmatrix}$,$\boldsymbol{\alpha}_3=\begin{pmatrix}2\\1\\3\end{pmatrix}$;

(2) $\boldsymbol{\alpha}_1=\begin{pmatrix}1\\2\\0\\1\end{pmatrix}$,$\boldsymbol{\alpha}_2=\begin{pmatrix}0\\1\\1\\2\end{pmatrix}$,$\boldsymbol{\alpha}_3=\begin{pmatrix}1\\3\\5\\2\end{pmatrix}$.

解 (1) 由定义 4.4 知,向量组 $\boldsymbol{\alpha}_1,\boldsymbol{\alpha}_2,\boldsymbol{\alpha}_3$ 是否线性相关,取决于是否存在不全为零的数 x_1,x_2,x_3,使得 $x_1\boldsymbol{\alpha}_1+x_2\boldsymbol{\alpha}_2+x_3\boldsymbol{\alpha}_3=\boldsymbol{0}$ 成立,即

$$x_1\begin{pmatrix}1\\2\\3\end{pmatrix}+x_2\begin{pmatrix}2\\2\\4\end{pmatrix}+x_3\begin{pmatrix}2\\1\\3\end{pmatrix}=\begin{pmatrix}0\\0\\0\end{pmatrix}$$

成立,也就是线性方程组

$$\begin{cases} x_1+2x_2+2x_3=0, \\ 2x_1+2x_2+\ x_3=0, \\ 3x_1+4x_2+3x_3=0 \end{cases}$$

是否有非零解.

对线性方程组的系数矩阵实施初等行变换化为行阶梯形,得

$$\boldsymbol{A}=(\boldsymbol{\alpha}_1,\boldsymbol{\alpha}_2,\boldsymbol{\alpha}_3)=\begin{pmatrix}1&2&2\\2&2&1\\3&4&3\end{pmatrix}\xrightarrow[r_3-3r_1]{r_2-2r_1}\begin{pmatrix}1&2&2\\0&-2&-3\\0&-2&-3\end{pmatrix}\xrightarrow{r_3-r_2}\begin{pmatrix}1&2&2\\0&-2&-3\\0&0&0\end{pmatrix},$$

所以 $\mathrm{r}(\boldsymbol{A})=2<3$,即线性方程组系数矩阵的秩小于未知数的个数(即向量组中向量的个数),由定理 3.2 知,齐次线性方程组有非零解,从而向量组 $\boldsymbol{\alpha}_1,\boldsymbol{\alpha}_2,\boldsymbol{\alpha}_3$ 线性相关.

(2) 设 $x_1\boldsymbol{\alpha}_1+x_2\boldsymbol{\alpha}_2+x_3\boldsymbol{\alpha}_3=\boldsymbol{0}$,即

$$x_1\begin{pmatrix}1\\2\\0\\1\end{pmatrix}+x_2\begin{pmatrix}0\\1\\1\\2\end{pmatrix}+x_3\begin{pmatrix}1\\3\\5\\2\end{pmatrix}=\begin{pmatrix}0\\0\\0\\0\end{pmatrix},$$

得线性方程组

$$\begin{cases} x_1\qquad\ \ +\ x_3=0, \\ 2x_1+\ x_2+3x_3=0, \\ \qquad\ \ x_2+5x_3=0, \\ x_1+2x_2+2x_3=0. \end{cases}$$

对线性方程组的系数矩阵实施初等行变换化为行阶梯形,得

$$\boldsymbol{A}=(\boldsymbol{\alpha}_1,\boldsymbol{\alpha}_2,\boldsymbol{\alpha}_3)=\begin{pmatrix}1&0&1\\2&1&3\\0&1&5\\1&2&2\end{pmatrix}\xrightarrow[r_4-r_1]{r_2-2r_1}\begin{pmatrix}1&0&1\\0&1&1\\0&1&5\\0&2&1\end{pmatrix}\xrightarrow[r_4-2r_2]{r_3-r_2}\begin{pmatrix}1&0&1\\0&1&1\\0&0&4\\0&0&-1\end{pmatrix}\xrightarrow{r_4+\frac{1}{4}r_3}\begin{pmatrix}1&0&1\\0&1&1\\0&0&4\\0&0&0\end{pmatrix},$$

所以 $\mathrm{r}(\boldsymbol{A})=3$,即线性方程组系数矩阵的秩等于未知数的个数(即向量组中向量的个数),由定理 3.2 的推论知,齐次线性方程组只有零解,从而向量组 $\boldsymbol{\alpha}_1,\boldsymbol{\alpha}_2,\boldsymbol{\alpha}_3$ 线性无关.

由例 4 可以看出:向量组 $\boldsymbol{\alpha}_1,\boldsymbol{\alpha}_2,\cdots,\boldsymbol{\alpha}_m$ 是线性相关还是线性无关,取决于齐次线性方程组 $x_1\boldsymbol{\alpha}_1+x_2\boldsymbol{\alpha}_2+\cdots+x_m\boldsymbol{\alpha}_m=\boldsymbol{0}$ 有非零解还是只有零解.由定理 3.2 及其推论可得下面的定理.

定理 4.2 向量组 $\boldsymbol{\alpha}_1,\boldsymbol{\alpha}_2,\cdots,\boldsymbol{\alpha}_m$ 线性相关的充要条件是它所构成的矩阵 $\boldsymbol{A}=(\boldsymbol{\alpha}_1,\boldsymbol{\alpha}_2,\cdots,\boldsymbol{\alpha}_m)$ 的秩小于向量的个数 m;向量组 $\boldsymbol{\alpha}_1,\boldsymbol{\alpha}_2,\cdots,\boldsymbol{\alpha}_m$ 线性无关的充要条件为 $\boldsymbol{A}=(\boldsymbol{\alpha}_1,\boldsymbol{\alpha}_2,\cdots,\boldsymbol{\alpha}_m)$ 的秩等于向量的个数 m.

注 若向量组中所含向量的个数大于向量的维数,则该向量组一定线性相关.

例 5 设向量组 $\boldsymbol{\alpha}_1=\begin{pmatrix}1\\2\\3\end{pmatrix},\boldsymbol{\alpha}_2=\begin{pmatrix}3\\-1\\2\end{pmatrix},\boldsymbol{\alpha}_3=\begin{pmatrix}2\\3\\k\end{pmatrix}$,

(1) 当 k 为何值时向量组线性相关？(2) 当 k 为何值时向量组线性无关？

解 对向量组构成的矩阵实施初等行变换化为行阶梯形，得

$$A=(\boldsymbol{\alpha}_1,\boldsymbol{\alpha}_2,\boldsymbol{\alpha}_3)=\begin{pmatrix}1&3&2\\2&-1&3\\3&2&k\end{pmatrix}\xrightarrow[r_3-3r_1]{r_2-2r_1}\begin{pmatrix}1&3&2\\0&-7&-1\\0&-7&k-6\end{pmatrix}\xrightarrow{r_3-r_2}\begin{pmatrix}1&3&2\\0&-7&-1\\0&0&k-5\end{pmatrix},$$

(1) 当 $k=5$ 时，$\mathrm{r}(A)=2<3$，由定理 4.2 知，向量组 $\boldsymbol{\alpha}_1,\boldsymbol{\alpha}_2,\boldsymbol{\alpha}_3$ 线性相关；

(2) 当 $k\neq5$ 时，$\mathrm{r}(A)=3$，由定理 4.2 知，向量组 $\boldsymbol{\alpha}_1,\boldsymbol{\alpha}_2,\boldsymbol{\alpha}_3$ 线性无关.

例 6 若向量组 $\boldsymbol{\alpha},\boldsymbol{\beta},\boldsymbol{\gamma}$ 线性无关，证明向量组 $\boldsymbol{\alpha}+\boldsymbol{\beta},\boldsymbol{\beta}+\boldsymbol{\gamma},\boldsymbol{\gamma}+\boldsymbol{\alpha}$ 亦线性无关.

证明 设有常数 x_1,x_2,x_3，使得 $x_1(\boldsymbol{\alpha}+\boldsymbol{\beta})+x_2(\boldsymbol{\beta}+\boldsymbol{\gamma})+x_3(\boldsymbol{\gamma}+\boldsymbol{\alpha})=\mathbf{0}$ 成立，即

$$(x_1+x_3)\boldsymbol{\alpha}+(x_1+x_2)\boldsymbol{\beta}+(x_2+x_3)\boldsymbol{\gamma}=\mathbf{0}.$$

因为 $\boldsymbol{\alpha},\boldsymbol{\beta},\boldsymbol{\gamma}$ 线性无关，所以有

$$\begin{cases}x_1+x_3=0,\\x_1+x_2=0,\\x_2+x_3=0.\end{cases}$$

由于此齐次线性方程组的系数行列式

$$\begin{vmatrix}1&0&1\\1&1&0\\0&1&1\end{vmatrix}=2\neq0,$$

故该方程组只有零解 $x_1=x_2=x_3=0$，所以向量组 $\boldsymbol{\alpha}+\boldsymbol{\beta},\boldsymbol{\beta}+\boldsymbol{\gamma},\boldsymbol{\gamma}+\boldsymbol{\alpha}$ 线性无关.

线性相关性是向量组中向量之间的一个重要关系，下面介绍与之有关的一些重要结论.

定理 4.3 (1) m 个 m 维的向量 $\boldsymbol{\alpha}_1,\boldsymbol{\alpha}_2,\cdots,\boldsymbol{\alpha}_m$ 线性相关的充要条件是其构成的行列式 $|(\boldsymbol{\alpha}_1,\boldsymbol{\alpha}_2,\cdots,\boldsymbol{\alpha}_m)|=0$；线性无关的充要条件是 $|(\boldsymbol{\alpha}_1,\boldsymbol{\alpha}_2,\cdots,\boldsymbol{\alpha}_m)|\neq0$.

(2) r 维向量组的每个向量在相同位置添加 $n-r$ 个分量使之成为 n 维向量组. 如果 r 维向量组是线性无关的，则 n 维向量组也线性无关；如果 n 维向量组线性相关，则 r 维向量组也线性相关.

(3) 向量组 $\boldsymbol{\alpha}_1,\boldsymbol{\alpha}_2,\cdots,\boldsymbol{\alpha}_m(m\geqslant2)$ 线性相关的充要条件为该向量组中至少有一个向量可由其余 $m-1$ 个向量线性表示.

(4) 设向量组 $\boldsymbol{\alpha}_1,\boldsymbol{\alpha}_2,\cdots,\boldsymbol{\alpha}_m$ 线性无关，而向量组 $\boldsymbol{\alpha}_1,\boldsymbol{\alpha}_2,\cdots,\boldsymbol{\alpha}_m,\boldsymbol{\beta}$ 线性相关，则向量 $\boldsymbol{\beta}$ 必可由向量组 $\boldsymbol{\alpha}_1,\boldsymbol{\alpha}_2,\cdots,\boldsymbol{\alpha}_m$ 线性表示，且表示式唯一.

只证明(3)和(4)，读者可自行证明(1)和(2).

证明 (3)(必要性)因为向量组 $\boldsymbol{\alpha}_1,\boldsymbol{\alpha}_2,\cdots,\boldsymbol{\alpha}_m$ 线性相关，所以存在不全为零的数 k_1，$k_2,\cdots,k_m$，使得 $k_1\boldsymbol{\alpha}_1+k_2\boldsymbol{\alpha}_2+\cdots+k_m\boldsymbol{\alpha}_m=\mathbf{0}$，不妨设 $k_1\neq0$，则有

$$\boldsymbol{\alpha}_1=\left(-\frac{k_2}{k_1}\right)\boldsymbol{\alpha}_2+\left(-\frac{k_3}{k_1}\right)\boldsymbol{\alpha}_3+\cdots+\left(-\frac{k_m}{k_1}\right)\boldsymbol{\alpha}_m,$$

即 $\boldsymbol{\alpha}_1$ 可由其余向量线性表示.

(充分性)不妨设 $\boldsymbol{\alpha}_m$ 可由其余向量线性表示，且

$$\boldsymbol{\alpha}_m=k_1\boldsymbol{\alpha}_1+k_2\boldsymbol{\alpha}_2+\cdots+k_{m-1}\boldsymbol{\alpha}_{m-1},$$

则有

$$k_1\boldsymbol{\alpha}_1+k_2\boldsymbol{\alpha}_2+\cdots+k_{m-1}\boldsymbol{\alpha}_{m-1}-\boldsymbol{\alpha}_m=\mathbf{0}.$$

因为上式中 $\boldsymbol{\alpha}_m$ 的系数为 -1,所以向量组 $\boldsymbol{\alpha}_1,\boldsymbol{\alpha}_2,\cdots,\boldsymbol{\alpha}_m$ 线性相关.

(4) 因为向量组 $\boldsymbol{\alpha}_1,\boldsymbol{\alpha}_2,\cdots,\boldsymbol{\alpha}_m,\boldsymbol{\beta}$ 线性相关,所以存在不全为零的数 $k_1,k_2,\cdots,k_m,k$,使得

$$k_1\boldsymbol{\alpha}_1+k_2\boldsymbol{\alpha}_2+\cdots+k_m\boldsymbol{\alpha}_m+k\boldsymbol{\beta}=\mathbf{0}.$$

如果 $k=0$,则 $k_1,k_2,\cdots,k_m$ 不全为零,且 $k_1\boldsymbol{\alpha}_1+k_2\boldsymbol{\alpha}_2+\cdots+k_m\boldsymbol{\alpha}_m=\mathbf{0}$,这与向量组 $\boldsymbol{\alpha}_1,\boldsymbol{\alpha}_2,\cdots,\boldsymbol{\alpha}_m$ 线性无关矛盾,所以 $k\neq 0$,从而

$$\boldsymbol{\beta}=\left(-\frac{k_1}{k}\right)\boldsymbol{\alpha}_1+\left(-\frac{k_2}{k}\right)\boldsymbol{\alpha}_2+\cdots+\left(-\frac{k_m}{k}\right)\boldsymbol{\alpha}_m,$$

即向量 $\boldsymbol{\beta}$ 可由向量组 $\boldsymbol{\alpha}_1,\boldsymbol{\alpha}_2,\cdots,\boldsymbol{\alpha}_m$ 线性表示.

下面证明表示式唯一. 若

$$\boldsymbol{\beta}=\lambda_1\boldsymbol{\alpha}_1+\lambda_2\boldsymbol{\alpha}_2+\cdots+\lambda_m\boldsymbol{\alpha}_m,$$
$$\boldsymbol{\beta}=l_1\boldsymbol{\alpha}_1+l_2\boldsymbol{\alpha}_2+\cdots+l_m\boldsymbol{\alpha}_m,$$

两式相减,得

$$(\lambda_1-l_1)\boldsymbol{\alpha}_1+(\lambda_2-l_2)\boldsymbol{\alpha}_2+\cdots+(\lambda_m-l_m)\boldsymbol{\alpha}_m=\mathbf{0},$$

因为向量组 $\boldsymbol{\alpha}_1,\boldsymbol{\alpha}_2,\cdots,\boldsymbol{\alpha}_m$ 线性无关,所以 $\lambda_i-l_i=0$,即 $\lambda_i=l_i(i=1,2,\cdots,m)$,故向量 $\boldsymbol{\beta}$ 可由向量组 $\boldsymbol{\alpha}_1,\boldsymbol{\alpha}_2,\cdots,\boldsymbol{\alpha}_m$ 唯一地线性表示. ■

思考题

1. 若向量组 $\boldsymbol{\alpha}_1,\boldsymbol{\alpha}_2,\boldsymbol{\alpha}_3$ 线性相关,则 $\boldsymbol{\alpha}_1$ 是否一定可由 $\boldsymbol{\alpha}_2,\boldsymbol{\alpha}_3$ 线性表示?

2. 若向量组 $\boldsymbol{\alpha}_1,\boldsymbol{\alpha}_2,\boldsymbol{\alpha}_3$ 中任意两个向量都线性无关,则向量组 $\boldsymbol{\alpha}_1,\boldsymbol{\alpha}_2,\boldsymbol{\alpha}_3$ 一定线性无关吗?

习题 4.1

A 组

1. 判断下列结论哪些是正确的,哪些是错误的,并说明理由.

(1) 两个三维向量 $\boldsymbol{\alpha}_1,\boldsymbol{\alpha}_2$ 线性无关的充要条件是它们的对应分量成比例;

(2) 若向量 $\boldsymbol{\alpha}_3$ 可由向量组 $\boldsymbol{\alpha}_1,\boldsymbol{\alpha}_2$ 线性表示,则 $\boldsymbol{\alpha}_1,\boldsymbol{\alpha}_2,\boldsymbol{\alpha}_3$ 一定线性相关;

(3) 若向量组 $\boldsymbol{\alpha}_1,\boldsymbol{\alpha}_2$ 线性无关,$\boldsymbol{\alpha}_1,\boldsymbol{\alpha}_2,\boldsymbol{\alpha}_3$ 线性相关,则 $\boldsymbol{\alpha}_3$ 一定可由 $\boldsymbol{\alpha}_1,\boldsymbol{\alpha}_2$ 线性表示,且表示式唯一;

(4) 设 $\boldsymbol{A}$ 为 n 阶方阵,则 $\boldsymbol{A}$ 的列向量组线性相关的充要条件是 $|\boldsymbol{A}|=0$,线性无关的充要条件是 $|\boldsymbol{A}|\neq 0$;

(5) 若矩阵 $\boldsymbol{A}$ 可逆,则 $\boldsymbol{A}$ 的行向量组和列向量组均线性无关;

(6) 若向量组 $\boldsymbol{\alpha}_1,\boldsymbol{\alpha}_2$ 线性相关,向量组 $\boldsymbol{\beta}_1,\boldsymbol{\beta}_2$ 线性相关,则 $\boldsymbol{\alpha}_1+\boldsymbol{\beta}_1,\boldsymbol{\alpha}_2+\boldsymbol{\beta}_2$ 一定线性相关;

(7) 若有不全为零的数 $k_1,k_2,\cdots,k_m$,使

$$k_1\boldsymbol{\alpha}_1+k_2\boldsymbol{\alpha}_2+\cdots+k_m\boldsymbol{\alpha}_m+k_1\boldsymbol{\beta}_1+k_2\boldsymbol{\beta}_2+\cdots+k_m\boldsymbol{\beta}_m=\mathbf{0}$$

成立，则 $\boldsymbol{\alpha}_1,\boldsymbol{\alpha}_2,\cdots,\boldsymbol{\alpha}_m$ 线性相关，$\boldsymbol{\beta}_1,\boldsymbol{\beta}_2,\cdots,\boldsymbol{\beta}_m$ 也线性相关.

2. 在下列横线上填上正确答案：

(1) 设 $\boldsymbol{\alpha}_1=\begin{pmatrix}0\\1\\2\end{pmatrix},\boldsymbol{\alpha}_2=\begin{pmatrix}1\\2\\4\end{pmatrix},\boldsymbol{\alpha}_3=\begin{pmatrix}3\\0\\1\end{pmatrix}$，则 $\boldsymbol{\alpha}_1-\boldsymbol{\alpha}_2=$________，$3\boldsymbol{\alpha}_1-2\boldsymbol{\alpha}_2+\boldsymbol{\alpha}_3=$________；

(2) 设 $\boldsymbol{\alpha}_1=\begin{pmatrix}1\\-1\\1\end{pmatrix},\boldsymbol{\alpha}_2=\begin{pmatrix}2\\2\\3\end{pmatrix},\boldsymbol{\alpha}_3=\begin{pmatrix}4\\0\\5\end{pmatrix}$，因为 $\boldsymbol{\alpha}_3=$________ $\boldsymbol{\alpha}_1+$________ $\boldsymbol{\alpha}_2$，所以 $\boldsymbol{\alpha}_3$ 可由 $\boldsymbol{\alpha}_1,\boldsymbol{\alpha}_2$ 线性表示；又因为存在三个不全为零的常数 $k_1=$________，$k_2=$________，$k_3=$________，使得 $k_1\boldsymbol{\alpha}_1+k_2\boldsymbol{\alpha}_2+k_3\boldsymbol{\alpha}_3=\mathbf{0}$ 成立，所以 $\boldsymbol{\alpha}_1,\boldsymbol{\alpha}_2,\boldsymbol{\alpha}_3$ 线性________(相关，无关)；

(3) 已知 $\boldsymbol{\beta}=\begin{pmatrix}1\\1\\1\end{pmatrix},\boldsymbol{\alpha}_1=\begin{pmatrix}0\\1\\1\end{pmatrix},\boldsymbol{\alpha}_2=\begin{pmatrix}1\\0\\1\end{pmatrix},\boldsymbol{\alpha}_3=\begin{pmatrix}1\\1\\0\end{pmatrix}$，设矩阵 $\mathbf{A}=(\boldsymbol{\alpha}_1,\boldsymbol{\alpha}_2,\boldsymbol{\alpha}_3)$，$\mathbf{B}=(\boldsymbol{\alpha}_1,\boldsymbol{\alpha}_2,\boldsymbol{\alpha}_3,\boldsymbol{\beta})$，因为 $\mathrm{r}(\mathbf{A})=$________，$\mathrm{r}(\mathbf{B})=$________，则线性方程组 $\mathbf{A}\boldsymbol{x}=\boldsymbol{\beta}$ ________(有解，无解)，所以 $\boldsymbol{\beta}$ ________(可由，不可由)$\boldsymbol{\alpha}_1,\boldsymbol{\alpha}_2,\boldsymbol{\alpha}_2$ 线性表示，即________(存在，不存在)常数 $k_1=$________，$k_2=$________，$k_3=$________，使得 $\boldsymbol{\beta}=k_1\boldsymbol{\alpha}_1+k_2\boldsymbol{\alpha}_2+k_3\boldsymbol{\alpha}_3$；

(4) 已知 $\boldsymbol{\alpha}_1=\begin{pmatrix}2\\2\\1\end{pmatrix},\boldsymbol{\alpha}_2=\begin{pmatrix}1\\2\\-1\end{pmatrix},\boldsymbol{\alpha}_3=\begin{pmatrix}1\\0\\2\end{pmatrix}$，设矩阵 $\mathbf{A}=(\boldsymbol{\alpha}_1,\boldsymbol{\alpha}_2,\boldsymbol{\alpha}_3)$，因为 $\mathrm{r}(\mathbf{A})=$________，则线性方程组 $\mathbf{A}\boldsymbol{x}=\mathbf{0}$ ________(只有零解，有非零解)，所以 $\boldsymbol{\alpha}_1,\boldsymbol{\alpha}_2,\boldsymbol{\alpha}_3$ 线性________(相关，无关)，即________(存在，不存在)三个不全为零的常数 $k_1=$________，$k_2=$________，$k_3=$________，使得 $k_1\boldsymbol{\alpha}_1+k_2\boldsymbol{\alpha}_2+k_3\boldsymbol{\alpha}_3=\mathbf{0}$ 成立.

3. 判断下列各题中的向量 $\boldsymbol{\beta}$ 是否可由其余向量线性表示，若能，写出其表示式：

(1) $\boldsymbol{\beta}=\begin{pmatrix}3\\5\\2\end{pmatrix},\boldsymbol{\alpha}_1=\begin{pmatrix}1\\0\\-1\end{pmatrix},\boldsymbol{\alpha}_2=\begin{pmatrix}1\\1\\1\end{pmatrix},\boldsymbol{\alpha}_3=\begin{pmatrix}0\\1\\1\end{pmatrix},\boldsymbol{\alpha}_4=\begin{pmatrix}1\\2\\3\end{pmatrix}$；

(2) $\boldsymbol{\beta}=\begin{pmatrix}1\\2\\3\\4\end{pmatrix},\boldsymbol{\alpha}_1=\begin{pmatrix}1\\0\\0\\0\end{pmatrix},\boldsymbol{\alpha}_2=\begin{pmatrix}1\\-1\\0\\0\end{pmatrix},\boldsymbol{\alpha}_3=\begin{pmatrix}1\\0\\1\\1\end{pmatrix},\boldsymbol{\alpha}_4=\begin{pmatrix}1\\2\\1\\1\end{pmatrix}$.

4. 证明任意的四维向量 $\boldsymbol{\beta}=\begin{pmatrix}b_1\\b_2\\b_3\\b_4\end{pmatrix}$ 都可由向量组

$$\boldsymbol{\alpha}_1=\begin{pmatrix}1\\0\\0\\0\end{pmatrix},\boldsymbol{\alpha}_2=\begin{pmatrix}1\\1\\0\\0\end{pmatrix},\boldsymbol{\alpha}_3=\begin{pmatrix}1\\1\\1\\0\end{pmatrix},\boldsymbol{\alpha}_4=\begin{pmatrix}1\\1\\1\\1\end{pmatrix}$$

唯一地线性表示,并写出线性表示式.

5. 设$\boldsymbol{\alpha}_1=\begin{pmatrix}1\\2\end{pmatrix},\boldsymbol{\alpha}_2=\begin{pmatrix}-1\\1\end{pmatrix};\boldsymbol{\beta}_1=\begin{pmatrix}3\\9\end{pmatrix},\boldsymbol{\beta}_2=\begin{pmatrix}0\\3\end{pmatrix}$. 证明向量组$A$:$\boldsymbol{\alpha}_1,\boldsymbol{\alpha}_2$与向量组$B$:$\boldsymbol{\beta}_1,\boldsymbol{\beta}_2$等价.

6. 判断下列向量组的线性相关性:

(1) $\boldsymbol{\alpha}_1=\begin{pmatrix}2\\4\end{pmatrix},\boldsymbol{\alpha}_2=\begin{pmatrix}1\\0\end{pmatrix},\boldsymbol{\alpha}_3=\begin{pmatrix}3\\1\end{pmatrix}$;

(2) $\boldsymbol{\alpha}_1=\begin{pmatrix}1\\2\\3\end{pmatrix},\boldsymbol{\alpha}_2=\begin{pmatrix}1\\4\\6\end{pmatrix},\boldsymbol{\alpha}_3=\begin{pmatrix}3\\0\\1\end{pmatrix}$;

(3) $\boldsymbol{\alpha}_1=\begin{pmatrix}2\\5\\3\\1\end{pmatrix},\boldsymbol{\alpha}_2=\begin{pmatrix}1\\0\\4\\7\end{pmatrix},\boldsymbol{\alpha}_3=\begin{pmatrix}4\\10\\6\\2\end{pmatrix}$;

(4) $\boldsymbol{\alpha}_1=\begin{pmatrix}1\\2\\1\\1\end{pmatrix},\boldsymbol{\alpha}_2=\begin{pmatrix}2\\2\\4\\6\end{pmatrix},\boldsymbol{\alpha}_3=\begin{pmatrix}2\\1\\0\\3\end{pmatrix}$.

7. 讨论下列向量组的线性相关性:

(1) $\boldsymbol{\alpha}=\begin{pmatrix}1\\2\\3\\4\end{pmatrix},\boldsymbol{\beta}=\begin{pmatrix}2\\1\\-1\\1\end{pmatrix},\boldsymbol{\gamma}=\begin{pmatrix}-1\\k\\0\\2\end{pmatrix}$;

(2) $\boldsymbol{\alpha}=\begin{pmatrix}1\\2\\-3\\-1\end{pmatrix},\boldsymbol{\beta}=\begin{pmatrix}4\\5\\-4\\3\end{pmatrix},\boldsymbol{\gamma}=\begin{pmatrix}2\\4\\k\\-2\end{pmatrix}$.

8. 设向量$\boldsymbol{\alpha}_1,\boldsymbol{\alpha}_2,\boldsymbol{\alpha}_3,\boldsymbol{\alpha}_4$为任意4个$n$维向量,证明向量组

$$\boldsymbol{\beta}_1=\boldsymbol{\alpha}_1+\boldsymbol{\alpha}_2,\boldsymbol{\beta}_2=\boldsymbol{\alpha}_2+\boldsymbol{\alpha}_3,\boldsymbol{\beta}_3=\boldsymbol{\alpha}_3+\boldsymbol{\alpha}_4,\boldsymbol{\beta}_4=\boldsymbol{\alpha}_4+\boldsymbol{\alpha}_1$$

线性相关.

B组

1. 设向量组$\boldsymbol{\alpha}_1,\boldsymbol{\alpha}_2$线性无关,$\boldsymbol{\alpha}_1+\boldsymbol{\beta},\boldsymbol{\alpha}_2+\boldsymbol{\beta}$线性相关,求向量$\boldsymbol{\beta}$用$\boldsymbol{\alpha}_1,\boldsymbol{\alpha}_2$线性表示的表示式.

2. 设向量组$\boldsymbol{\alpha}_1=\begin{pmatrix}1\\2\\1\end{pmatrix},\boldsymbol{\alpha}_2=\begin{pmatrix}1\\3\\3\end{pmatrix},\boldsymbol{\alpha}_3=\begin{pmatrix}3\\7\\s\end{pmatrix}$以及向量$\boldsymbol{\beta}=\begin{pmatrix}2\\5\\t\end{pmatrix}$,

(1) 当s,t为何值时,$\boldsymbol{\beta}$不能由向量组$\boldsymbol{\alpha}_1,\boldsymbol{\alpha}_2,\boldsymbol{\alpha}_3$线性表示?

(2) 当s,t为何值时,$\boldsymbol{\beta}$可以由向量组$\boldsymbol{\alpha}_1,\boldsymbol{\alpha}_2,\boldsymbol{\alpha}_3$线性表示,且表示式唯一?

(3) 当s,t为何值时,$\boldsymbol{\beta}$可以由向量组$\boldsymbol{\alpha}_1,\boldsymbol{\alpha}_2,\boldsymbol{\alpha}_3$线性表示,且表示式有无穷多个?

3. 设向量组$\boldsymbol{\alpha}_1,\boldsymbol{\alpha}_2,\boldsymbol{\alpha}_3$线性无关,讨论下列向量组$\boldsymbol{\beta}_1,\boldsymbol{\beta}_2,\boldsymbol{\beta}_3$的线性相关性.

(1) $\boldsymbol{\beta}_1=\boldsymbol{\alpha}_1+\boldsymbol{\alpha}_2,\boldsymbol{\beta}_2=2\boldsymbol{\alpha}_2+3\boldsymbol{\alpha}_3,\boldsymbol{\beta}_3=5\boldsymbol{\alpha}_1+3\boldsymbol{\alpha}_2$;

(2) $\boldsymbol{\beta}_1=\boldsymbol{\alpha}_1-\boldsymbol{\alpha}_2,\boldsymbol{\beta}_2=2\boldsymbol{\alpha}_2+\boldsymbol{\alpha}_3,\boldsymbol{\beta}_3=\boldsymbol{\alpha}_1+\boldsymbol{\alpha}_2+\boldsymbol{\alpha}_3$.

4. 设

$$\boldsymbol{\alpha}_1=\begin{pmatrix}1\\-1\\1\\-1\end{pmatrix},\boldsymbol{\alpha}_2=\begin{pmatrix}3\\1\\1\\3\end{pmatrix},\boldsymbol{\beta}_1=\begin{pmatrix}2\\0\\1\\1\end{pmatrix},\boldsymbol{\beta}_2=\begin{pmatrix}1\\1\\0\\2\end{pmatrix},\boldsymbol{\beta}_3=\begin{pmatrix}3\\-1\\2\\0\end{pmatrix},$$

证明向量组$\boldsymbol{\alpha}_1,\boldsymbol{\alpha}_2$与向量组$\boldsymbol{\beta}_1,\boldsymbol{\beta}_2,\boldsymbol{\beta}_3$等价.

5. 已知向量组

$$A:\boldsymbol{\alpha}_1=\begin{pmatrix}0\\1\\2\\3\end{pmatrix},\boldsymbol{\alpha}_2=\begin{pmatrix}3\\0\\1\\2\end{pmatrix},\boldsymbol{\alpha}_3=\begin{pmatrix}2\\3\\0\\1\end{pmatrix};\ B:\boldsymbol{\beta}_1=\begin{pmatrix}2\\1\\1\\2\end{pmatrix},\boldsymbol{\beta}_2=\begin{pmatrix}0\\-2\\1\\1\end{pmatrix},\boldsymbol{\beta}_3=\begin{pmatrix}4\\4\\1\\3\end{pmatrix}.$$

证明：向量组 B 能由向量组 A 线性表示，但向量组 A 不能由向量组 B 线性表示.

4.2 向量组的秩

在第 3 章讨论线性方程组的解时，矩阵的秩起到了至关重要的作用，下面把秩的概念引入到向量组中.

4.2.1 向量组的极大无关组和秩的定义

定义 4.5 设有向量组 A，若在 A 中存在 r 个向量 $\boldsymbol{\alpha}_1,\boldsymbol{\alpha}_2,\cdots,\boldsymbol{\alpha}_r$，满足：

(1) $\boldsymbol{\alpha}_1,\boldsymbol{\alpha}_2,\cdots,\boldsymbol{\alpha}_r$ 线性无关；

(2) A 中任一向量都可由 $\boldsymbol{\alpha}_1,\boldsymbol{\alpha}_2,\cdots,\boldsymbol{\alpha}_r$ 线性表示，

则称向量组 $\boldsymbol{\alpha}_1,\boldsymbol{\alpha}_2,\cdots,\boldsymbol{\alpha}_r$ 是向量组 A 的一个**极大线性无关组**(maximal linearly independent subset)，简称**极大无关组**，极大无关组所含向量的个数 r 称为向量组 A 的**秩**(rank)，记作 $\mathrm{r}(\boldsymbol{A})=r$.

由定义 4.5 可以看出，一个线性无关的向量组的极大无关组就是其本身. 仅有零向量的向量组没有极大无关组.

由向量组等价的定义和定义 4.5 易知：(1)向量组的极大无关组和向量组本身等价；(2)向量组的任意两个极大无关组等价.

例 1 求向量组 $A:\boldsymbol{\alpha}_1=\begin{pmatrix}1\\0\\0\end{pmatrix},\boldsymbol{\alpha}_2=\begin{pmatrix}1\\1\\2\end{pmatrix},\boldsymbol{\alpha}_3=\begin{pmatrix}2\\1\\2\end{pmatrix},\boldsymbol{\alpha}_4=\begin{pmatrix}3\\2\\4\end{pmatrix}$ 的一个极大无关组和秩.

解 因为 $\boldsymbol{\alpha}_1,\boldsymbol{\alpha}_2$ 对应的分量不成比例，所以 $\boldsymbol{\alpha}_1,\boldsymbol{\alpha}_2$ 线性无关，又因为 $\boldsymbol{\alpha}_1=\boldsymbol{\alpha}_1+0\boldsymbol{\alpha}_2$，$\boldsymbol{\alpha}_2=0\boldsymbol{\alpha}_1+\boldsymbol{\alpha}_2$，$\boldsymbol{\alpha}_3=\boldsymbol{\alpha}_1+\boldsymbol{\alpha}_2$，$\boldsymbol{\alpha}_4=\boldsymbol{\alpha}_1+2\boldsymbol{\alpha}_2$，即向量组 A 中任一向量都可由 $\boldsymbol{\alpha}_1,\boldsymbol{\alpha}_2$ 线性表示，所以 $\boldsymbol{\alpha}_1,\boldsymbol{\alpha}_2$ 为向量组 A 的一个极大无关组，且向量组 A 的秩为 2.

事实上，在例 1 中，$\boldsymbol{\alpha}_2,\boldsymbol{\alpha}_3$ 也为向量组 A 的一个极大无关组. 由此可以看出，一个向量组的极大无关组可能不止一个，但是任意两个极大无关组所含向量的个数是相同的.

在例 1 中，记 $\boldsymbol{A}=(\boldsymbol{\alpha}_1,\boldsymbol{\alpha}_2,\boldsymbol{\alpha}_3,\boldsymbol{\alpha}_4)$，将 $\boldsymbol{A}$ 化成行阶梯形，得

$$\boldsymbol{A}=\begin{pmatrix}1&1&2&3\\0&1&1&2\\0&2&2&4\end{pmatrix}\xrightarrow{r_3-2r_2}\begin{pmatrix}1&1&2&3\\0&1&1&2\\0&0&0&0\end{pmatrix},$$

所以矩阵 $\boldsymbol{A}$ 的秩 $\mathrm{r}(\boldsymbol{A})=2$，等于该矩阵的列向量组的秩，实际上，这一结论对任一矩阵均成立.

定理 4.4 矩阵的秩等于它的列向量组的秩，也等于它的行向量组的秩.

证明 首先证明矩阵的秩等于它的列向量组的秩.

设矩阵 $\boldsymbol{A}=(\boldsymbol{\alpha}_1,\boldsymbol{\alpha}_2,\cdots,\boldsymbol{\alpha}_m)$，$\mathrm{r}(\boldsymbol{A})=r$，则 $\boldsymbol{A}$ 中一定存在一个 r 阶子式 $D_r\neq 0$，由定理 4.3 中的(1)和(2)知，D_r 所在的 r 列线性无关.

设 $\boldsymbol{\alpha}_i$ 是矩阵 $\boldsymbol{A}$ 中任一列向量，若 $\boldsymbol{\alpha}_i$ 在 D_r 所在的 r 列中，则显然 $\boldsymbol{\alpha}_i$ 可由 D_r 所在的 r 列线性表示. 若 $\boldsymbol{\alpha}_i$ 不在 D_r 所在的 r 列中，记 $\boldsymbol{\alpha}_i$ 和 D_r 所在的列构成的矩阵为 $\boldsymbol{A}'$，则 $\mathrm{r}(\boldsymbol{A}')\leqslant \mathrm{r}(\boldsymbol{A})=r<r+1$，由定理 4.2 知 $\boldsymbol{A}'$ 中的 $r+1$ 个列向量线性相关，又由定理 4.3 中的(4)知，$\boldsymbol{\alpha}_i$ 可由 D_r 所在的 r 列线性表示，因此 D_r 所在的 r 列是 $\boldsymbol{A}$ 的列向量组的一个极大无关组，所以矩阵 $\boldsymbol{A}$ 的列向量组的秩等于 r.

由于 $\mathrm{r}(\boldsymbol{A}^{\mathrm{T}})=\mathrm{r}(\boldsymbol{A})=r$，而 $\boldsymbol{A}$ 的行向量组就是 $\boldsymbol{A}^{\mathrm{T}}$ 的列向量组，根据上面的证明知，$\boldsymbol{A}^{\mathrm{T}}$ 的列向量组的秩等于 r，从而 $\boldsymbol{A}$ 的行向量组的秩也等于 r. ■

4.2.2 向量组的秩和极大无关组的求法

对给定的一个向量组，如何求出它的秩和一个极大无关组，并将其余向量(即向量组中不属于极大无关组的向量)用这个极大无关组线性表示呢？

根据定理 4.4，可以通过矩阵的秩来求向量组的秩，下面的定理为求向量组的极大无关组提供了依据.

定理 4.5 矩阵的初等行(列)变换不改变它的列(行)向量组之间的线性关系.

证明 设矩阵 $\boldsymbol{A}$ 的列向量组为 $\boldsymbol{\alpha}_1,\boldsymbol{\alpha}_2,\cdots,\boldsymbol{\alpha}_n$，满足下面的线性关系：

$$k_1\boldsymbol{\alpha}_1+k_2\boldsymbol{\alpha}_2+\cdots+k_n\boldsymbol{\alpha}_n=\boldsymbol{0},\tag{4.4}$$

即

$$(\boldsymbol{\alpha}_1,\boldsymbol{\alpha}_2,\cdots,\boldsymbol{\alpha}_n)\begin{pmatrix}k_1\\k_2\\\vdots\\k_n\end{pmatrix}=\boldsymbol{A}\begin{pmatrix}k_1\\k_2\\\vdots\\k_n\end{pmatrix}=\boldsymbol{0}.$$

若对 $\boldsymbol{A}=(\boldsymbol{\alpha}_1,\boldsymbol{\alpha}_2,\cdots,\boldsymbol{\alpha}_n)$ 进行一系列初等行变换得到矩阵 $\boldsymbol{B}=(\boldsymbol{\beta}_1,\boldsymbol{\beta}_2,\cdots,\boldsymbol{\beta}_n)$，则 $\boldsymbol{A}$ 与 $\boldsymbol{B}$ 行等价，由定理 1.9 的(1)知，存在一个可逆方阵 $\boldsymbol{P}$，使得

$$\boldsymbol{B}=\boldsymbol{PA},$$

则

$$\boldsymbol{B}\begin{pmatrix}k_1\\k_2\\\vdots\\k_n\end{pmatrix}=\boldsymbol{PA}\begin{pmatrix}k_1\\k_2\\\vdots\\k_n\end{pmatrix}=\boldsymbol{0},$$

即

$$k_1\boldsymbol{\beta}_1+k_2\boldsymbol{\beta}_2+\cdots+k_n\boldsymbol{\beta}_n=\boldsymbol{0}.\tag{4.5}$$

反之，由于 $\boldsymbol{P}$ 是可逆的，所以由上述(4.5)式可推出(4.4)式. 因此 $\boldsymbol{A}$ 与 $\boldsymbol{B}$ 的列向量组满

足相同的线性关系. ■

由定理 4.4 及定理 4.5 可得如下求向量组 $\boldsymbol{\alpha}_1,\boldsymbol{\alpha}_2,\cdots,\boldsymbol{\alpha}_n$ 的秩和一个极大无关组的方法：

(1) 以向量组 $\boldsymbol{\alpha}_1,\boldsymbol{\alpha}_2,\cdots,\boldsymbol{\alpha}_n$ 为列向量组构造矩阵 $\boldsymbol{A}=(\boldsymbol{\alpha}_1,\boldsymbol{\alpha}_2,\cdots,\boldsymbol{\alpha}_n)$；

(2) 用初等行变换将 $\boldsymbol{A}$ 化为简化阶梯形矩阵 $\boldsymbol{B}$，$\boldsymbol{B}$ 中非零首元素的个数 r（或者非零行的行数）就是矩阵 $\boldsymbol{A}$ 的秩，也就是所求向量组的秩；

(3) 如果矩阵 $\boldsymbol{B}$ 中非零首元素所处列的位置为 $j_1,j_2,\cdots,j_r$，则 $\boldsymbol{A}$ 中对应的列向量 $\boldsymbol{\alpha}_{j_1},\boldsymbol{\alpha}_{j_2},\cdots,\boldsymbol{\alpha}_{j_r}$ 就是向量组 $\boldsymbol{\alpha}_1,\boldsymbol{\alpha}_2,\cdots,\boldsymbol{\alpha}_n$ 的一个极大无关组.

注 如果只求向量组 $\boldsymbol{\alpha}_1,\boldsymbol{\alpha}_2,\cdots,\boldsymbol{\alpha}_n$ 的秩和它的一个极大无关组，并不要求用这个极大无关组线性表示其余的向量，只需把矩阵 $\boldsymbol{A}$ 化为阶梯形矩阵即可.

例 2 求向量组 $\boldsymbol{\alpha}_1=\begin{pmatrix}1\\0\\2\\1\end{pmatrix},\boldsymbol{\alpha}_2=\begin{pmatrix}1\\2\\0\\1\end{pmatrix},\boldsymbol{\alpha}_3=\begin{pmatrix}2\\1\\3\\0\end{pmatrix},\boldsymbol{\alpha}_4=\begin{pmatrix}2\\5\\-1\\4\end{pmatrix},\boldsymbol{\alpha}_5=\begin{pmatrix}1\\-1\\3\\-1\end{pmatrix}$ 的秩和一个极大无关组，并用这个极大无关组线性表示其余的向量.

解 以 $\boldsymbol{\alpha}_1,\boldsymbol{\alpha}_2,\boldsymbol{\alpha}_3,\boldsymbol{\alpha}_4,\boldsymbol{\alpha}_5$ 为列向量构造矩阵

$$\boldsymbol{A}=\begin{pmatrix}1&1&2&2&1\\0&2&1&5&-1\\2&0&3&-1&3\\1&1&0&4&-1\end{pmatrix},$$

用初等行变换把 $\boldsymbol{A}$ 化为简化阶梯形矩阵，得

$$\boldsymbol{A}=\begin{pmatrix}1&1&2&2&1\\0&2&1&5&-1\\2&0&3&-1&3\\1&1&0&4&-1\end{pmatrix}\xrightarrow[r_4-r_1]{r_3-2r_1}\begin{pmatrix}1&1&2&2&1\\0&2&1&5&-1\\0&-2&-1&-5&1\\0&0&-2&2&-2\end{pmatrix}$$

$$\xrightarrow[r_3+r_2]{r_1-2r_2}\begin{pmatrix}1&-3&0&-8&3\\0&2&1&5&-1\\0&0&0&0&0\\0&0&-2&2&-2\end{pmatrix}\xrightarrow[r_2-r_4]{r_4\times(-\frac{1}{2})}\begin{pmatrix}1&-3&0&-8&3\\0&2&0&6&-2\\0&0&0&0&0\\0&0&1&-1&1\end{pmatrix}$$

$$\xrightarrow[r_3\leftrightarrow r_4]{r_2\times\frac{1}{2}}\begin{pmatrix}1&-3&0&-8&3\\0&1&0&3&-1\\0&0&1&-1&1\\0&0&0&0&0\end{pmatrix}\xrightarrow{r_1+3r_2}\begin{pmatrix}1&0&0&1&0\\0&1&0&3&-1\\0&0&1&-1&1\\0&0&0&0&0\end{pmatrix}$$

$$=(\boldsymbol{\alpha}_1',\boldsymbol{\alpha}_2',\boldsymbol{\alpha}_3',\boldsymbol{\alpha}_4',\boldsymbol{\alpha}_5')=\boldsymbol{B},$$

可见 $\mathrm{r}(\boldsymbol{B})=3$，$\boldsymbol{\alpha}_1',\boldsymbol{\alpha}_2',\boldsymbol{\alpha}_3'$ 是 $\boldsymbol{B}$ 的列向量组的一个极大无关组，且有

$$\boldsymbol{\alpha}_4'=\boldsymbol{\alpha}_1'+3\boldsymbol{\alpha}_2'-\boldsymbol{\alpha}_3',\qquad \boldsymbol{\alpha}_5'=-\boldsymbol{\alpha}_2'+\boldsymbol{\alpha}_3',$$

由定理 4.5 知，$\mathrm{r}(\boldsymbol{\alpha}_1,\boldsymbol{\alpha}_2,\boldsymbol{\alpha}_3,\boldsymbol{\alpha}_4,\boldsymbol{\alpha}_5)=3$，$\boldsymbol{\alpha}_1,\boldsymbol{\alpha}_2,\boldsymbol{\alpha}_3$ 是它的一个极大无关组，且

$$\boldsymbol{\alpha}_4=\boldsymbol{\alpha}_1+3\boldsymbol{\alpha}_2-\boldsymbol{\alpha}_3,\qquad \boldsymbol{\alpha}_5=-\boldsymbol{\alpha}_2+\boldsymbol{\alpha}_3.$$

思考题

1. 向量组的秩与矩阵的秩有何关系？求向量组的秩的常用方法是什么？
2. 等价向量组的秩必相等吗？反之，秩相等的向量组必等价吗？试举例说明.

习题 4.2

A 组

1. 判断下列结论哪些是正确的，哪些是错误的，并说明理由.

(1) 设 $\boldsymbol{A}$ 为 3×5 矩阵，若 $\boldsymbol{A}$ 中有两列元素对应不成比例，则 $\boldsymbol{A}$ 的列向量组的秩至多为 2；

(2) 向量组 $\boldsymbol{\alpha}_1=\begin{pmatrix}1\\1\\1\end{pmatrix},\boldsymbol{\alpha}_2=\begin{pmatrix}1\\1\\0\end{pmatrix},\boldsymbol{\alpha}_3=\begin{pmatrix}1\\0\\0\end{pmatrix}$ 的秩等于 3；

(3) 向量组 $\boldsymbol{\alpha}_1=\begin{pmatrix}1\\0\\0\end{pmatrix},\boldsymbol{\alpha}_2=\begin{pmatrix}1\\0\\-1\end{pmatrix},\boldsymbol{\alpha}_3=\begin{pmatrix}2\\0\\-1\end{pmatrix},\boldsymbol{\alpha}_4=\begin{pmatrix}8\\0\\0\end{pmatrix}$ 的秩等于 3；

(4) 设 $\boldsymbol{A}=(\boldsymbol{\alpha}_1,\boldsymbol{\alpha}_2,\boldsymbol{\alpha}_3,\boldsymbol{\alpha}_4)$ 为一个 3×4 矩阵，若 $\boldsymbol{A}$ 的行最简形为 $\begin{pmatrix}1&3&0&-6\\0&0&1&5\\0&0&0&0\end{pmatrix}$，则 $\boldsymbol{\alpha}_1,\boldsymbol{\alpha}_3$ 为 $\boldsymbol{A}$ 的列向量组的一个极大无关组，且 $\boldsymbol{\alpha}_2=3\boldsymbol{\alpha}_1,\boldsymbol{\alpha}_4=-6\boldsymbol{\alpha}_1+5\boldsymbol{\alpha}_3$；

(5) 秩为 3 的 3×5 矩阵的行向量组必线性无关.

2. 求下列向量组的秩及一个极大无关组：

(1) $\boldsymbol{\alpha}_1=\begin{pmatrix}2\\1\\1\end{pmatrix},\boldsymbol{\alpha}_2=\begin{pmatrix}1\\2\\-1\end{pmatrix},\boldsymbol{\alpha}_3=\begin{pmatrix}-2\\3\\0\end{pmatrix}$；

(2) $\boldsymbol{\alpha}_1=\begin{pmatrix}1\\0\\-1\end{pmatrix},\boldsymbol{\alpha}_2=\begin{pmatrix}1\\2\\1\end{pmatrix},\boldsymbol{\alpha}_3=\begin{pmatrix}-1\\4\\5\end{pmatrix},\boldsymbol{\alpha}_4=\begin{pmatrix}0\\2\\2\end{pmatrix}$；

(3) $\boldsymbol{\alpha}_1=\begin{pmatrix}2\\1\\4\\3\end{pmatrix},\boldsymbol{\alpha}_2=\begin{pmatrix}-1\\1\\-6\\6\end{pmatrix},\boldsymbol{\alpha}_3=\begin{pmatrix}-1\\-2\\2\\-9\end{pmatrix},\boldsymbol{\alpha}_4=\begin{pmatrix}-1\\1\\-2\\7\end{pmatrix},\boldsymbol{\alpha}_5=\begin{pmatrix}2\\4\\4\\9\end{pmatrix}$.

3. 求下列向量组的秩及一个极大无关组，并将其余向量用该极大无关组线性表示：

(1) $\boldsymbol{\alpha}_1=\begin{pmatrix}1\\2\\-3\end{pmatrix},\boldsymbol{\alpha}_2=\begin{pmatrix}2\\-1\\-1\end{pmatrix},\boldsymbol{\alpha}_3=\begin{pmatrix}-1\\3\\-2\end{pmatrix},\boldsymbol{\alpha}_4=\begin{pmatrix}-3\\-1\\4\end{pmatrix}$；

(2) $\boldsymbol{\alpha}_1=\begin{pmatrix}1\\-1\\0\\4\end{pmatrix},\boldsymbol{\alpha}_2=\begin{pmatrix}2\\1\\5\\6\end{pmatrix},\boldsymbol{\alpha}_3=\begin{pmatrix}1\\-1\\-2\\0\end{pmatrix},\boldsymbol{\alpha}_4=\begin{pmatrix}3\\0\\7\\14\end{pmatrix}$.

4. 设有向量组 $\boldsymbol{\alpha}_1=\begin{pmatrix}1\\1\\1\\3\end{pmatrix},\boldsymbol{\alpha}_2=\begin{pmatrix}-1\\-3\\5\\1\end{pmatrix},\boldsymbol{\alpha}_3=\begin{pmatrix}3\\2\\-1\\4\end{pmatrix},\alpha_4=\begin{pmatrix}-2\\-6\\10\\p\end{pmatrix}$,问 p 为何值时：

(1) 向量组 $\boldsymbol{\alpha}_1,\boldsymbol{\alpha}_2,\boldsymbol{\alpha}_3,\boldsymbol{\alpha}_4$ 线性无关？

(2) 向量组 $\boldsymbol{\alpha}_1,\boldsymbol{\alpha}_2,\boldsymbol{\alpha}_3,\boldsymbol{\alpha}_4$ 线性相关？并在此时求出它的秩和一个极大无关组.

B 组

1. 求向量组 $A:\boldsymbol{\alpha}_1=\begin{pmatrix}1\\1\\c\end{pmatrix},\boldsymbol{\alpha}_2=\begin{pmatrix}b\\2b\\1\end{pmatrix},\boldsymbol{\alpha}_3=\begin{pmatrix}1\\1\\1\end{pmatrix},\boldsymbol{\alpha}_4=\begin{pmatrix}3\\4\\4\end{pmatrix}$的秩和一个极大无关组.

2. 设向量组 $A:\boldsymbol{\alpha}_1=\begin{pmatrix}a\\3\\1\end{pmatrix},\boldsymbol{\alpha}_2=\begin{pmatrix}2\\b\\3\end{pmatrix},\boldsymbol{\alpha}_3=\begin{pmatrix}1\\2\\1\end{pmatrix},\boldsymbol{\alpha}_4=\begin{pmatrix}2\\3\\1\end{pmatrix}$的秩为 2,求 a,b.

3. 设向量组:$\boldsymbol{\alpha}_1=\begin{pmatrix}1\\-1\\2\\4\end{pmatrix},\boldsymbol{\alpha}_2=\begin{pmatrix}0\\3\\1\\2\end{pmatrix},\boldsymbol{\alpha}_3=\begin{pmatrix}3\\0\\7\\14\end{pmatrix},\boldsymbol{\alpha}_4=\begin{pmatrix}1\\-1\\2\\0\end{pmatrix},\boldsymbol{\alpha}_5=\begin{pmatrix}2\\1\\5\\6\end{pmatrix}$.

(1) 证明 $\boldsymbol{\alpha}_1,\boldsymbol{\alpha}_2$ 线性无关；

(2) 通过增加向量,将 $\boldsymbol{\alpha}_1,\boldsymbol{\alpha}_2$ 扩充成向量组 $\boldsymbol{\alpha}_1,\boldsymbol{\alpha}_2,\boldsymbol{\alpha}_3,\boldsymbol{\alpha}_4,\boldsymbol{\alpha}_5$ 的一极大无关组.

4.3 向量空间

4.3.1 向量空间的定义

定义 4.6 设 V 为 n 维向量的非空集合,若集合 V 对于 n 维向量的加法及数乘两种运算封闭,即

(1) 若 $\boldsymbol{\alpha}\in V,\boldsymbol{\beta}\in V$,则 $\boldsymbol{\alpha}+\boldsymbol{\beta}\in V$；

(2) 若 $\boldsymbol{\alpha}\in V,\lambda\in\mathbb{R}$,则 $\lambda\boldsymbol{\alpha}\in V$.

则称集合 V 为$\mathbb{R}$上的**向量空间**(vector space).

记所有 n 维实向量的集合为$\mathbb{R}^n$,即$\mathbb{R}^n=\{(x_1,x_2,\cdots,x_n)^{\mathrm{T}}\mid x_1,x_2,\cdots,x_n\in\mathbb{R}\}$,由 n 维向量的线性运算规律,容易验证$\mathbb{R}^n$对于加法及数乘两种运算封闭.因而集合$\mathbb{R}^n$构成一向量空间.

例 1 已知集合

$$V_1=\{(x_1,\cdots,x_{n-1},0)^{\mathrm{T}}\mid x_1,\cdots,x_{n-1}\in\mathbb{R}\},$$

$$V_2=\{(x_1,\cdots,x_{n-1},1)^{\mathrm{T}}\mid x_1,\cdots,x_{n-1}\in\mathbb{R}\},$$

判断它们是否为向量空间.

解 因为对于 V_1 中的任意两个向量

$$\boldsymbol{\alpha}=(x_1,\cdots,x_{n-1},0)^{\mathrm{T}},\ \boldsymbol{\beta}=(y_1,\cdots,y_{n-1},0)^{\mathrm{T}},$$

及任意实数 k,有

$$\boldsymbol{\alpha}+\boldsymbol{\beta}=(x_1+y_1,\cdots,x_{n-1}+y_{n-1},0)^{\mathrm{T}}\in V_1,\ k\boldsymbol{\alpha}=(kx_1,\cdots,kx_{n-1},0)^{\mathrm{T}}\in V_1,$$

即 V_1 对向量的加法与数乘两种运算封闭,所以 V_1 是向量空间.

因为任取 $\boldsymbol{\alpha}=(x_1,\cdots,x_{n-1},1)^{\mathrm{T}}\in V_2$,而 $2\boldsymbol{\alpha}=(2x_1,\cdots,2x_{n-1},2)^{\mathrm{T}}\notin V_2$,即 V_2 对向量的数乘运算不封闭,所以 V_2 不是向量空间.

例 2 设 $\boldsymbol{\alpha}_1,\boldsymbol{\alpha}_2,\cdots,\boldsymbol{\alpha}_m$ 是 n 维向量组,证明集合

$$V=\{\boldsymbol{\alpha}\mid\boldsymbol{\alpha}=k_1\boldsymbol{\alpha}_1+k_2\boldsymbol{\alpha}_2+\cdots+k_m\boldsymbol{\alpha}_m,k_1,k_2,\cdots,k_m\in\mathbb{R}\}$$

是一个向量空间.

证明 任意取 $\boldsymbol{\alpha},\boldsymbol{\beta}\in V$,有

$$\boldsymbol{\alpha}=k_1\boldsymbol{\alpha}_1+k_2\boldsymbol{\alpha}_2+\cdots+k_m\boldsymbol{\alpha}_m,\ \boldsymbol{\beta}=l_1\boldsymbol{\alpha}_1+l_2\boldsymbol{\alpha}_2+\cdots+l_m\boldsymbol{\alpha}_m.$$

注意到

$$\boldsymbol{\alpha}+\boldsymbol{\beta}=(k_1+l_1)\boldsymbol{\alpha}_1+(k_2+l_2)\boldsymbol{\alpha}_2+\cdots+(k_m+l_m)\boldsymbol{\alpha}_m\in V,$$

对任意的实数 k 有

$$k\boldsymbol{\alpha}=kk_1\boldsymbol{\alpha}_1+kk_2\boldsymbol{\alpha}_2+\cdots+kk_m\boldsymbol{\alpha}_m\in V.$$

故 V 是向量空间.

通常称例 2 中的向量空间为由向量组 $\boldsymbol{\alpha}_1,\boldsymbol{\alpha}_2,\cdots,\boldsymbol{\alpha}_m$ **生成的向量空间**(vector space spanned by $\boldsymbol{\alpha}_1,\boldsymbol{\alpha}_2,\cdots,\boldsymbol{\alpha}_m$),记作 $\mathrm{span}(\boldsymbol{\alpha}_1,\boldsymbol{\alpha}_2,\cdots,\boldsymbol{\alpha}_m)$.

定义 4.7 设 V_1,V_2 是两个向量空间,若 $V_1\subseteq V_2$,则称 V_1 是 V_2 的**子空间**(subspace).

例如,例 1 中的 V_1 和例 2 中的 V 都是$\mathbb{R}^n$的子空间.

4.3.2 向量空间的基与维数

定义 4.8 设 V 是一个向量空间,$\boldsymbol{\alpha}_1,\boldsymbol{\alpha}_2,\cdots,\boldsymbol{\alpha}_r$ 是 V 中的一组向量,如果满足

(1) $\boldsymbol{\alpha}_1,\boldsymbol{\alpha}_2,\cdots,\boldsymbol{\alpha}_r$ 线性无关;

(2) V 中的任一向量都可由 $\boldsymbol{\alpha}_1,\boldsymbol{\alpha}_2,\cdots,\boldsymbol{\alpha}_r$ 线性表示,

则称向量组 $\boldsymbol{\alpha}_1,\boldsymbol{\alpha}_2,\cdots,\boldsymbol{\alpha}_r$ 是向量空间 V 的一个**基**(basis),称 r 为向量空间 V 的**维数**(dimension),记作 $\dim(V)=r$,并称 V 是 r **维向量空间**(r-dimensional vector space).

例如,在$\mathbb{R}^n$中,基本单位向量组 $\boldsymbol{e}_1=(1,0,\cdots,0)^{\mathrm{T}},\boldsymbol{e}_2=(0,1,\cdots,0)^{\mathrm{T}},\cdots,\boldsymbol{e}_n=(0,0,\cdots,1)^{\mathrm{T}}$ 就是一个基,所以$\mathbb{R}^n$是 n 维向量空间. 通常称$\mathbb{R}^n$为 n 维**实空间**(real vector space),称 $\boldsymbol{e}_1,\boldsymbol{e}_2,\cdots,\boldsymbol{e}_n$ 为$\mathbb{R}^n$的一个**标准基**(standard basis).

从基的定义可以看出,若把向量空间 V 看作向量组,则 V 的基就是向量组的极大无关组,V 的维数就是向量组的秩. 因为向量组的极大无关组可能不唯一,从而向量空间 V 的基

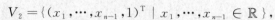

也是不唯一的，但是每个基所含向量的个数是唯一确定的. 对于 r 维向量空间 V，只要取定 V 的一个基 $\boldsymbol{\alpha}_1,\boldsymbol{\alpha}_2,\cdots,\boldsymbol{\alpha}_r$，即有

$$V=\{\boldsymbol{\alpha}\mid\boldsymbol{\alpha}=k_1\boldsymbol{\alpha}_1+k_2\boldsymbol{\alpha}_2+\cdots+k_r\boldsymbol{\alpha}_r,k_1,k_2,\cdots,k_r\in\mathbb{R}\}.$$

这样，就比较清楚地显示出了向量空间 V 的构造.

注 若向量空间 V 没有基，则 $\dim(V)=0$，零维向量空间只含一个零向量.

4.3.3 向量在基下的坐标

定义 4.9 设 V 是一个向量空间，$\boldsymbol{\alpha}_1,\boldsymbol{\alpha}_2,\cdots,\boldsymbol{\alpha}_r$ 是 V 的一个基，则 V 中任一向量 $\boldsymbol{\beta}$ 可唯一的表示为

$$\boldsymbol{\beta}=x_1\boldsymbol{\alpha}_1+x_2\boldsymbol{\alpha}_2+\cdots+x_r\boldsymbol{\alpha}_r,\tag{4.6}$$

称表示系数 $x_1,x_2,\cdots,x_r$ 为向量 $\boldsymbol{\beta}$ 在基 $\boldsymbol{\alpha}_1,\boldsymbol{\alpha}_2,\cdots,\boldsymbol{\alpha}_r$ 下的**坐标**(coordinate).

令矩阵 $\boldsymbol{A}=(\boldsymbol{\alpha}_1,\boldsymbol{\alpha}_2,\cdots,\boldsymbol{\alpha}_r)$，$\boldsymbol{x}=(x_1,x_2,\cdots,x_r)^{\mathrm{T}}$，则(4.6)式可表示为 $\boldsymbol{\beta}=(\boldsymbol{\alpha}_1,\boldsymbol{\alpha}_2,\cdots,\boldsymbol{\alpha}_r)\begin{pmatrix}x_1\\x_2\\\vdots\\x_r\end{pmatrix}=\boldsymbol{Ax}$，即矩阵形式 $\boldsymbol{Ax}=\boldsymbol{\beta}$，可见，求向量在基下的坐标，就是求解一个线性方程组. 显然矩阵 $\boldsymbol{A}$ 可逆，从而线性方程组 $\boldsymbol{Ax}=\boldsymbol{\beta}$ 有唯一解. 有时也称 $\boldsymbol{x}=(x_1,x_2,\cdots,x_r)^{\mathrm{T}}$ 为向量 $\boldsymbol{\beta}$ 在基 $\boldsymbol{\alpha}_1,\boldsymbol{\alpha}_2,\cdots,\boldsymbol{\alpha}_r$ 下的**坐标向量**.

例如，在 $\mathbb{R}^n$ 中，向量 $\boldsymbol{x}=\begin{pmatrix}x_1\\x_2\\\vdots\\x_n\end{pmatrix}$ 在标准基 $\boldsymbol{e}_1=\begin{pmatrix}1\\0\\\vdots\\0\end{pmatrix},\boldsymbol{e}_2=\begin{pmatrix}0\\1\\\vdots\\0\end{pmatrix},\cdots,\boldsymbol{e}_n=\begin{pmatrix}0\\0\\\vdots\\1\end{pmatrix}$ 下的坐标向量是其本身.

例 3 求证向量组 $\boldsymbol{\alpha}_1=\begin{pmatrix}-2\\1\\3\end{pmatrix},\boldsymbol{\alpha}_2=\begin{pmatrix}-1\\0\\1\end{pmatrix},\boldsymbol{\alpha}_3=\begin{pmatrix}-2\\-5\\-1\end{pmatrix}$ 是向量空间 $\mathbb{R}^3$ 的一个基，并求向量 $\boldsymbol{\beta}=\begin{pmatrix}4\\12\\6\end{pmatrix}$ 在该基下的坐标.

证明 以向量组 $\boldsymbol{\alpha}_1,\boldsymbol{\alpha}_2,\boldsymbol{\alpha}_3$ 为列向量构造矩阵 $\boldsymbol{A}=(\boldsymbol{\alpha}_1,\boldsymbol{\alpha}_2,\boldsymbol{\alpha}_3)$，得 $\boldsymbol{A}$ 的行列式

$$|\boldsymbol{A}|=\begin{vmatrix}-2&-1&-2\\1&0&-5\\3&1&-1\end{vmatrix}=2\neq0.$$

因此向量组 $\boldsymbol{\alpha}_1,\boldsymbol{\alpha}_2,\boldsymbol{\alpha}_3$ 线性无关，故为向量空间 $\mathbb{R}^3$ 的一个基.

令 $\boldsymbol{B}=(\boldsymbol{\alpha}_1,\boldsymbol{\alpha}_2,\boldsymbol{\alpha}_3,\boldsymbol{\beta})$，对 $\boldsymbol{B}$ 实施初等行变换化为行最简形，得

$$\boldsymbol{B}=\begin{pmatrix}-2&-1&-2&4\\1&0&-5&12\\3&1&-1&6\end{pmatrix}\xrightarrow{r_1\leftrightarrow r_2}\begin{pmatrix}1&0&-5&12\\-2&-1&-2&4\\3&1&-1&6\end{pmatrix}$$

$$\xrightarrow[r_3-3r_1]{r_2+2r_1}\begin{pmatrix}1&0&-5&12\\0&-1&-12&28\\0&1&14&-30\end{pmatrix}\xrightarrow{r_3+r_2}\begin{pmatrix}1&0&-5&12\\0&-1&-12&28\\0&0&2&-2\end{pmatrix}$$

$$\xrightarrow{-r_2,\frac{1}{2}r_3}\begin{pmatrix}1&0&-5&12\\0&1&12&-28\\0&0&1&-1\end{pmatrix}\xrightarrow[r_1+5r_3]{r_2-12r_3}\begin{pmatrix}1&0&0&7\\0&1&0&-16\\0&0&1&-1\end{pmatrix},$$

因此$\boldsymbol{\beta}=7\boldsymbol{\alpha}_1-16\boldsymbol{\alpha}_2-\boldsymbol{\alpha}_3$,即向量$\boldsymbol{\beta}$在基$\boldsymbol{\alpha}_1,\boldsymbol{\alpha}_2,\boldsymbol{\alpha}_3$下的坐标为$7,-16,-1$.

4.3.4 过渡矩阵与坐标变换

向量空间V的基是不唯一的,不同的基之间有什么关系呢?同一个向量在不同基下的坐标一般是不相同的,它们之间又有什么联系呢?这就是所谓的**基变换**和**坐标变换**的问题.

定义 4.10 设$\boldsymbol{\alpha}_1,\boldsymbol{\alpha}_2,\cdots,\boldsymbol{\alpha}_n$及$\boldsymbol{\beta}_1,\boldsymbol{\beta}_2,\cdots,\boldsymbol{\beta}_n$是$n$维向量空间$V$的两个基,则存在可逆矩阵$\boldsymbol{P}$,使得

$$(\boldsymbol{\beta}_1,\boldsymbol{\beta}_2,\cdots,\boldsymbol{\beta}_n)=(\boldsymbol{\alpha}_1,\boldsymbol{\alpha}_2,\cdots,\boldsymbol{\alpha}_n)\boldsymbol{P},$$

称上式为用基$\boldsymbol{\alpha}_1,\boldsymbol{\alpha}_2,\cdots,\boldsymbol{\alpha}_n$表示基$\boldsymbol{\beta}_1,\boldsymbol{\beta}_2,\cdots,\boldsymbol{\beta}_n$的**基变换公式**,称矩阵$\boldsymbol{P}$为从基$\boldsymbol{\alpha}_1,\boldsymbol{\alpha}_2,\cdots,\boldsymbol{\alpha}_n$到基$\boldsymbol{\beta}_1,\boldsymbol{\beta}_2,\cdots,\boldsymbol{\beta}_n$的**过渡矩阵**(transition matrix).

若令$\boldsymbol{A}=(\boldsymbol{\alpha}_1,\boldsymbol{\alpha}_2,\cdots,\boldsymbol{\alpha}_n)$,$\boldsymbol{B}=(\boldsymbol{\beta}_1,\boldsymbol{\beta}_2,\cdots,\boldsymbol{\beta}_n)$,则由$\boldsymbol{B}=\boldsymbol{AP}$,可得过渡矩阵$\boldsymbol{P}=\boldsymbol{A}^{-1}\boldsymbol{B}$.

定理 4.6 设n维向量空间V中的向量$\boldsymbol{\gamma}$在基$\boldsymbol{\alpha}_1,\boldsymbol{\alpha}_2,\cdots,\boldsymbol{\alpha}_n$下的坐标为$x_1,x_2,\cdots,x_n$,在基$\boldsymbol{\beta}_1,\boldsymbol{\beta}_2,\cdots,\boldsymbol{\beta}_n$下的坐标为$y_1,y_2,\cdots,y_n$,$\boldsymbol{P}$为从基$\boldsymbol{\alpha}_1,\boldsymbol{\alpha}_2,\cdots,\boldsymbol{\alpha}_n$到基$\boldsymbol{\beta}_1,\boldsymbol{\beta}_2,\cdots,\boldsymbol{\beta}_n$的过渡矩阵,则有**坐标变换公式**

$$\boldsymbol{x}=\boldsymbol{Py}\text{ 或 }\boldsymbol{y}=\boldsymbol{P}^{-1}\boldsymbol{x},$$

其中$\boldsymbol{x}=(x_1,x_2,\cdots,x_n)^{\mathrm{T}}$,$\boldsymbol{y}=(y_1,y_2,\cdots,y_n)^{\mathrm{T}}$.

证明 记

$$\boldsymbol{A}=(\boldsymbol{\alpha}_1,\boldsymbol{\alpha}_2,\cdots,\boldsymbol{\alpha}_n),\ \boldsymbol{B}=(\boldsymbol{\beta}_1,\boldsymbol{\beta}_2,\cdots,\boldsymbol{\beta}_n).$$

由于$\boldsymbol{P}$为从基$\boldsymbol{\alpha}_1,\boldsymbol{\alpha}_2,\cdots,\boldsymbol{\alpha}_n$到基$\boldsymbol{\beta}_1,\boldsymbol{\beta}_2,\cdots,\boldsymbol{\beta}_n$的过渡矩阵,则

$$\boldsymbol{B}=\boldsymbol{AP}.$$

又

$$\boldsymbol{\gamma}=\boldsymbol{Ax},\boldsymbol{\gamma}=\boldsymbol{By}=\boldsymbol{APy}.$$

所以有

$$\boldsymbol{Ax}=\boldsymbol{APy},$$

即

$$\boldsymbol{A}(\boldsymbol{x}-\boldsymbol{Py})=\boldsymbol{0}.$$

因为$\boldsymbol{\alpha}_1,\boldsymbol{\alpha}_2,\cdots,\boldsymbol{\alpha}_n$为$n$维向量空间$V$的一个基,所以,$\mathrm{r}(\boldsymbol{A})=n$.从而齐次线性方程组$\boldsymbol{A}(\boldsymbol{x}-\boldsymbol{Py})=\boldsymbol{0}$只有零解.所以$\boldsymbol{x}=\boldsymbol{Py}$或$\boldsymbol{y}=\boldsymbol{P}^{-1}\boldsymbol{x}$. ■

例 4 给定$\mathbb{R}^3$中的两个基

$$\boldsymbol{\alpha}_1=\begin{pmatrix}1\\2\\1\end{pmatrix},\boldsymbol{\alpha}_2=\begin{pmatrix}2\\3\\3\end{pmatrix},\boldsymbol{\alpha}_3=\begin{pmatrix}3\\7\\1\end{pmatrix};$$

$$\boldsymbol{\beta}_1=\begin{pmatrix}3\\1\\4\end{pmatrix},\boldsymbol{\beta}_2=\begin{pmatrix}5\\2\\1\end{pmatrix},\boldsymbol{\beta}_3=\begin{pmatrix}1\\1\\-6\end{pmatrix}.$$

(1) 求从基$\boldsymbol{\alpha}_1,\boldsymbol{\alpha}_2,\boldsymbol{\alpha}_3$到基$\boldsymbol{\beta}_1,\boldsymbol{\beta}_2,\boldsymbol{\beta}_3$的过渡矩阵;

(2) 已知向量$\boldsymbol{\gamma}$在基$\boldsymbol{\beta}_1,\boldsymbol{\beta}_2,\boldsymbol{\beta}_3$下的坐标为$1,-1,0$,求$\boldsymbol{\gamma}$在基$\boldsymbol{\alpha}_1,\boldsymbol{\alpha}_2,\boldsymbol{\alpha}_3$下的坐标;

(3) 已知向量$\boldsymbol{\eta}$在基$\boldsymbol{\alpha}_1,\boldsymbol{\alpha}_2,\boldsymbol{\alpha}_3$下的坐标为$1,-1,0$,求$\boldsymbol{\eta}$在基$\boldsymbol{\beta}_1,\boldsymbol{\beta}_2,\boldsymbol{\beta}_3$下的坐标.

解 (1) 记

$$\boldsymbol{A}=(\boldsymbol{\alpha}_1,\boldsymbol{\alpha}_2,\boldsymbol{\alpha}_3),\boldsymbol{B}=(\boldsymbol{\beta}_1,\boldsymbol{\beta}_2,\boldsymbol{\beta}_3).$$

令$\boldsymbol{P}$为从基$\boldsymbol{\alpha}_1,\boldsymbol{\alpha}_2,\boldsymbol{\alpha}_3$到基$\boldsymbol{\beta}_1,\boldsymbol{\beta}_2,\boldsymbol{\beta}_3$的过渡矩阵,则

$$\boldsymbol{B}=\boldsymbol{AP},$$

即

$$\begin{pmatrix}3&5&1\\1&2&1\\4&1&-6\end{pmatrix}=\begin{pmatrix}1&2&3\\2&3&7\\1&3&1\end{pmatrix}\boldsymbol{P}.$$

这是一个矩阵方程,易得

$$\boldsymbol{P}=\begin{pmatrix}1&2&3\\2&3&7\\1&3&1\end{pmatrix}^{-1}\begin{pmatrix}3&5&1\\1&2&1\\4&1&-6\end{pmatrix}=\begin{pmatrix}-27&-71&-41\\9&20&9\\4&12&8\end{pmatrix}.$$

(2) 根据定理 4.6,$\boldsymbol{\gamma}$在基$\boldsymbol{\alpha}_1,\boldsymbol{\alpha}_2,\boldsymbol{\alpha}_3$下的坐标向量为

$$\boldsymbol{P}\begin{pmatrix}1\\-1\\0\end{pmatrix}=\begin{pmatrix}-27&-71&-41\\9&20&9\\4&12&8\end{pmatrix}\begin{pmatrix}1\\-1\\0\end{pmatrix}=\begin{pmatrix}44\\-11\\-8\end{pmatrix},$$

即$\boldsymbol{\gamma}$在基$\boldsymbol{\alpha}_1,\boldsymbol{\alpha}_2,\boldsymbol{\alpha}_3$下的坐标为$44,-11,-8$.

(3) 根据定理 4.6,$\boldsymbol{\eta}$在$\boldsymbol{\beta}_1,\boldsymbol{\beta}_2,\boldsymbol{\beta}_3$下的坐标向量为

$$\boldsymbol{P}^{-1}\begin{pmatrix}1\\-1\\0\end{pmatrix}=\begin{pmatrix}-27&-71&-41\\9&20&9\\4&12&8\end{pmatrix}^{-1}\begin{pmatrix}1\\-1\\0\end{pmatrix}=\begin{pmatrix}-6\\4\\-3\end{pmatrix},$$

即$\boldsymbol{\eta}$在$\boldsymbol{\beta}_1,\boldsymbol{\beta}_2,\boldsymbol{\beta}_3$下的坐标为$-6,4,-3$.

思考题

1. 齐次线性方程组$\boldsymbol{Ax}=\boldsymbol{0}$的所有解构成的集合$S=\{\boldsymbol{x}\mid\boldsymbol{Ax}=\boldsymbol{0}\}$是否为一个向量空间?若非齐次线性方程组$\boldsymbol{Ax}=\boldsymbol{b}$有解,它的所有解构成的集合$S=\{\boldsymbol{x}\mid\boldsymbol{Ax}=\boldsymbol{b}\}$能否构成一个向量空间?

2. 向量空间的维数与向量的维数是否一样?

习题 4.3

A 组

1. 设 V 是平面中的第一象限的向量的集合，即

$$V=\left\{\begin{pmatrix}x\\y\end{pmatrix}\middle| x>0,y>0\right\},$$

问：(1) 若 $\boldsymbol{\alpha},\boldsymbol{\beta}$ 在 V 中，$\boldsymbol{\alpha}+\boldsymbol{\beta}$ 在 V 中吗？为什么？

(2) 在 V 中找一个非零向量 $\boldsymbol{\alpha}$，并且找一个特殊实数 λ，使得 $\lambda\boldsymbol{\alpha}$ 不在 V 中.

(3) V 是一个向量空间吗？

2. 设

$$V_1=\left\{\boldsymbol{x}=(x_1,x_2,\cdots,x_n)^{\mathrm{T}} \mid x_i\in\mathbb{R},\sum_{i=1}^{n}x_i=1\right\},$$

$$V_2=\left\{\boldsymbol{x}=(x_1,x_2,\cdots,x_n)^{\mathrm{T}} \mid x_i\in\mathbb{R},\sum_{i=1}^{n}x_i=0\right\},$$

判断 V_1,V_2 能否构成向量空间.

3. 给定向量

$$\boldsymbol{\alpha}_1=\begin{pmatrix}1\\0\\1\end{pmatrix},\boldsymbol{\alpha}_2=\begin{pmatrix}0\\1\\0\end{pmatrix},\boldsymbol{\alpha}_3=\begin{pmatrix}1\\2\\2\end{pmatrix},\boldsymbol{\beta}=\begin{pmatrix}1\\3\\0\end{pmatrix},$$

证明向量组 $\boldsymbol{\alpha}_1,\boldsymbol{\alpha}_2,\boldsymbol{\alpha}_3$ 是向量空间$\mathbb{R}^3$的一个基，并求向量 $\boldsymbol{\beta}$ 在该基下的坐标.

B 组

1. 证明集合 $V=\left\{\begin{pmatrix}x\\y\end{pmatrix}\middle| x,y\in\mathbb{R},xy=0\right\}$不是向量空间.

2. 给定向量

$$\boldsymbol{\alpha}_1=\begin{pmatrix}2\\2\\-1\end{pmatrix},\boldsymbol{\alpha}_2=\begin{pmatrix}2\\-1\\2\end{pmatrix},\boldsymbol{\alpha}_3=\begin{pmatrix}-1\\2\\2\end{pmatrix},\boldsymbol{\beta}_1=\begin{pmatrix}1\\0\\-4\end{pmatrix},\boldsymbol{\beta}_2=\begin{pmatrix}4\\3\\2\end{pmatrix},$$

证明 $\boldsymbol{\alpha}_1,\boldsymbol{\alpha}_2,\boldsymbol{\alpha}_3$ 是$\mathbb{R}^3$的一个基，并求 $\boldsymbol{\beta}_1,\boldsymbol{\beta}_2$ 在这个基下的坐标.

3. 设$\mathbb{R}^3$中的两个基分别为

$$\boldsymbol{\alpha}_1=\begin{pmatrix}1\\1\\0\end{pmatrix},\boldsymbol{\alpha}_2=\begin{pmatrix}0\\-1\\1\end{pmatrix},\boldsymbol{\alpha}_3=\begin{pmatrix}1\\0\\2\end{pmatrix};\boldsymbol{\beta}_1=\begin{pmatrix}3\\1\\0\end{pmatrix},\boldsymbol{\beta}_2=\begin{pmatrix}0\\1\\1\end{pmatrix},\boldsymbol{\beta}_3=\begin{pmatrix}1\\0\\4\end{pmatrix}.$$

(1) 求从基 $\boldsymbol{\alpha}_1,\boldsymbol{\alpha}_2,\boldsymbol{\alpha}_3$ 到基 $\boldsymbol{\beta}_1,\boldsymbol{\beta}_2,\boldsymbol{\beta}_3$ 的过渡矩阵；

(2) 求坐标变换公式；

(3) 设向量 $\boldsymbol{\alpha}=\begin{pmatrix}2\\1\\2\end{pmatrix}$，求 $\boldsymbol{\alpha}$ 在这两个基下的坐标.

4.4 线性方程组解的结构

在第 3 章已经解决了线性方程组解的情况的判定问题,并得到了两个重要定理:

(1) n 元齐次线性方程组 $\boldsymbol{Ax}=\boldsymbol{0}$ 有非零解的充要条件是 $\mathrm{r}(\boldsymbol{A})<n$.

(2) n 元非齐次线性方程组 $\boldsymbol{Ax}=\boldsymbol{b}$ 有唯一解的充要条件是 $\mathrm{r}(\boldsymbol{A})=\mathrm{r}(\boldsymbol{A},\boldsymbol{b})=n$;有无穷多解的充要条件是 $\mathrm{r}(\boldsymbol{A})=\mathrm{r}(\boldsymbol{A},\boldsymbol{b})<n$.

接下来进一步讨论线性方程组解的结构.

4.4.1 齐次线性方程组解的结构

设齐次线性方程组

$$\begin{cases} a_{11}x_1+a_{12}x_2+\cdots+a_{1n}x_n=0, \\ a_{21}x_1+a_{22}x_2+\cdots+a_{2n}x_n=0, \\ \quad\vdots \\ a_{m1}x_1+a_{m2}x_2+\cdots+a_{mn}x_n=0, \end{cases} \tag{4.7}$$

其矩阵方程为

$$\boldsymbol{Ax}=\boldsymbol{0}. \tag{4.8}$$

设 $\boldsymbol{u}=\begin{pmatrix} u_1 \\ u_2 \\ \vdots \\ u_n \end{pmatrix}$ 为方程(4.8)的一个解,即 $\boldsymbol{Au}=\boldsymbol{0}$,也称 $\boldsymbol{u}$ 为方程组(4.7)的一个**解向量**.

下面讨论方程组 $\boldsymbol{Ax}=\boldsymbol{0}$ 的解向量的性质.

性质 1 若 $x=\boldsymbol{\xi}_1$, $\boldsymbol{x}=\boldsymbol{\xi}_2$ 为方程组 $\boldsymbol{Ax}=\boldsymbol{0}$ 的解,则 $\boldsymbol{x}=\boldsymbol{\xi}_1+\boldsymbol{\xi}_2$ 也是方程组 $\boldsymbol{Ax}=\boldsymbol{0}$ 的解.

证明 因为 $\boldsymbol{A}(\boldsymbol{\xi}_1+\boldsymbol{\xi}_2)=\boldsymbol{A\xi}_1+\boldsymbol{A\xi}_2=\boldsymbol{0}+\boldsymbol{0}=\boldsymbol{0}$,所以 $\boldsymbol{x}=\boldsymbol{\xi}_1+\boldsymbol{\xi}_2$ 也是方程组 $\boldsymbol{Ax}=\boldsymbol{0}$ 的解. ■

性质 2 若 $\boldsymbol{x}=\boldsymbol{\xi}$ 为方程组 $\boldsymbol{Ax}=\boldsymbol{0}$ 的解,k 为实数,则 $\boldsymbol{x}=k\boldsymbol{\xi}$ 也是方程组 $\boldsymbol{Ax}=\boldsymbol{0}$ 解.

证明 因为 $\boldsymbol{A}(k\boldsymbol{\xi})=k\boldsymbol{A\xi}=k\cdot\boldsymbol{0}=\boldsymbol{0}$,所以 $\boldsymbol{x}=k\boldsymbol{\xi}$ 也是方程组 $\boldsymbol{Ax}=0$ 的解. ■

设齐次线性方程组 $\boldsymbol{Ax}=\boldsymbol{0}$ 的全体解向量所组成的集合 $S=\{\boldsymbol{x}\mid\boldsymbol{Ax}=\boldsymbol{0}\}$,则由上述两个性质知,$S$ 对向量的加法和数乘运算都是封闭的,因此构成一个向量空间. 称此向量空间为齐次线性方程组 $\boldsymbol{Ax}=\boldsymbol{0}$ 的**解空间**.

定义 4.11 若齐次线性方程组 $\boldsymbol{Ax}=\boldsymbol{0}$ 的解 $\boldsymbol{\xi}_1,\boldsymbol{\xi}_2,\cdots,\boldsymbol{\xi}_t$ 满足

(1) $\boldsymbol{\xi}_1,\boldsymbol{\xi}_2,\cdots,\boldsymbol{\xi}_t$ 线性无关;

(2) $\boldsymbol{Ax}=\boldsymbol{0}$ 的任意一个解均可由 $\boldsymbol{\xi}_1,\boldsymbol{\xi}_2,\cdots,\boldsymbol{\xi}_t$ 线性表示,

则称 $\boldsymbol{\xi}_1,\boldsymbol{\xi}_2,\cdots,\boldsymbol{\xi}_t$ 是齐次线性方程组 $\boldsymbol{Ax}=\boldsymbol{0}$ 的一个**基础解系**(fundamental solution set).

显然,方程组 $\mathbf{A}\boldsymbol{x}=\mathbf{0}$ 的一个基础解系即为其解空间的一个基,所以方程组 $\mathbf{A}\boldsymbol{x}=\mathbf{0}$ 的基础解系若存在,则一定不唯一.

根据定义 4.11,若 $\boldsymbol{\xi}_1,\boldsymbol{\xi}_2,\cdots,\boldsymbol{\xi}_t$ 是齐次线性方程组 $\mathbf{A}\boldsymbol{x}=\mathbf{0}$ 的一个基础解系,则方程组 $\mathbf{A}\boldsymbol{x}=\mathbf{0}$ 的解空间就可表示为

$$S=\{\boldsymbol{x}\mid\boldsymbol{x}=k_1\boldsymbol{\xi}_1+k_2\boldsymbol{\xi}_2+\cdots+k_t\boldsymbol{\xi}_t,k_1,k_2,\cdots,k_t\in\mathbb{R}\}.$$

易知,$\boldsymbol{x}=k_1\boldsymbol{\xi}_1+k_2\boldsymbol{\xi}_2+\cdots+k_t\boldsymbol{\xi}_t$ 为齐次线性方程组 $\mathbf{A}\boldsymbol{x}=\mathbf{0}$ 的**通解**.

当一个齐次线性方程组只有零解时,该方程组没有基础解系.而当一个齐次线性方程组有非零解时,是否一定有基础解系呢?如果有,怎样去求它的基础解系?定理 4.7 及其证明回答了这两个问题.

定理 4.7 对于 n 元齐次线性方程组 $\mathbf{A}\boldsymbol{x}=\mathbf{0}$,若 $\mathrm{r}(\mathbf{A})=r<n$,则该方程组的基础解系一定存在,且基础解系中所含解向量的个数等于 $n-r$.

证明 因 $\mathrm{r}(\mathbf{A})=r$,不妨设 $\mathbf{A}$ 的前 r 列向量线性无关,于是 $\mathbf{A}$ 经过初等行变换化成的简化阶梯形矩阵为

$$\begin{pmatrix}1&\cdots&0&b_{11}&\cdots&b_{1,n-r}\\ \vdots&&\vdots&\vdots&&\vdots\\ 0&\cdots&1&b_{r1}&\cdots&b_{r,n-r}\\ 0&&0&\cdots&&0\\ \vdots&&&&&\vdots\\ 0&&0&\cdots&&0\end{pmatrix},$$

对应的方程组为

$$\begin{cases}x_1=-b_{11}x_{r+1}-\cdots-b_{1,n-r}x_n,\\ \qquad\vdots\\ x_r=-b_{r1}x_{r+1}-\cdots-b_{r,n-r}x_n.\end{cases}\tag{4.9}$$

$x_{r+1},\cdots,x_n$ 为自由未知量(共 $n-r$ 个),任给 $x_{r+1},\cdots,x_n$ 一组值,就能唯一确定 $x_1,\cdots,x_r$ 的值,从而得方程组(4.9)的一个解,即方程组(4.7)的解.令 $x_{r+1},\cdots,x_n$ 分别取下列 $n-r$ 组数:

$$\begin{pmatrix}x_{r+1}\\x_{r+2}\\ \vdots\\x_n\end{pmatrix}=\begin{pmatrix}1\\0\\ \vdots\\0\end{pmatrix},\begin{pmatrix}0\\1\\ \vdots\\0\end{pmatrix},\cdots,\begin{pmatrix}0\\0\\ \vdots\\1\end{pmatrix},$$

由方程组(4.9)依次可唯一确定

$$\begin{pmatrix}x_1\\ \vdots\\x_r\end{pmatrix}=\begin{pmatrix}-b_{11}\\ \vdots\\-b_{r1}\end{pmatrix},\begin{pmatrix}-b_{12}\\ \vdots\\-b_{r2}\end{pmatrix},\cdots,\begin{pmatrix}-b_{1,n-r}\\ \vdots\\-b_{r,n-r}\end{pmatrix},$$

从而得到方程组(4.9),即方程组(4.7)的 $n-r$ 个解:

$$\boldsymbol{\xi}_1=\begin{pmatrix}-b_{11}\\ \vdots\\ -b_{r1}\\ 1\\ 0\\ \vdots\\ 0\end{pmatrix},\boldsymbol{\xi}_2=\begin{pmatrix}-b_{12}\\ \vdots\\ -b_{r2}\\ 0\\ 1\\ \vdots\\ 0\end{pmatrix},\cdots,\boldsymbol{\xi}_{n-r}=\begin{pmatrix}-b_{1,n-r}\\ \vdots\\ -b_{r,n-r}\\ 0\\ 0\\ \vdots\\ 1\end{pmatrix}.$$

下面证明，$\boldsymbol{\xi}_1,\boldsymbol{\xi}_2,\cdots,\boldsymbol{\xi}_{n-r}$ 就是方程组 $\boldsymbol{Ax}=\boldsymbol{0}$ 的一个基础解系.

首先，由于 $\begin{pmatrix}1\\0\\ \vdots\\0\end{pmatrix},\begin{pmatrix}0\\1\\ \vdots\\0\end{pmatrix},\cdots,\begin{pmatrix}0\\0\\ \vdots\\1\end{pmatrix}$ 线性无关，由定理 4.3 的(2)知，在每个向量的前面添加 r 个分量得到的 $n-r$ 个 n 维向量 $\boldsymbol{\xi}_1,\boldsymbol{\xi}_2,\cdots,\boldsymbol{\xi}_{n-r}$ 也线性无关.

其次，方程组(4.7)的任一解

$$\boldsymbol{x}=\begin{pmatrix}\lambda_1\\ \vdots\\ \lambda_r\\ \lambda_{r+1}\\ \vdots\\ \lambda_n\end{pmatrix}$$

都可由 $\boldsymbol{\xi}_1,\boldsymbol{\xi}_2,\cdots,\boldsymbol{\xi}_{n-r}$ 线性表示，即

$$\boldsymbol{x}=\lambda_{r+1}\boldsymbol{\xi}_1+\lambda_{r+2}\boldsymbol{\xi}_2+\cdots+\lambda_n\boldsymbol{\xi}_{n-r}.$$

因此，$\boldsymbol{\xi}_1,\boldsymbol{\xi}_2,\cdots,\boldsymbol{\xi}_{n-r}$ 是方程组 $\boldsymbol{Ax}=\boldsymbol{0}$ 的一个基础解系，当 $\mathrm{r}(\boldsymbol{A})=r<n$ 时，基础解系中含有 $n-r$ 个解向量. ■

定理 4.7 的证明给出了求基础解系的一个方法.

对齐次线性方程组 $\boldsymbol{Ax}=\boldsymbol{0}$，如果求出其一个基础解系为 $\boldsymbol{\xi}_1,\boldsymbol{\xi}_2,\cdots,\boldsymbol{\xi}_{n-r}$，则方程组的通解就可表示为 $\boldsymbol{x}=\lambda_1\boldsymbol{\xi}_1+\lambda_2\boldsymbol{\xi}_2+\cdots+\lambda_{n-r}\boldsymbol{\xi}_{n-r}$，其中 $\lambda_1,\lambda_2,\cdots,\lambda_{n-r}$ 为任意常数.

例 1 求齐次线性方程组

$$\begin{cases}x_1+x_2+x_3+x_4+x_5=0,\\3x_1+2x_2+x_3+x_4-3x_5=0,\\x_2+2x_3+2x_4+6x_5=0,\\5x_1+4x_2+3x_3+3x_4-x_5=0\end{cases}$$

的一个基础解系与通解.

解 对线性方程组的系数矩阵 $\boldsymbol{A}$ 实施初等行变换化为行最简形，得

$$\boldsymbol{A}=\begin{pmatrix}1&1&1&1&1\\3&2&1&1&-3\\0&1&2&2&6\\5&4&3&3&-1\end{pmatrix}\xrightarrow[r_4-5r_1]{r_2-3r_1}\begin{pmatrix}1&1&1&1&1\\0&-1&-2&-2&-6\\0&1&2&2&6\\0&-1&-2&-2&-6\end{pmatrix}$$

$$\xrightarrow[\substack{r_4-r_2\\(-1)r_2}]{r_3+r_2}\begin{bmatrix}1&1&1&1&1\\0&1&2&2&6\\0&0&0&0&0\\0&0&0&0&0\end{bmatrix}\xrightarrow{r_1-r_2}\begin{bmatrix}1&0&-1&-1&-5\\0&1&2&2&6\\0&0&0&0&0\\0&0&0&0&0\end{bmatrix}.$$

因为 $r(\boldsymbol{A})=2<5$，所以此方程组有非零解（其中有 $5-2=3$ 个自由未知量），对应的同解方程组为

$$\begin{cases}x_1-x_3-x_4-5x_5=0,\\x_2+2x_3+2x_4+6x_5=0,\end{cases}$$

其中 x_3,x_4,x_5 为自由未知量，上面方程组可化为

$$\begin{cases}x_1=x_3+x_4+5x_5,\\x_2=-2x_3-2x_4-6x_5.\end{cases}$$

令

$$\begin{pmatrix}x_3\\x_4\\x_5\end{pmatrix}=\begin{pmatrix}1\\0\\0\end{pmatrix},\begin{pmatrix}0\\1\\0\end{pmatrix},\begin{pmatrix}0\\0\\1\end{pmatrix},$$

得该方程组的一个基础解系为

$$\boldsymbol{\xi}_1=\begin{pmatrix}1\\-2\\1\\0\\0\end{pmatrix},\boldsymbol{\xi}_2=\begin{pmatrix}1\\-2\\0\\1\\0\end{pmatrix},\boldsymbol{\xi}_3=\begin{pmatrix}5\\-6\\0\\0\\1\end{pmatrix}.$$

该方程组的通解为

$$\boldsymbol{x}=k_1\boldsymbol{\xi}_1+k_2\boldsymbol{\xi}_2+k_3\boldsymbol{\xi}_3=k_1\begin{pmatrix}1\\-2\\1\\0\\0\end{pmatrix}+k_2\begin{pmatrix}1\\-2\\0\\1\\0\end{pmatrix}+k_3\begin{pmatrix}5\\-6\\0\\0\\1\end{pmatrix},$$

其中 k_1,k_2,k_3 为任意常数.

4.4.2 非齐次线性方程组解的结构

设有非齐次线性方程组

$$\begin{cases}a_{11}x_1+a_{12}x_2+\cdots+a_{1n}x_n=b_1,\\a_{21}x_1+a_{22}x_2+\cdots+a_{2n}x_n=b_2,\\\quad\vdots\\a_{m1}x_1+a_{m2}x_2+\cdots+a_{mn}x_n=b_m,\end{cases}$$

其矩阵方程为

$$\boldsymbol{Ax}=\boldsymbol{b}.$$

若将向量 $\boldsymbol{b}$ 改为零向量，则得对应的齐次线性方程组 $\boldsymbol{Ax}=\boldsymbol{0}$，称 $\boldsymbol{Ax}=\boldsymbol{0}$ 为 $\boldsymbol{Ax}=\boldsymbol{b}$ 的导

出方程组,简称为导出组.

非齐次线性方程组 $\boldsymbol{Ax}=\boldsymbol{b}$ 的解与其导出组的解有如下关系.

性质 3 如果 $\boldsymbol{x}=\boldsymbol{\eta}_1,\boldsymbol{x}=\boldsymbol{\eta}_2$ 是方程组 $\boldsymbol{Ax}=\boldsymbol{b}$ 的两个解向量,则 $\boldsymbol{x}=\boldsymbol{\eta}_1-\boldsymbol{\eta}_2$ 是其导出组 $\boldsymbol{Ax}=\boldsymbol{0}$ 的解向量.

证明 因为 $\boldsymbol{A\eta}_1=\boldsymbol{b},\boldsymbol{A\eta}_2=\boldsymbol{b}$,所以 $\boldsymbol{A}(\boldsymbol{\eta}_1-\boldsymbol{\eta}_2)=\boldsymbol{A\eta}_1-\boldsymbol{A\eta}_2=\boldsymbol{b}-\boldsymbol{b}=\boldsymbol{0}$,因此,$\boldsymbol{x}=\boldsymbol{\eta}_1-\boldsymbol{\eta}_2$ 是导出组 $\boldsymbol{Ax}=\boldsymbol{0}$ 的解向量. ■

性质 4 如果 $\boldsymbol{x}=\boldsymbol{\eta}$ 是 $\boldsymbol{Ax}=\boldsymbol{b}$ 的一个解向量(通常称为特解),$\boldsymbol{x}=\boldsymbol{\xi}$ 是其导出组 $\boldsymbol{Ax}=\boldsymbol{0}$ 的任一解向量,则 $\boldsymbol{x}=\boldsymbol{\eta}+\boldsymbol{\xi}$ 仍是 $\boldsymbol{Ax}=\boldsymbol{b}$ 的解向量.

证明 因为 $\boldsymbol{A\eta}=\boldsymbol{b},\boldsymbol{A\xi}=\boldsymbol{0}$,所以 $\boldsymbol{A}(\boldsymbol{\eta}+\boldsymbol{\xi})=\boldsymbol{A\eta}+\boldsymbol{A\xi}=\boldsymbol{b}+\boldsymbol{0}=\boldsymbol{b}$,即 $\boldsymbol{x}=\boldsymbol{\eta}+\boldsymbol{\xi}$ 仍是 $\boldsymbol{Ax}=\boldsymbol{b}$ 的解向量. ■

定理 4.8 设 n 元非齐次线性方程组 $\boldsymbol{Ax}=\boldsymbol{b}$,其中 $\mathrm{r}(\boldsymbol{A})=r$,它的一个特解为 $\boldsymbol{\eta}$,对应导出方程组 $\boldsymbol{Ax}=\boldsymbol{0}$ 的通解为 $\boldsymbol{\xi}=k_1\boldsymbol{\xi}_1+k_2\boldsymbol{\xi}_2+\cdots+k_{n-r}\boldsymbol{\xi}_{n-r}$,则非齐次线性方程组 $\boldsymbol{Ax}=\boldsymbol{b}$ 的通解为 $\boldsymbol{x}=\boldsymbol{\eta}+\boldsymbol{\xi}=\boldsymbol{\eta}+k_1\boldsymbol{\xi}_1+k_2\boldsymbol{\xi}_2+\cdots+k_{n-r}\boldsymbol{\xi}_{n-r}$,其中 $k_1,k_2,\cdots,k_{n-r}$ 为任意常数.

证明 由性质 4 知,$\boldsymbol{x}=\boldsymbol{\eta}+\boldsymbol{\xi}$ 是非齐次线性方程组 $\boldsymbol{Ax}=\boldsymbol{b}$ 的解,又假设 $\boldsymbol{x}$ 是非齐次线性方程组 $\boldsymbol{Ax}=\boldsymbol{b}$ 的任一解,由性质 3 知,$\boldsymbol{x}-\boldsymbol{\eta}$ 是其导出方程组 $\boldsymbol{Ax}=\boldsymbol{0}$ 的解. 因为 $\boldsymbol{\xi}_1,\boldsymbol{\xi}_2,\cdots,\boldsymbol{\xi}_{n-r}$ 为 $\boldsymbol{Ax}=\boldsymbol{0}$ 的一个基础解系,则 $\boldsymbol{x}-\boldsymbol{\eta}$ 可由 $\boldsymbol{\xi}_1,\boldsymbol{\xi}_2,\cdots,\boldsymbol{\xi}_{n-r}$ 线性表示,即存在一组常数 $k_1,k_2,\cdots,k_{n-r}$ 使得

$$\boldsymbol{x}-\boldsymbol{\eta}=k_1\boldsymbol{\xi}_1+k_2\boldsymbol{\xi}_2+\cdots+k_{n-r}\boldsymbol{\xi}_{n-r}$$

成立,即 $\boldsymbol{x}=\boldsymbol{\eta}+k_1\boldsymbol{\xi}_1+k_2\boldsymbol{\xi}_2+\cdots+k_{n-r}\boldsymbol{\xi}_{n-r}$. ■

例 2 已知非齐次线性方程组

$$\begin{cases}x_1-x_2-x_3+x_4=0,\\x_1-x_2-2x_3+3x_4=-1,\\x_1-x_2+x_3-3x_4=2,\end{cases}$$

求它的通解.

解 对方程组的增广矩阵实施初等行变换化为行最简形,得

$$(\boldsymbol{A},\boldsymbol{b})=\begin{pmatrix}1&-1&-1&1&0\\1&-1&-2&3&-1\\1&-1&1&-3&2\end{pmatrix}\xrightarrow[r_3-r_1]{r_2-r_1}\begin{pmatrix}1&-1&-1&1&0\\0&0&-1&2&-1\\0&0&2&-4&2\end{pmatrix}$$

$$\xrightarrow[r_1-r_2]{r_3+2r_2}\begin{pmatrix}1&-1&0&-1&1\\0&0&-1&2&-1\\0&0&0&0&0\end{pmatrix}\xrightarrow{-r_2}\begin{pmatrix}1&-1&0&-1&1\\0&0&1&-2&1\\0&0&0&0&0\end{pmatrix}.$$

可以看出,$\mathrm{r}(\boldsymbol{A})=\mathrm{r}(\boldsymbol{A},\boldsymbol{b})=2<4$,故方程组有无穷多解.

方程组的同解方程组为

$$\begin{cases}x_1=1+x_2+x_4,\\x_3=1+2x_4.\end{cases}$$

令自由未知量 $x_2=x_4=0$,得方程组的一个特解 $\boldsymbol{\eta}=\begin{pmatrix}1\\0\\1\\0\end{pmatrix}$.

而导出方程组的同解方程组为

$$\begin{cases}x_1=x_2+x_4,\\x_3=2x_4.\end{cases}$$

对 $\begin{pmatrix}x_2\\x_4\end{pmatrix}$ 分别取 $\begin{pmatrix}1\\0\end{pmatrix}$ 和 $\begin{pmatrix}0\\1\end{pmatrix}$,得基础解系为

$$\boldsymbol{\xi}_1=\begin{pmatrix}1\\1\\0\\0\end{pmatrix},\boldsymbol{\xi}_2=\begin{pmatrix}1\\0\\2\\1\end{pmatrix}.$$

所以原方程组的通解为

$$\boldsymbol{x}=\boldsymbol{\eta}+k_1\boldsymbol{\xi}_1+k_2\boldsymbol{\xi}_2=\begin{pmatrix}1\\0\\1\\0\end{pmatrix}+k_1\begin{pmatrix}1\\1\\0\\0\end{pmatrix}+k_2\begin{pmatrix}1\\0\\2\\1\end{pmatrix},$$

其中 k_1,k_2 为任意常数.

例3 设 $\boldsymbol{\gamma}_1,\boldsymbol{\gamma}_2,\boldsymbol{\gamma}_3$ 为三元非齐次线性方程组 $\boldsymbol{Ax}=\boldsymbol{b}$ 的三个解向量,且 $\mathrm{r}(\boldsymbol{A})=1$,

$$\boldsymbol{\gamma}_1+\boldsymbol{\gamma}_2=\begin{pmatrix}1\\0\\0\end{pmatrix},\boldsymbol{\gamma}_2+\boldsymbol{\gamma}_3=\begin{pmatrix}1\\1\\0\end{pmatrix},\boldsymbol{\gamma}_1+\boldsymbol{\gamma}_3=\begin{pmatrix}1\\1\\1\end{pmatrix},$$

求方程组 $\boldsymbol{Ax}=\boldsymbol{b}$ 的通解.

解 令

$$\boldsymbol{\xi}_1=(\boldsymbol{\gamma}_2+\boldsymbol{\gamma}_3)-(\boldsymbol{\gamma}_1+\boldsymbol{\gamma}_2)=\boldsymbol{\gamma}_3-\boldsymbol{\gamma}_1=\begin{pmatrix}0\\1\\0\end{pmatrix},$$

$$\boldsymbol{\xi}_2=(\boldsymbol{\gamma}_1+\boldsymbol{\gamma}_3)-(\boldsymbol{\gamma}_2+\boldsymbol{\gamma}_3)=\boldsymbol{\gamma}_1-\boldsymbol{\gamma}_2=\begin{pmatrix}0\\0\\1\end{pmatrix}.$$

由非齐次线性方程组解的性质可知,$\boldsymbol{\xi}_1,\boldsymbol{\xi}_2$ 为其导出方程组 $\boldsymbol{Ax}=\boldsymbol{0}$ 的解,因为 $\mathrm{r}(\boldsymbol{A})=1$,所以导出方程组 $\boldsymbol{Ax}=\boldsymbol{0}$ 的基础解系含有两个解向量,显然 $\boldsymbol{\xi}_1,\boldsymbol{\xi}_2$ 线性无关,所以 $\boldsymbol{\xi}_1,\boldsymbol{\xi}_2$ 为导出方程组 $\boldsymbol{Ax}=\boldsymbol{0}$ 的一个基础解系.

而非齐次线性方程组 $\boldsymbol{Ax}=\boldsymbol{b}$ 的特解可取

$$\boldsymbol{\eta}=\frac{1}{2}(\boldsymbol{\gamma}_1+\boldsymbol{\gamma}_2)=\begin{pmatrix}\frac{1}{2}\\0\\0\end{pmatrix},$$

因而,原方程组的通解为

$$\boldsymbol{x}=\boldsymbol{\eta}+k_1\boldsymbol{\xi}_1+k_2\boldsymbol{\xi}_2=\begin{pmatrix}\frac{1}{2}\\0\\0\end{pmatrix}+k_1\begin{pmatrix}0\\1\\0\end{pmatrix}+k_2\begin{pmatrix}0\\0\\1\end{pmatrix},$$

其中 k_1,k_2 为任意常数.

思考题

1. 齐次线性方程组 $\boldsymbol{Ax}=\boldsymbol{0}$ 的两个不同的基础解系之间有什么关系？求基础解系时,自由未知量的取值是否唯一？

2. 如果非齐次线性方程组 $\boldsymbol{Ax}=\boldsymbol{b}$ 有唯一解,则其导出组 $\boldsymbol{Ax}=\boldsymbol{0}$ 是否只有零解？反之,是否成立？

习题 4.4

A 组

1. 判断下列结论哪个是正确的,哪个是错误的,并说明理由.

(1) 若非齐次线性方程组 $\boldsymbol{Ax}=\boldsymbol{b}$ 有无穷多解,则其导出组 $\boldsymbol{Ax}=\boldsymbol{0}$ 一定有基础解系；

(2) 齐次线性方程组 $\boldsymbol{Ax}=\boldsymbol{0}$ 的基础解系若存在,则一定唯一.

2. 在下列横线上填上正确答案:

(1) 已知齐次线性方程组 $\boldsymbol{Ax}=\boldsymbol{0}$, $\boldsymbol{A}$ 的行最简形为 $\begin{pmatrix}1&3&0&-6\\0&0&1&5\\0&0&0&0\end{pmatrix}$,则 $\mathrm{r}(\boldsymbol{A})=$ __________,$\boldsymbol{Ax}=\boldsymbol{0}$ 的基础解系含__________个解向量,$\boldsymbol{Ax}=\boldsymbol{0}$ 的一个基础解系为__________,$\boldsymbol{Ax}=\boldsymbol{0}$ 的通解为__________；

(2) 设 $\boldsymbol{A}$ 为 5×4 矩阵,若 $\mathrm{r}(\boldsymbol{A})=4$,则齐次线性方程组 $\boldsymbol{Ax}=\boldsymbol{0}$ __________(有,无)基础解系；

(3) 设 $\boldsymbol{A}$ 为 3×5 矩阵,若 $\mathrm{r}(\boldsymbol{A})=2$,则齐次线性方程组 $\boldsymbol{Ax}=\boldsymbol{0}$ 的解空间的维数为__________；

(4) 设三元非齐次线性方程组 $\boldsymbol{Ax}=\boldsymbol{b}$ 有两个线性无关的解向量 $\boldsymbol{\xi}_1$ 和 $\boldsymbol{\xi}_2$,且 $\mathrm{r}(\boldsymbol{A})=2$,则线性方程组 $\boldsymbol{Ax}=\boldsymbol{b}$ 的通解为__________.

3. 求下列齐次线性方程组的一个基础解系,并写出其通解:

(1) $\begin{cases}x_1-x_2-x_3+x_4=0,\\x_1-x_2+x_3-3x_4=0,\\x_1-x_2-2x_3+3x_4=0;\end{cases}$

(2) $\begin{cases}x_1+3x_2+4x_3+8x_4=0,\\-x_1+x_2+4x_4=0,\\4x_1+2x_2+6x_3+10x_4=0;\end{cases}$

(3) $\begin{cases}3x_1+5x_2+6x_3-4x_4=0,\\x_1+2x_2+4x_3-3x_4=0,\\4x_1+5x_2-2x_3+3x_4=0,\\3x_1+8x_2+24x_3-19x_4=0.\end{cases}$

4. 求下列非齐次线性方程组的通解：

(1) $\begin{cases} x_1+2x_2+2x_3=2, \\ x_1+3x_2+4x_3-2x_4=3, \\ x_1+x_2+2x_4=1; \end{cases}$ (2) $\begin{cases} 2x_1-x_2+4x_3-3x_4=-4, \\ x_1+x_3-x_4=-3, \\ 3x_1+x_2+x_3=1, \\ 7x_1+7x_3-3x_4=3; \end{cases}$

(3) $\begin{cases} x_1+x_2+x_3+x_4+x_5=2, \\ 2x_1+3x_2+x_3+x_4-3x_5=0, \\ x_1+2x_3+2x_4+6x_5=6, \\ 4x_1+5x_2+3x_3+3x_4-x_5=4. \end{cases}$

5. 设 $\boldsymbol{\eta}_1,\boldsymbol{\eta}_2,\boldsymbol{\eta}_3$ 为四元非齐次线性方程组 $\boldsymbol{Ax}=\boldsymbol{b}$ 的三个解向量，且 $\mathrm{r}(\boldsymbol{A})=3$，$\boldsymbol{\eta}_1=\begin{pmatrix}2\\3\\4\\5\end{pmatrix}$，$\boldsymbol{\eta}_2+\boldsymbol{\eta}_3=\begin{pmatrix}1\\2\\3\\4\end{pmatrix}$，求线性方程组 $\boldsymbol{Ax}=\boldsymbol{b}$ 的通解.

6. 设 $\boldsymbol{A}$ 为三阶方阵，$\boldsymbol{B}=\begin{pmatrix}1&-1&0\\2&1&1\\3&0&k\end{pmatrix}$，若 $\mathrm{r}(\boldsymbol{A})=1$，且 $\boldsymbol{AB}=\boldsymbol{O}$，求常数 k 的值.

7. 若 $\boldsymbol{\xi}_1,\boldsymbol{\xi}_2,\boldsymbol{\xi}_3$ 是齐次线性方程组 $\boldsymbol{Ax}=\boldsymbol{0}$ 的基础解系，证明：$\boldsymbol{\xi}_1,\boldsymbol{\xi}_1+\boldsymbol{\xi}_2,\boldsymbol{\xi}_1+\boldsymbol{\xi}_2+\boldsymbol{\xi}_3$ 也是方程组 $\boldsymbol{Ax}=\boldsymbol{0}$ 的基础解系.

B 组

1. 设 $\boldsymbol{B}$ 为三阶非零方阵，且 $\boldsymbol{B}$ 的每一列均为齐次线性方程组 $\begin{cases} x_1+2x_2-2x_3=0, \\ 2x_1-x_2+\lambda x_3=0, \\ 3x_1+x_2-x_3=0 \end{cases}$ 的解，求常数 λ 和 $|\boldsymbol{B}|$.

2. 证明：如果 $\boldsymbol{\eta}_1,\boldsymbol{\eta}_2,\cdots,\boldsymbol{\eta}_t$ 是 n 元非齐次线性方程组

$$\begin{cases} a_{11}x_1+a_{12}x_2+\cdots+a_{1n}x_n=b_1, \\ a_{21}x_1+a_{22}x_2+\cdots+a_{2n}x_n=b_2, \\ \qquad\vdots \\ a_{s1}x_1+a_{s2}x_2+\cdots+a_{sn}x_n=b_s \end{cases}$$

的解，那么 $\lambda_1\boldsymbol{\eta}_1+\lambda_2\boldsymbol{\eta}_2+\cdots+\lambda_t\boldsymbol{\eta}_t$（其中 $\lambda_1+\lambda_2+\cdots+\lambda_t=1$）也是该线性方程组的一个解.

3. 求一个齐次线性方程组 $\boldsymbol{Ax}=\boldsymbol{0}$，使其基础解系为 $\boldsymbol{\xi}_1=\begin{pmatrix}0\\1\\2\\3\end{pmatrix}$，$\boldsymbol{\xi}_2=\begin{pmatrix}3\\2\\1\\0\end{pmatrix}$.

4. 已知在平面直角坐标系 xOy 内三条不同的直线方程为

$$l_1: ax+2by+3c=0,$$
$$l_2: bx+2cy+3a=0,$$
$$l_3: cx+2ay+3b=0,$$

证明这三条直线交于一点的充要条件为 $a+b+c=0$.

复习题 4

一、选择题

1. 设 $\boldsymbol{A}$ 为 n 阶方阵,下列结论中不正确的是(　　).

A. $\boldsymbol{A}$ 的列向量组线性无关的充要条件是 $\mathrm{r}(\boldsymbol{A})=n$

B. 若 $\boldsymbol{A}$ 中某一列是其余各列的线性组合,则 $|\boldsymbol{A}|=0$

C. $\boldsymbol{A}$ 可逆的充要条件是 $\boldsymbol{A}$ 的列向量组线性相关

D. 若 $\mathrm{r}(\boldsymbol{A})=r<n$,则线性方程组 $\boldsymbol{Ax}=\boldsymbol{0}$ 的基础解系中含 $n-r$ 个解向量

2. 设向量组 $\boldsymbol{\alpha}_1=\begin{pmatrix}1\\1\\1\end{pmatrix},\boldsymbol{\alpha}_2=\begin{pmatrix}1\\2\\3\end{pmatrix},\boldsymbol{\alpha}_3=\begin{pmatrix}1\\3\\t\end{pmatrix}$ 线性无关,则 $t\neq$(　　).

A. 2　　B. 3　　C. 4　　D. 5

二、填空题

1. 设向量 $\boldsymbol{\alpha}=\begin{pmatrix}1\\0\\-1\end{pmatrix},\boldsymbol{\beta}=\begin{pmatrix}3\\5\\2\end{pmatrix}$,则 $\boldsymbol{\alpha}^{\mathrm{T}}\boldsymbol{\beta}=$________,$\boldsymbol{\alpha}\boldsymbol{\beta}^{\mathrm{T}}=$________.

2. 已知向量组 $\boldsymbol{\alpha}_1=\begin{pmatrix}0\\1\\-1\end{pmatrix},\boldsymbol{\alpha}_2=\begin{pmatrix}s\\2\\1\end{pmatrix},\boldsymbol{\alpha}_3=\begin{pmatrix}t\\1\\0\end{pmatrix}$ 线性相关,则 s,t 满足________.

三、解答题

1. 若向量组 $\boldsymbol{\alpha}_1,\boldsymbol{\alpha}_2,\boldsymbol{\alpha}_3$ 线性无关,又 $\boldsymbol{\beta}_1=\boldsymbol{\alpha}_1+\boldsymbol{\alpha}_2+2\boldsymbol{\alpha}_3,\boldsymbol{\beta}_2=\boldsymbol{\alpha}_2+\boldsymbol{\alpha}_3+2\boldsymbol{\alpha}_1,\boldsymbol{\beta}_3=\boldsymbol{\alpha}_3+\boldsymbol{\alpha}_1+2\boldsymbol{\alpha}_2$,证明 $\boldsymbol{\beta}_1,\boldsymbol{\beta}_2,\boldsymbol{\beta}_3$ 也线性无关.

2. 已知向量组

$$\boldsymbol{\alpha}_1=\begin{pmatrix}1\\-1\\2\\4\end{pmatrix},\boldsymbol{\alpha}_2=\begin{pmatrix}0\\3\\1\\2\end{pmatrix},\boldsymbol{\alpha}_3=\begin{pmatrix}3\\0\\7\\14\end{pmatrix},\boldsymbol{\alpha}_4=\begin{pmatrix}1\\-1\\2\\0\end{pmatrix},\boldsymbol{\alpha}_5=\begin{pmatrix}2\\1\\5\\6\end{pmatrix},$$

求该向量组的秩及一个极大无关组,并用该极大无关组线性表示其余向量.

3. 证明向量组

$$\boldsymbol{\alpha}_1=\begin{pmatrix}1\\-1\\0\end{pmatrix},\boldsymbol{\alpha}_2=\begin{pmatrix}2\\1\\3\end{pmatrix},\boldsymbol{\alpha}_3=\begin{pmatrix}3\\1\\2\end{pmatrix},$$

为向量空间 $\mathbb{R}^3$ 的一个基,并求向量 $\boldsymbol{\beta}=\begin{pmatrix}5\\0\\7\end{pmatrix}$ 在此基下的坐标.

4. 设有四元齐次线性方程组(Ⅰ) $\begin{cases}x_1+x_2=0,\\x_2-x_4=0,\end{cases}$ 又已知某齐次线性方程组(Ⅱ)的

通解为 $\begin{pmatrix} x_1 \\ x_2 \\ x_3 \\ x_4 \end{pmatrix} = k_1 \begin{pmatrix} 0 \\ 1 \\ 1 \\ 0 \end{pmatrix} + k_2 \begin{pmatrix} -1 \\ 2 \\ 2 \\ 1 \end{pmatrix}$.

(1) 求线性方程组(Ⅰ)的一个基础解系;

(2) 线性方程组(Ⅰ)和(Ⅱ)是否有非零公共解,若有,求出所有的非零公共解.

第 5 章

方阵的特征值与特征向量

特征值与特征向量是方阵的基本属性，也是矩阵理论中的重要内容. 这部分内容不仅在数学的许多分支中具有重要应用，而且可以用来解决实际问题，如工程技术中的振动问题和稳定性问题、动态经济模型、图像压缩等，常可以归结为求解方阵的特征值与特征向量的问题.

本章主要讨论

1. 什么是特征值与特征向量?
2. 特征值与特征向量有哪些基本性质?
3. 什么是相似矩阵?
4. 如何将矩阵对角化?

5.1 特征值与特征向量

5.1.1 特征值与特征向量的概念

定义 5.1（特征值与特征向量） 设 $\boldsymbol{A}$ 为 n 阶方阵，如果存在常数 λ 和 n 维非零列向量 $\boldsymbol{x}$，使

$$\boldsymbol{A}\boldsymbol{x}=\lambda\boldsymbol{x} \tag{5.1}$$

成立，则称 λ 为方阵 $\boldsymbol{A}$ 的一个**特征值**(eigenvalue)，称 $\boldsymbol{x}$ 为 $\boldsymbol{A}$ 的对应于特征值 λ 的**特征向量**(eigenvector).

例 1 设 $\boldsymbol{A}=\begin{pmatrix}3&-1\\-1&3\end{pmatrix}$，因为 $\boldsymbol{A}\begin{pmatrix}1\\1\end{pmatrix}=\begin{pmatrix}3&-1\\-1&3\end{pmatrix}\begin{pmatrix}1\\1\end{pmatrix}=\begin{pmatrix}2\\2\end{pmatrix}=2\begin{pmatrix}1\\1\end{pmatrix}$，所以 2 为 $\boldsymbol{A}$ 的一个特征值，$\begin{pmatrix}1\\1\end{pmatrix}$ 为 $\boldsymbol{A}$ 的对应于特征值 2 的特征向量. 又因为 $\boldsymbol{A}\begin{pmatrix}-1\\-1\end{pmatrix}=\begin{pmatrix}3&-1\\-1&3\end{pmatrix}\begin{pmatrix}-1\\-1\end{pmatrix}=\begin{pmatrix}-2\\-2\end{pmatrix}=2\begin{pmatrix}-1\\-1\end{pmatrix}$，所以 $\begin{pmatrix}-1\\-1\end{pmatrix}$ 也为 $\boldsymbol{A}$ 的对应于特征值 2 的特征向量.

另外，因为 $\boldsymbol{A}\begin{pmatrix}-1\\1\end{pmatrix}=\begin{pmatrix}3&-1\\-1&3\end{pmatrix}\begin{pmatrix}-1\\1\end{pmatrix}=\begin{pmatrix}-4\\1\end{pmatrix}=4\begin{pmatrix}-1\\1\end{pmatrix}$，所以 4 也为 $\boldsymbol{A}$ 的一个特征

值，$\begin{pmatrix}-1\\1\end{pmatrix}$为 $\boldsymbol{A}$ 的对应于特征值 4 的特征向量.

由例 1 可见，对应于方阵 $\boldsymbol{A}$ 的某个特征值的特征向量不唯一. 事实上，由定义 5.1 可知，若 $\boldsymbol{x}$ 为 $\boldsymbol{A}$ 的对应于特征值 λ 的特征向量，k 为非零常数，则

$$\boldsymbol{A}(k\boldsymbol{x})=k(\boldsymbol{A}\boldsymbol{x})=k(\lambda\boldsymbol{x})=\lambda(k\boldsymbol{x}),$$

即 $k\boldsymbol{x}$ **也是 $\boldsymbol{A}$ 的对应于特征值 λ 的特征向量.**

由例 1 还发现，方阵 $\boldsymbol{A}$ 的特征值也可能不唯一.

5.1.2 特征值与特征向量的计算

对于 n 阶方阵 $\boldsymbol{A}$，如何求它的特征值与特征向量呢？

由(5.1)式可得$(\boldsymbol{A}-\lambda\boldsymbol{E})\boldsymbol{x}=\boldsymbol{0}$，这是一个 n 元齐次线性方程组，它有非零解的充要条件是系数行列式$|\boldsymbol{A}-\lambda\boldsymbol{E}|=0$，即

$$\begin{vmatrix}a_{11}-\lambda & a_{12} & \cdots & a_{1n}\\ a_{21} & a_{22}-\lambda & \cdots & a_{2n}\\ \vdots & \vdots & \ddots & \vdots\\ a_{n1} & a_{n2} & \cdots & a_{nn}-\lambda\end{vmatrix}=0.$$

$|\boldsymbol{A}-\lambda\boldsymbol{E}|$为 λ 的 n 次多项式，称为 $\boldsymbol{A}$ 的**特征多项式**(characteristic polynomial)，$|\boldsymbol{A}-\lambda\boldsymbol{E}|=0$ 称为 $\boldsymbol{A}$ 的**特征方程**. $\boldsymbol{A}$ 的特征值就是 $\boldsymbol{A}$ 的特征方程$|\boldsymbol{A}-\lambda\boldsymbol{E}|=0$ 的根，因此特征值也叫做**特征根**，特征方程的重根称为**重特征值**.

由此，可以得到求 n 阶方阵 $\boldsymbol{A}$ 的特征值和特征向量的步骤：

(1) 计算 $\boldsymbol{A}$ 的特征多项式$|\boldsymbol{A}-\lambda\boldsymbol{E}|$；

(2) 求出特征方程$|\boldsymbol{A}-\lambda\boldsymbol{E}|=0$ 的所有根，即得 $\boldsymbol{A}$ 的全部特征值 $\lambda_i(i=1,2,\cdots,n)$；

(3) 对于每个特征值 $\lambda_i(i=1,2,\cdots,n)$，求出其对应的齐次线性方程组$(\boldsymbol{A}-\lambda_i\boldsymbol{E})x=\boldsymbol{0}$ 的全部非零解，即得到 $\boldsymbol{A}$ 的对应于特征值 λ_i 的全部特征向量.

显然，对角矩阵 $\boldsymbol{\Lambda}=\mathrm{diag}(\lambda_1,\lambda_2,\cdots,\lambda_n)$的特征值为其主对角元 $\lambda_1,\lambda_2,\cdots,\lambda_n$.

例 2 求 $\boldsymbol{A}=\begin{pmatrix}4&1\\1&4\end{pmatrix}$的特征值与特征向量.

解 $\boldsymbol{A}$ 的特征多项式为

$$|\boldsymbol{A}-\lambda\boldsymbol{E}|=\begin{vmatrix}4-\lambda & 1\\ 1 & 4-\lambda\end{vmatrix}=(4-\lambda)^2-1=(\lambda-3)(\lambda-5).$$

令$|\boldsymbol{A}-\lambda\boldsymbol{E}|=0$，得 $\boldsymbol{A}$ 的特征值为 $\lambda_1=3,\lambda_2=5$.

对 $\lambda_1=3$，解线性方程组$(\boldsymbol{A}-3\boldsymbol{E})\boldsymbol{x}=\boldsymbol{0}$，由 $\boldsymbol{A}-3\boldsymbol{E}=\begin{pmatrix}1&1\\1&1\end{pmatrix}\xrightarrow{\text{行}}\begin{pmatrix}1&1\\0&0\end{pmatrix}$，可知与原方程组同解的方程组为 $x_1+x_2=0$，令自由未知量 $x_2=1$，得其基础解系 $\boldsymbol{\alpha}_1=\begin{pmatrix}-1\\1\end{pmatrix}$，即为方阵 $\boldsymbol{A}$ 的对应于特征值 $\lambda_1=3$ 的一个特征向量，因此 $k_1\boldsymbol{\alpha}_1(k_1\neq0)$为 $\boldsymbol{A}$ 的对应于特征值 $\lambda_1=3$ 的全部特征向量.

对 $\lambda_2=5$，解线性方程组$(\boldsymbol{A}-5\boldsymbol{E})\boldsymbol{x}=\boldsymbol{0}$，由 $\boldsymbol{A}-5\boldsymbol{E}=\begin{pmatrix}-1&1\\1&-1\end{pmatrix}\xrightarrow{\text{行}}\begin{pmatrix}1&-1\\0&0\end{pmatrix}$，可知与

原方程组同解的方程组为 $x_1-x_2=0$,令自由未知量 $x_2=1$,得其基础解系 $\boldsymbol{\alpha}_2=\begin{pmatrix}1\\1\end{pmatrix}$,即为方阵 $\boldsymbol{A}$ 的对应于特征值 $\lambda_2=5$ 的一个特征向量,因此 $k_2\boldsymbol{\alpha}_2(k_2\neq 0)$ 为 $\boldsymbol{A}$ 的对应于特征值 $\lambda_2=5$ 的全部特征向量.

例 3 求 $\boldsymbol{A}=\begin{pmatrix}-2&1&1\\0&2&0\\-4&1&3\end{pmatrix}$ 的特征值与特征向量.

解 $\boldsymbol{A}$ 的特征多项式为

$$|\boldsymbol{A}-\lambda\boldsymbol{E}|=\begin{vmatrix}-2-\lambda&1&1\\0&2-\lambda&0\\-4&1&3-\lambda\end{vmatrix}=(2-\lambda)\begin{vmatrix}-2-\lambda&1\\-4&3-\lambda\end{vmatrix}=-(\lambda+1)(\lambda-2)^2.$$

令 $|\boldsymbol{A}-\lambda\boldsymbol{E}|=0$,得 $\boldsymbol{A}$ 的特征值为 $\lambda_1=-1,\lambda_2=\lambda_3=2$.

对 $\lambda_1=-1$,解线性方程组 $(\boldsymbol{A}+\boldsymbol{E})\boldsymbol{x}=\boldsymbol{0}$,由 $\boldsymbol{A}+\boldsymbol{E}=\begin{pmatrix}-1&1&1\\0&3&0\\-4&1&4\end{pmatrix}\xrightarrow{\text{行}}\begin{pmatrix}1&0&-1\\0&1&0\\0&0&0\end{pmatrix}$,可知与原方程组同解的方程组为 $\begin{cases}x_1\quad -x_3=0,\\ \quad x_2\quad\ =0,\end{cases}$ 令自由未知量 $x_3=1$,得其基础解系 $\boldsymbol{\alpha}_1=\begin{pmatrix}1\\0\\1\end{pmatrix}$,因此 $k_1\boldsymbol{\alpha}_1(k_1\neq 0)$ 为 $\boldsymbol{A}$ 的对应于特征值 $\lambda_1=-1$ 的全部特征向量.

对 $\lambda_2=\lambda_3=2$,解线性方程组 $(\boldsymbol{A}-2\boldsymbol{E})\boldsymbol{x}=\boldsymbol{0}$,由 $\boldsymbol{A}-2\boldsymbol{E}=\begin{pmatrix}-4&1&1\\0&0&0\\-4&1&1\end{pmatrix}\xrightarrow{\text{行}}\begin{pmatrix}-4&1&1\\0&0&0\\0&0&0\end{pmatrix}$,可知与原方程组同解的方程组为 $-4x_1+x_2+x_3=0$,x_2,x_3 为自由未知量,令 $\begin{pmatrix}x_2\\x_3\end{pmatrix}=\begin{pmatrix}4\\0\end{pmatrix},\begin{pmatrix}0\\4\end{pmatrix}$,得其基础解系 $\boldsymbol{\alpha}_2=\begin{pmatrix}1\\4\\0\end{pmatrix},\boldsymbol{\alpha}_3=\begin{pmatrix}1\\0\\4\end{pmatrix}$,因此 $k_2\boldsymbol{\alpha}_2+k_3\boldsymbol{\alpha}_3$($k_2,k_3$ 不同时为零)为 $\boldsymbol{A}$ 的对应于特征值 $\lambda_2=\lambda_3=2$ 的全部特征向量.

例 4 求 $\boldsymbol{A}=\begin{pmatrix}-1&1&0\\-4&3&0\\1&0&2\end{pmatrix}$ 的特征值与特征向量.

解 $\boldsymbol{A}$ 的特征多项式为

$$|\boldsymbol{A}-\lambda\boldsymbol{E}|=\begin{vmatrix}-1-\lambda&1&0\\-4&3-\lambda&0\\1&0&2-\lambda\end{vmatrix}=(2-\lambda)\begin{vmatrix}-1-\lambda&1\\-4&3-\lambda\end{vmatrix}=(2-\lambda)(\lambda-1)^2.$$

令 $|\boldsymbol{A}-\lambda\boldsymbol{E}|=0$,得 $\boldsymbol{A}$ 的特征值为 $\lambda_1=2,\lambda_2=\lambda_3=1$.

对 $\lambda_1=2$，解线性方程组 $(\boldsymbol{A}-2\boldsymbol{E})\boldsymbol{x}=\boldsymbol{0}$，由 $\boldsymbol{A}-2\boldsymbol{E}=\begin{pmatrix}-3&1&0\\-4&1&0\\1&0&0\end{pmatrix}\xrightarrow{\text{行}}\begin{pmatrix}1&0&0\\0&1&0\\0&0&0\end{pmatrix}$，可知与原方程组同解的方程组为 $\begin{cases}x_1\quad=0,\\x_2=0,\end{cases}$ 令自由未知量 $x_3=1$，得其基础解系 $\boldsymbol{\alpha}_1=\begin{pmatrix}0\\0\\1\end{pmatrix}$，因此 $k_1\boldsymbol{\alpha}_1(k_1\neq0)$ 为 $\boldsymbol{A}$ 的对应于特征值 $\lambda_1=2$ 的全部特征向量.

对 $\lambda_2=\lambda_3=1$，解线性方程组 $(\boldsymbol{A}-\boldsymbol{E})\boldsymbol{x}=\boldsymbol{0}$，由 $\boldsymbol{A}-\boldsymbol{E}=\begin{pmatrix}-2&1&0\\-4&2&0\\1&0&1\end{pmatrix}\xrightarrow{\text{行}}\begin{pmatrix}1&0&1\\0&1&2\\0&0&0\end{pmatrix}$，可知与原方程组同解的方程组为 $\begin{cases}x_1\quad+x_3=0,\\x_2+2x_3=0,\end{cases}$ 令自由未知量 $x_3=1$，得其基础解系 $\boldsymbol{\alpha}_2=\begin{pmatrix}-1\\-2\\1\end{pmatrix}$，因此 $k_2\boldsymbol{\alpha}_2(k_2\neq0)$ 为 $\boldsymbol{A}$ 的对应于特征值 $\lambda_2=\lambda_3=1$ 的全部特征向量.

5.1.3 特征值与特征向量的性质

由本节例2知，$\boldsymbol{A}=\begin{pmatrix}4&1\\1&4\end{pmatrix}$ 的两个特征值分别为 $\lambda_1=3$ 和 $\lambda_2=5$. 容易验证，$\lambda_1+\lambda_2=3+5=4+4=a_{11}+a_{22}$，$\lambda_1\lambda_2=15=\begin{vmatrix}4&1\\1&4\end{vmatrix}=|\boldsymbol{A}|$. 将此结论推广，可得特征值的下列性质.

性质 若 $\lambda_1,\lambda_2,\cdots,\lambda_n$ 为 n 阶方阵 $\boldsymbol{A}$ 的全部特征值，则

(1) $\lambda_1+\lambda_2+\cdots+\lambda_n=a_{11}+a_{22}+\cdots+a_{nn}$；

(2) $\lambda_1\lambda_2\cdots\lambda_n=|\boldsymbol{A}|$.

证明 设

$$f(\lambda)=|\boldsymbol{A}-\lambda\boldsymbol{E}|=\begin{vmatrix}a_{11}-\lambda&a_{12}&\cdots&a_{1n}\\a_{21}&a_{22}-\lambda&\cdots&a_{2n}\\\vdots&\vdots&\ddots&\vdots\\a_{n1}&a_{n2}&\cdots&a_{nn}-\lambda\end{vmatrix},$$

其中包含 λ 的元素只有 $a_{11}-\lambda,a_{22}-\lambda,\cdots,a_{nn}-\lambda$，并且这些元素位于不同行不同列. 将行列式 $|\boldsymbol{A}-\lambda\boldsymbol{E}|$ 按第一行展开，得 $f(\lambda)=(a_{11}-\lambda)A_{11}+a_{12}A_{12}+\cdots+a_{1n}A_{1n}$，其中 $A_{11},A_{12},\cdots,A_{1n}$ 为 $|\boldsymbol{A}-\lambda\boldsymbol{E}|$ 的第一行元素的代数余子式. 上述展开式中除第一项包含 $(a_{11}-\lambda)(a_{22}-\lambda)\cdots(a_{nn}-\lambda)$ 外，其他项最多包含 $|\boldsymbol{A}-\lambda\boldsymbol{E}|$ 的主对角线上的 $n-2$ 个元素，因此这些项中，λ 的次数不会超过 $n-2$. 所以

$$f(\lambda)=(-1)^n\lambda^n+(-1)^{n-1}(a_{11}+a_{22}+\cdots+a_{nn})\lambda^{n-1}+\cdots.$$

因为 $f(\lambda)$ 的常数项为 $f(0)$，而 $f(0)=|\boldsymbol{A}|$，所以

$$f(\lambda)=(-1)^n\lambda^n+(-1)^{n-1}(a_{11}+a_{22}+\cdots+a_{nn})\lambda^{n-1}+\cdots+|\boldsymbol{A}|.$$

由 $\lambda_1,\lambda_2,\cdots,\lambda_n$ 为 n 阶方阵 $\boldsymbol{A}$ 的特征值，可知 $f(\lambda)=(\lambda_1-\lambda)(\lambda_2-\lambda)\cdots(\lambda_n-\lambda)$，展开得

$$f(\lambda)=(-1)^n\lambda^n+(-1)^{n-1}(\lambda_1+\lambda_2+\cdots+\lambda_n)\lambda^{n-1}+\cdots+\lambda_1\lambda_2\cdots\lambda_n.$$

对比上述 $f(\lambda)$ 的两个表达式中的系数，可得

$$\lambda_1+\lambda_2+\cdots+\lambda_n=a_{11}+a_{22}+\cdots+a_{nn},\lambda_1\lambda_2\cdots\lambda_n=|\boldsymbol{A}|.$$ ■

注 称 $a_{11}+a_{22}+\cdots+a_{nn}$ 为矩阵 $\boldsymbol{A}$ 的**迹**(trace)，记做 $\mathrm{tr}\boldsymbol{A}$.

推论 n 阶方阵 $\boldsymbol{A}$ 可逆的充要条件是 $\boldsymbol{A}$ 的所有特征值 $\lambda_1,\lambda_2,\cdots,\lambda_n$ 都不为零.

证明 方阵 $\boldsymbol{A}$ 可逆的充要条件是 $|\boldsymbol{A}|\neq0$，而 $|\boldsymbol{A}|=\lambda_1\lambda_2\cdots\lambda_n$，所以方阵 $\boldsymbol{A}$ 可逆的充要条件是 $\lambda_1\lambda_2\cdots\lambda_n\neq0$，即 $\lambda_1,\lambda_2,\cdots,\lambda_n$ 都不为零. ■

定理 5.1 设 $\lambda_1,\lambda_2,\cdots,\lambda_m$ 为 n 阶方阵 $\boldsymbol{A}$ 的互不相同的特征值，$\boldsymbol{\alpha}_1,\boldsymbol{\alpha}_2,\cdots,\boldsymbol{\alpha}_m$ 为 $\boldsymbol{A}$ 的分别对应于 $\lambda_1,\lambda_2,\cdots,\lambda_m$ 的特征向量，则 $\boldsymbol{\alpha}_1,\boldsymbol{\alpha}_2,\cdots,\boldsymbol{\alpha}_m$ 线性无关.

证明 用数学归纳法证明.

当 $m=1$ 时，由 $\boldsymbol{\alpha}_1$ 为 $\boldsymbol{A}$ 的特征向量，可知 $\boldsymbol{\alpha}_1\neq\mathbf{0}$，$\boldsymbol{\alpha}_1$ 线性无关，结论成立.

假设当 $m=k$ 时结论成立，要证 $m=k+1$ 时结论也成立. 即假设向量组 $\boldsymbol{\alpha}_1,\boldsymbol{\alpha}_2,\cdots,\boldsymbol{\alpha}_k$ 线性无关，证明 $\boldsymbol{\alpha}_1,\boldsymbol{\alpha}_2,\cdots,\boldsymbol{\alpha}_k,\boldsymbol{\alpha}_{k+1}$ 也线性无关，其中 $\boldsymbol{A}\boldsymbol{\alpha}_i=\lambda_i\boldsymbol{\alpha}_i(i=1,2,\cdots,k,k+1)$，$\lambda_1,\lambda_2,\cdots,\lambda_k,\lambda_{k+1}$ 为 $\boldsymbol{A}$ 的互不相同的特征值.

令

$$x_1\boldsymbol{\alpha}_1+x_2\boldsymbol{\alpha}_2+\cdots+x_k\boldsymbol{\alpha}_k+x_{k+1}\boldsymbol{\alpha}_{k+1}=\mathbf{0}, \tag{5.2}$$

则 $\boldsymbol{A}(x_1\boldsymbol{\alpha}_1+x_2\boldsymbol{\alpha}_2+\cdots+x_k\boldsymbol{\alpha}_k+x_{k+1}\boldsymbol{\alpha}_{k+1})=\boldsymbol{A}\cdot\mathbf{0}$，有

$$x_1\boldsymbol{A}\boldsymbol{\alpha}_1+x_2\boldsymbol{A}\boldsymbol{\alpha}_2+\cdots+x_k\boldsymbol{A}\boldsymbol{\alpha}_k+x_{k+1}\boldsymbol{A}\boldsymbol{\alpha}_{k+1}=\mathbf{0},$$

即

$$x_1\lambda_1\boldsymbol{\alpha}_1+x_2\lambda_2\boldsymbol{\alpha}_2+\cdots+x_k\lambda_k\boldsymbol{\alpha}_k+x_{k+1}\lambda_{k+1}\boldsymbol{\alpha}_{k+1}=\mathbf{0}. \tag{5.3}$$

(5.3)式减去(5.2)式的 λ_{k+1} 倍，得

$$x_1(\lambda_1-\lambda_{k+1})\boldsymbol{\alpha}_1+x_2(\lambda_2-\lambda_{k+1})\boldsymbol{\alpha}_2+\cdots+x_k(\lambda_k-\lambda_{k+1})\boldsymbol{\alpha}_k=\mathbf{0}.$$

由假设 $\boldsymbol{\alpha}_1,\boldsymbol{\alpha}_2,\cdots,\boldsymbol{\alpha}_k$ 线性无关，知 $x_i(\lambda_i-\lambda_{k+1})=0(i=1,2,\cdots,k)$. 又因为 $\lambda_1,\lambda_2,\cdots,\lambda_{k+1}$ 为 n 阶方阵 $\boldsymbol{A}$ 的互不相同的特征值，所以 $\lambda_i-\lambda_{k+1}\neq0(i=1,2,\cdots,k)$，因此 $x_i=0(i=1,2,\cdots,k)$，代入(5.2)式，得 $x_{k+1}\boldsymbol{\alpha}_{k+1}=\mathbf{0}$. 而 $\boldsymbol{\alpha}_{k+1}$ 为 $\boldsymbol{A}$ 的对应于特征值 λ_{k+1} 的特征向量，$\boldsymbol{\alpha}_{k+1}\neq\mathbf{0}$，因此 $x_{k+1}=0$. 所以向量组 $\boldsymbol{\alpha}_1,\boldsymbol{\alpha}_2,\cdots,\boldsymbol{\alpha}_k,\boldsymbol{\alpha}_{k+1}$ 线性无关，即如果 $m=k$ 时结论成立，$m=k+1$ 时结论也成立.

由数学归纳法原理知，定理 5.1 成立. ■

将定理 5.1 推广，可得如下推论.

推论 设 λ_1,λ_2 是方阵 $\boldsymbol{A}$ 的两个不同的特征值，$\boldsymbol{\alpha}_1,\boldsymbol{\alpha}_2,\cdots,\boldsymbol{\alpha}_s$ 和 $\boldsymbol{\beta}_1,\boldsymbol{\beta}_2,\cdots,\boldsymbol{\beta}_t$ 分别是 $\boldsymbol{A}$ 的对应于 λ_1 和 λ_2 的线性无关的特征向量，则 $\boldsymbol{\alpha}_1,\boldsymbol{\alpha}_2,\cdots,\boldsymbol{\alpha}_s,\boldsymbol{\beta}_1,\boldsymbol{\beta}_2,\cdots,\boldsymbol{\beta}_t$ 线性无关.

该推论说明，对应于不同特征值的线性无关的特征向量组，合起来仍然是线性无关的.

5.1.4 特征值与特征向量的简单应用

在实际中，我们常常需要对人口迁移情况、动物数量变化趋势等问题做出对未来很长时

间后的预测，这类表现长期行为或进化的动态系统可由**差分方程**(difference equation) $\boldsymbol{x}_{k+1}=\boldsymbol{A}\boldsymbol{x}_k(k=0,1,2,\cdots)$来描述，其中$\boldsymbol{A}$为$n$阶矩阵，$n$维列向量$\boldsymbol{x}_k$和$\boldsymbol{x}_{k+1}$分别表示时间$k$和时间$k+1$时动态系统的信息. 特征值和特征向量为理解差分方程$\boldsymbol{x}_{k+1}=\boldsymbol{A}\boldsymbol{x}_k$描述的动态系统提供了关键.

例5 (生态系统的变化趋势预测)设O_k和R_k分别是k个月时所研究区域的猫头鹰及老鼠的数量，度量单位分别为“只”和“千只”，设向量$\boldsymbol{x}_k=\begin{pmatrix}O_k\\R_k\end{pmatrix}$，经过长期观测和研究，发现$O_k$和$R_k$满足

$$\begin{cases}O_{k+1}=0.5O_k+0.4R_k,\\R_{k+1}=-p\cdot O_k+1.1R_k,\end{cases}\tag{5.4}$$

其中p为待定的正参数. 第一个方程中，若$R_k=0$，则$O_{k+1}=0.5O_k$，说明如果没有老鼠作为猫头鹰的食物，每月仅有一半的猫头鹰存活下来. 第二个方程中，若$O_k=0$，则$R_{k+1}=1.1R_k$，说明如果没有猫头鹰捕食老鼠，那么老鼠的数量每月增长10%. 如果有大量的老鼠，$0.4R_k$使猫头鹰的数量有增长的趋势，而$-p\cdot O_k$表示由于猫头鹰捕食造成的老鼠的死亡数量(事实上，一只猫头鹰每月平均吃掉$1000p$只老鼠). 当$p=0.104$时，预测该生态系统的发展趋势.

解 方程组(5.4)的差分方程形式为$\boldsymbol{x}_{k+1}=\boldsymbol{A}\boldsymbol{x}_k$，其中$\boldsymbol{A}=\begin{pmatrix}0.5&0.4\\-p&1.1\end{pmatrix}$. 当$p=0.104$时，矩阵$\boldsymbol{A}=\begin{pmatrix}0.5&0.4\\-0.104&1.1\end{pmatrix}$，可求得$\boldsymbol{A}$的特征值为$\lambda_1=1.02$和$\lambda_2=0.58$，对应的特征向量分别为$\boldsymbol{\alpha}_1=\begin{pmatrix}10\\13\end{pmatrix}$和$\boldsymbol{\alpha}_2=\begin{pmatrix}5\\1\end{pmatrix}$. 设猫头鹰及老鼠的初始数量为$\boldsymbol{x}_0=\begin{pmatrix}O_0\\R_0\end{pmatrix}$，因为$\boldsymbol{\alpha}_1$和$\boldsymbol{\alpha}_2$线性无关，所以$\boldsymbol{x}_0$可用$\boldsymbol{\alpha}_1$和$\boldsymbol{\alpha}_2$线性表示，即存在常数$c_1$和$c_2$，使得$\boldsymbol{x}_0=c_1\boldsymbol{\alpha}_1+c_2\boldsymbol{\alpha}_2$，则

$$\begin{aligned}\boldsymbol{x}_k&=\boldsymbol{A}\boldsymbol{x}_{k-1}=\boldsymbol{A}(\boldsymbol{A}\boldsymbol{x}_{k-2})=\boldsymbol{A}^2\boldsymbol{x}_{k-2}=\cdots=\boldsymbol{A}^k\boldsymbol{x}_0\\&=\boldsymbol{A}^k(c_1\boldsymbol{\alpha}_1+c_2\boldsymbol{\alpha}_2)=c_1\boldsymbol{A}^k\boldsymbol{\alpha}_1+c_2\boldsymbol{A}^k\boldsymbol{\alpha}_2\\&=c_1\boldsymbol{A}^{k-1}(\boldsymbol{A}\boldsymbol{\alpha}_1)+c_2\boldsymbol{A}^{k-1}(\boldsymbol{A}\boldsymbol{\alpha}_2)\\&=c_1\lambda_1\boldsymbol{A}^{k-1}\boldsymbol{\alpha}_1+c_2\lambda_2\boldsymbol{A}^{k-1}\boldsymbol{\alpha}_2=\cdots\\&=c_1\lambda_1^k\boldsymbol{\alpha}_1+c_2\lambda_2^k\boldsymbol{\alpha}_2,\end{aligned}$$

即

$$\boldsymbol{x}_k=c_1\lambda_1^k\boldsymbol{\alpha}_1+c_2\lambda_2^k\boldsymbol{\alpha}_2=c_1(1.02)^k\begin{pmatrix}10\\13\end{pmatrix}+c_2(0.58)^k\begin{pmatrix}5\\1\end{pmatrix}.$$

当$k\to\infty$时，$(0.58)^k$趋向于零. 由问题的实际意义，可知$c_1>0$. 则对于足够大的k，有

$$\boldsymbol{x}_k\approx c_1(1.02)^k\begin{pmatrix}10\\13\end{pmatrix},\tag{5.5}$$

并且k越大，(5.5)式表示的近似程度越好，所以对足够大的k，有

$$\boldsymbol{x}_{k+1}\approx c_1(1.02)^{k+1}\begin{pmatrix}10\\13\end{pmatrix}=(1.02)c_1(1.02)^k\begin{pmatrix}10\\13\end{pmatrix}\approx(1.02)\boldsymbol{x}_k.\tag{5.6}$$

而$\boldsymbol{x}_k=\begin{pmatrix}O_k\\R_k\end{pmatrix}$，(5.6)式表明，长期来看，猫头鹰数量$O_k$和老鼠数量$R_k$每月大约以1.02的

倍数增长，即每月增长率为 2%. (5.5)式表明，$\boldsymbol{x}_k$ 近似等于 $\begin{pmatrix}10\\13\end{pmatrix}$ 的倍数，因此，O_k 和 R_k 的比率也近似等于 10 与 13 的比率，即对应每 10 只猫头鹰，大约有 13 千只老鼠.

思考题

1. 如果方阵 $\boldsymbol{A}$ 满足 $\boldsymbol{A}^2=\boldsymbol{A}$，那么 $\boldsymbol{A}$ 的特征值是否只能是 0 或 1?
2. 设 $\boldsymbol{A}$ 为 n 阶方阵，$\boldsymbol{A}^{\mathrm{T}}$ 与 $\boldsymbol{A}$ 是否具有相同的特征值?

习题 5.1

A 组

1. 判断下列结论哪些是正确的，哪些是错误的，并说明理由.

(1) 若 λ 为 $\boldsymbol{A}$，$\boldsymbol{B}$ 的特征值，则 λ 必定是 $\boldsymbol{A}+\boldsymbol{B}$ 的特征值；

(2) 若 $\boldsymbol{\alpha}$ 为 $\boldsymbol{A}$，$\boldsymbol{B}$ 的特征向量，则 $\boldsymbol{\alpha}$ 必定是 $\boldsymbol{A}+\boldsymbol{B}$ 的特征向量；

(3) 上三角形矩阵 $\boldsymbol{A}$ 的特征值为 $\boldsymbol{A}$ 的主对角元；

(4) 设 $\boldsymbol{A}$ 为三阶方阵，若 $\mathrm{r}(\boldsymbol{A})=2$，则 $\boldsymbol{A}$ 的特征值中，至少有一个为零.

2. 设向量 $\boldsymbol{\alpha}=(1,-1,2)^{\mathrm{T}}$ 是矩阵 $\boldsymbol{A}=\begin{pmatrix}2&1&2\\2&b&a\\1&a&3\end{pmatrix}$ 的一个特征向量，则 a，b 的值为(　　).

A. $a=1,b=-3$　B. $a=-1,b=3$　C. $a=3,b=-1$　D. $a=-3,b=1$

3. 已知三阶矩阵 $\boldsymbol{A}$ 的特征值为 2,3 和 λ，若 $|2\boldsymbol{A}|=-48$，则 $\lambda=$(　　).

A. 1　B. -1　C. 4　D. -4

4. 已知三阶矩阵 $\boldsymbol{A}$ 的特征值为 $1,-1,2$，$\boldsymbol{E}$ 为三阶单位矩阵，则下列矩阵中可逆的是(　　).

A. $\boldsymbol{A}-\boldsymbol{E}$　B. $\boldsymbol{A}+\boldsymbol{E}$　C. $\boldsymbol{A}+2\boldsymbol{E}$　D. $\boldsymbol{A}-2\boldsymbol{E}$

5. 若方阵 $\boldsymbol{A}$ 满足 $\boldsymbol{A}^2=\boldsymbol{E}$，其中 $\boldsymbol{E}$ 为单位矩阵，则 $\boldsymbol{A}$ 的特征值是________.

6. 求下列矩阵的特征值和特征向量：

(1) $\begin{pmatrix}3&4\\5&2\end{pmatrix}$；　(2) $\begin{pmatrix}2&0&1\\0&3&0\\1&0&2\end{pmatrix}$；

(3) $\begin{pmatrix}0&0&1\\0&1&0\\1&0&0\end{pmatrix}$；　(4) $\begin{pmatrix}1&1&0\\1&1&0\\0&0&1\end{pmatrix}$.

7. 若 λ 为方阵 $\boldsymbol{A}$ 的特征值，$\boldsymbol{\alpha}$ 为方阵 $\boldsymbol{A}$ 的对应于 λ 的特征向量，证明：

(1) $k\lambda$ 为 $k\boldsymbol{A}$ 的特征值，$\boldsymbol{\alpha}$ 为 $k\boldsymbol{A}$ 的对应于 $k\lambda$ 的特征向量；

(2) 若 k 是正整数，则 λ^k 为 $\boldsymbol{A}^k$ 的特征值，$\boldsymbol{\alpha}$ 为 $\boldsymbol{A}^k$ 的对应于 λ^k 的特征向量；

(3) 若 $\boldsymbol{A}$ 可逆，则 λ^{-1} 为 $\boldsymbol{A}^{-1}$ 的特征值，且 $\boldsymbol{\alpha}$ 为 $\boldsymbol{A}^{-1}$ 的对应于 λ^{-1} 的特征向量.

8. 若 λ_1 与 λ_2 为方阵 $\boldsymbol{A}$ 的两个不同的特征值，$\boldsymbol{\alpha}_1$ 是 $\boldsymbol{A}$ 的对应于 λ_1 的特征向量，证明 $\boldsymbol{\alpha}_1$ 不是 $\boldsymbol{A}$ 的对应于 λ_2 的特征向量.

B组

1. 若 $\lambda=1$ 是 $\boldsymbol{A}=\begin{pmatrix}-1&2&2\\2&-1&-2\\2&-2&-1\end{pmatrix}$ 的一个特征值，下列向量中不是 $\boldsymbol{A}$ 的对应于特征值 λ 的特征向量的是(　　).

A. $(1,1,0)^{\mathrm{T}}$　　B. $k_1(1,1,0)^{\mathrm{T}}+k_2(1,0,1)^{\mathrm{T}}$，其中 k_1,k_2 不全为零

C. $(1,0,1)^{\mathrm{T}}$　　D. $k_1(1,1,0)^{\mathrm{T}}+k_2(1,0,1)^{\mathrm{T}}$，其中 k_1,k_2 为任意实数

2. 若三阶方阵 $\boldsymbol{A}$ 的特征值为 $2,-2,1$，$\boldsymbol{B}=\boldsymbol{A}^2+\boldsymbol{A}-\boldsymbol{E}$，其中 $\boldsymbol{E}$ 为三阶单位矩阵，求 $|\boldsymbol{B}|$.

3. 已知向量 $\boldsymbol{\alpha}=(1,k,1)^{\mathrm{T}}$ 是矩阵 $\boldsymbol{A}=\begin{pmatrix}2&1&1\\1&2&1\\1&1&2\end{pmatrix}$ 的逆矩阵 $\boldsymbol{A}^{-1}$ 的特征向量，试求常数 k 的值.

4. 设 λ_1,λ_2 是矩阵 $\boldsymbol{A}$ 的两个不同的特征值，$\boldsymbol{p}_1,\boldsymbol{p}_2$ 分别为对应于 λ_1,λ_2 的特征向量. 证明 $\boldsymbol{p}_1+\boldsymbol{p}_2$ 不是 $\boldsymbol{A}$ 的特征向量.

5. 设 $\boldsymbol{A}$ 为 $m\times n$ 矩阵，$\boldsymbol{B}$ 为 $n\times m$ 矩阵，若 λ 是 m 阶矩阵 $\boldsymbol{AB}$ 的非零特征值，证明 λ 也为 n 阶矩阵 $\boldsymbol{BA}$ 的特征值.

5.2 相似矩阵与矩阵的对角化

5.2.1 相似矩阵

定义 5.2（相似矩阵） 设 $\boldsymbol{A}$ 与 $\boldsymbol{B}$ 为 n 阶矩阵，若存在可逆矩阵 $\boldsymbol{P}$，使得 $\boldsymbol{P}^{-1}\boldsymbol{AP}=\boldsymbol{B}$，则称矩阵 $\boldsymbol{A}$ 与 $\boldsymbol{B}$ 相似(similar)，记做 $\boldsymbol{A}\sim\boldsymbol{B}$，并称 $\boldsymbol{P}$ 为把 $\boldsymbol{A}$ 变成 $\boldsymbol{B}$ 的**相似变换矩阵**(similarity transformation matrix).

例 1 设矩阵 $\boldsymbol{A}=\begin{pmatrix}0&1\\-2&3\end{pmatrix}$，$\boldsymbol{P}=\begin{pmatrix}1&1\\1&2\end{pmatrix}$，$\boldsymbol{B}=\begin{pmatrix}1&0\\0&2\end{pmatrix}$. 验证 $\boldsymbol{A}$ 与 $\boldsymbol{B}$ 是否相似.

解 可得 $\boldsymbol{P}^{-1}=\begin{pmatrix}2&-1\\-1&1\end{pmatrix}$，因为 $\boldsymbol{P}^{-1}\boldsymbol{AP}=\begin{pmatrix}2&-1\\-1&1\end{pmatrix}\begin{pmatrix}0&1\\-2&3\end{pmatrix}\begin{pmatrix}1&1\\1&2\end{pmatrix}=\begin{pmatrix}1&0\\0&2\end{pmatrix}=\boldsymbol{B}$，所以 $\boldsymbol{A}$ 与 $\boldsymbol{B}$ 相似.

注 验证 $\boldsymbol{A}$ 与 $\boldsymbol{B}$ 相似时，为避免求 $\boldsymbol{P}^{-1}$，可验证 $\boldsymbol{P}$ 可逆，且 $\boldsymbol{AP}=\boldsymbol{PB}$.

性质 1 设 $\boldsymbol{A},\boldsymbol{B},\boldsymbol{C}$ 为 n 阶方阵，矩阵的相似关系具有下列性质：

(1) **反身性** 对任意 n 阶矩阵 $\boldsymbol{A}$，有 $\boldsymbol{A}\sim\boldsymbol{A}$；

(2) **对称性** 若 $\boldsymbol{A}\sim\boldsymbol{B}$，则 $\boldsymbol{B}\sim\boldsymbol{A}$；

(3) **传递性** 若 $\boldsymbol{A}\sim\boldsymbol{B}$，$\boldsymbol{B}\sim\boldsymbol{C}$，则 $\boldsymbol{A}\sim\boldsymbol{C}$.

证明 只证明(3),读者可自行证明(1)和(2).由 $\boldsymbol{A}\sim\boldsymbol{B}$ 和 $\boldsymbol{B}\sim\boldsymbol{C}$,可知存在可逆矩阵 $\boldsymbol{P}_1,\boldsymbol{P}_2$,使得 $\boldsymbol{P}_1^{-1}\boldsymbol{A}\boldsymbol{P}_1=\boldsymbol{B}$,$\boldsymbol{P}_2^{-1}\boldsymbol{B}\boldsymbol{P}_2=\boldsymbol{C}$. 从而有

$$\boldsymbol{C}=\boldsymbol{P}_2^{-1}\boldsymbol{B}\boldsymbol{P}_2=\boldsymbol{P}_2^{-1}(\boldsymbol{P}_1^{-1}\boldsymbol{A}\boldsymbol{P}_1)\boldsymbol{P}_2=(\boldsymbol{P}_2^{-1}\boldsymbol{P}_1^{-1})\boldsymbol{A}(\boldsymbol{P}_1\boldsymbol{P}_2)=(\boldsymbol{P}_1\boldsymbol{P}_2)^{-1}\boldsymbol{A}(\boldsymbol{P}_1\boldsymbol{P}_2),$$

令 $\boldsymbol{P}=\boldsymbol{P}_1\boldsymbol{P}_2$,则有 $\boldsymbol{P}^{-1}\boldsymbol{A}\boldsymbol{P}=\boldsymbol{C}$,即 $\boldsymbol{A}\sim\boldsymbol{C}$. ■

性质 2 如果 $\boldsymbol{A}\sim\boldsymbol{B}$,则 $\boldsymbol{A}$ 与 $\boldsymbol{B}$ 具有相同的特征值.

证明 由 $\boldsymbol{A}\sim\boldsymbol{B}$,可知存在可逆矩阵 $\boldsymbol{P}$,使得 $\boldsymbol{P}^{-1}\boldsymbol{A}\boldsymbol{P}=\boldsymbol{B}$. 从而有

$$\begin{aligned}|\boldsymbol{B}-\lambda\boldsymbol{E}|&=|\boldsymbol{P}^{-1}\boldsymbol{A}\boldsymbol{P}-\lambda\boldsymbol{P}^{-1}\boldsymbol{E}\boldsymbol{P}|=|\boldsymbol{P}^{-1}\boldsymbol{A}\boldsymbol{P}-\boldsymbol{P}^{-1}(\lambda\boldsymbol{E})\boldsymbol{P}|\\&=|\boldsymbol{P}^{-1}(\boldsymbol{A}-\lambda\boldsymbol{E})\boldsymbol{P}|=|\boldsymbol{P}^{-1}||\boldsymbol{A}-\lambda\boldsymbol{E}||\boldsymbol{P}|=|\boldsymbol{A}-\lambda\boldsymbol{E}|,\end{aligned}$$

由此得,$\boldsymbol{A}$ 与 $\boldsymbol{B}$ 具有相同的特征值. ■

推论 1 若 $\boldsymbol{A}\sim\boldsymbol{B}$,则 $|\boldsymbol{A}|=|\boldsymbol{B}|$,$\mathrm{tr}\boldsymbol{A}=\mathrm{tr}\boldsymbol{B}$.

推论 2 若 $\boldsymbol{A}\sim\boldsymbol{\Lambda}$,其中 $\boldsymbol{\Lambda}=\mathrm{diag}(\lambda_1,\lambda_2,\cdots,\lambda_n)$,则 $\lambda_1,\lambda_2,\cdots,\lambda_n$ 为方阵 $\boldsymbol{A}$ 的特征值.

性质 3 如果 $\boldsymbol{A}\sim\boldsymbol{B}$,则 $\boldsymbol{A}$ 与 $\boldsymbol{B}$ 具有相同的秩.

证明 由 $\boldsymbol{A}\sim\boldsymbol{B}$,知存在可逆矩阵 $\boldsymbol{P}$,使得 $\boldsymbol{P}^{-1}\boldsymbol{A}\boldsymbol{P}=\boldsymbol{B}$. 所以由定理 3.1 的推论,可知 $\mathrm{r}(\boldsymbol{B})=\mathrm{r}(\boldsymbol{P}^{-1}\boldsymbol{A}\boldsymbol{P})=\mathrm{r}(\boldsymbol{A})$. ■

例 2 设 $\boldsymbol{A}=\begin{pmatrix}0&2&-3\\-1&3&-3\\1&-2&a\end{pmatrix}$,$\boldsymbol{B}=\begin{pmatrix}1&-2&0\\0&b&0\\0&3&1\end{pmatrix}$,且 $\boldsymbol{A}\sim\boldsymbol{B}$,求 a 和 b.

解 由 $\boldsymbol{A}\sim\boldsymbol{B}$ 知,$|\boldsymbol{A}|=|\boldsymbol{B}|$,$\mathrm{tr}\boldsymbol{A}=\mathrm{tr}\boldsymbol{B}$. 又因为 $|\boldsymbol{A}|=2a-3$,$|\boldsymbol{B}|=b$,$\mathrm{tr}\boldsymbol{A}=3+a$,$\mathrm{tr}\boldsymbol{B}=2+b$,得方程组 $\begin{cases}2a-b=3,\\a-b=-1,\end{cases}$ 解得 $\begin{cases}a=4,\\b=5.\end{cases}$

5.2.2 矩阵的对角化

定义 5.3(矩阵的相似对角化) 如果方阵 $\boldsymbol{A}$ 与对角矩阵 $\boldsymbol{\Lambda}$ 相似,即存在可逆矩阵 $\boldsymbol{P}$,使得 $\boldsymbol{P}^{-1}\boldsymbol{A}\boldsymbol{P}=\boldsymbol{\Lambda}$,则称 $\boldsymbol{A}$ 可以相似对角化,简称 $\boldsymbol{A}$ **可以对角化**(diagonalizable).

例 3 (1) 方阵 $\boldsymbol{A}=\begin{pmatrix}4&1\\1&4\end{pmatrix}$ 可以对角化. 设 $\boldsymbol{P}=\begin{pmatrix}-1&1\\1&1\end{pmatrix}$,$\boldsymbol{\Lambda}=\begin{pmatrix}3&\\&5\end{pmatrix}$,则可证 $\boldsymbol{P}$ 可逆,且 $\boldsymbol{A}\boldsymbol{P}=\boldsymbol{P}\boldsymbol{\Lambda}$,即 $\boldsymbol{P}^{-1}\boldsymbol{A}\boldsymbol{P}=\boldsymbol{\Lambda}$,所以 $\boldsymbol{A}$ 可以对角化.

(2) 方阵 $\boldsymbol{A}=\begin{pmatrix}1&2\\0&1\end{pmatrix}$ 不可以对角化. 若不然,如果 $\boldsymbol{A}$ 可以对角化,则存在可逆矩阵 $\boldsymbol{P}$,使得 $\boldsymbol{P}^{-1}\boldsymbol{A}\boldsymbol{P}=\boldsymbol{\Lambda}$,即 $\boldsymbol{A}=\boldsymbol{P}\boldsymbol{\Lambda}\boldsymbol{P}^{-1}$. 由相似矩阵的性质 2,可知 $\boldsymbol{\Lambda}$ 与 $\boldsymbol{A}$ 的特征值相同,都为 1(二重特征值). 由 $\boldsymbol{\Lambda}$ 为对角矩阵且 1 为其二重特征值,得 $\boldsymbol{\Lambda}=\boldsymbol{E}$,从而 $\boldsymbol{A}=\boldsymbol{P}\boldsymbol{\Lambda}\boldsymbol{P}^{-1}=\boldsymbol{P}\boldsymbol{E}\boldsymbol{P}^{-1}=\boldsymbol{E}$,与 $\boldsymbol{A}=\begin{pmatrix}1&2\\0&1\end{pmatrix}$ 矛盾,所以 $\boldsymbol{A}$ 不能对角化.

由例 3 可知,并不是所有矩阵都可以对角化. 下面我们给出矩阵可以对角化的条件.

定理 5.2 n 阶方阵 $\boldsymbol{A}$ 可以对角化的充要条件是 $\boldsymbol{A}$ 有 n 个线性无关的特征向量.

证明 (必要性)由 $\boldsymbol{A}$ 可以对角化知,存在可逆矩阵 $\boldsymbol{P}$ 和对角矩阵 $\boldsymbol{\Lambda}$,使得 $\boldsymbol{P}^{-1}\boldsymbol{A}\boldsymbol{P}=\boldsymbol{\Lambda}$. 设 $\boldsymbol{\Lambda}=\mathrm{diag}(\lambda_1,\lambda_2,\cdots,\lambda_n)$,$\boldsymbol{P}=(\boldsymbol{p}_1,\boldsymbol{p}_2,\cdots,\boldsymbol{p}_n)$,其中 $\boldsymbol{p}_i(i=1,2,\cdots,n)$ 为 $\boldsymbol{P}$ 的列向量.

由 $\boldsymbol{P}^{-1}\boldsymbol{A}\boldsymbol{P}=\boldsymbol{\Lambda}$,得 $\boldsymbol{A}\boldsymbol{P}=\boldsymbol{P}\boldsymbol{\Lambda}$,即

$$\begin{aligned}\boldsymbol{A}(\boldsymbol{p}_1,\boldsymbol{p}_2,\cdots,\boldsymbol{p}_n)&=(\boldsymbol{A}\boldsymbol{p}_1,\boldsymbol{A}\boldsymbol{p}_2,\cdots,\boldsymbol{A}\boldsymbol{p}_n)\\&=(\boldsymbol{p}_1,\boldsymbol{p}_2,\cdots,\boldsymbol{p}_n)\begin{pmatrix}\lambda_1&&&\\&\lambda_2&&\\&&\ddots&\\&&&\lambda_n\end{pmatrix}\\&=(\lambda_1\boldsymbol{p}_1,\lambda_2\boldsymbol{p}_2,\cdots,\lambda_n\boldsymbol{p}_n),\end{aligned}$$

所以 $\boldsymbol{A}\boldsymbol{p}_i=\lambda_i\boldsymbol{p}_i(i=1,2,\cdots,n)$.

因为 $\boldsymbol{P}$ 可逆,则 $\boldsymbol{p}_1,\boldsymbol{p}_2,\cdots,\boldsymbol{p}_n$ 都是非零向量且线性无关,所以 $\lambda_i(i=1,2,\cdots,n)$ 为矩阵 $\boldsymbol{A}$ 的特征值,$\boldsymbol{p}_i(i=1,2,\cdots,n)$ 为 $\boldsymbol{A}$ 的对应于特征值 λ_i 的特征向量,即 $\boldsymbol{A}$ 有 n 个线性无关的特征向量.

(充分性)如果 $\boldsymbol{A}$ 有 n 个线性无关的特征向量 $\boldsymbol{p}_1,\boldsymbol{p}_2,\cdots,\boldsymbol{p}_n$,对应的特征值分别为 $\lambda_1,\lambda_2,\cdots,\lambda_n$,则有 $\boldsymbol{A}\boldsymbol{p}_i=\lambda_i\boldsymbol{p}_i(i=1,2,\cdots,n)$,即有

$$\begin{aligned}\boldsymbol{A}(\boldsymbol{p}_1,\boldsymbol{p}_2,\cdots,\boldsymbol{p}_n)&=(\boldsymbol{A}\boldsymbol{p}_1,\boldsymbol{A}\boldsymbol{p}_2,\cdots,\boldsymbol{A}\boldsymbol{p}_n)=(\lambda_1\boldsymbol{p}_1,\lambda_2\boldsymbol{p}_2,\cdots,\lambda_n\boldsymbol{p}_n)\\&=(\boldsymbol{p}_1,\boldsymbol{p}_2,\cdots,\boldsymbol{p}_n)\begin{pmatrix}\lambda_1&&&\\&\lambda_2&&\\&&\ddots&\\&&&\lambda_n\end{pmatrix}.\end{aligned}$$

令

$$\boldsymbol{P}=(\boldsymbol{p}_1,\boldsymbol{p}_2,\cdots,\boldsymbol{p}_n),\boldsymbol{\Lambda}=\mathrm{diag}(\lambda_1,\lambda_2,\cdots,\lambda_n),$$

则 $\boldsymbol{A}\boldsymbol{P}=\boldsymbol{P}\boldsymbol{\Lambda}$. 由 $\boldsymbol{p}_1,\boldsymbol{p}_2,\cdots,\boldsymbol{p}_n$ 线性无关知 $\boldsymbol{P}$ 为可逆矩阵,所以 $\boldsymbol{P}^{-1}\boldsymbol{A}\boldsymbol{P}=\boldsymbol{\Lambda}$,即矩阵 $\boldsymbol{A}$ 可以对角化. ■

注 定理 5.2 的结论给出了方阵 $\boldsymbol{A}$ 可以对角化的充要条件,定理的证明过程提供了构造方阵 $\boldsymbol{A}$ 的相似变换矩阵 $\boldsymbol{P}$ 和对角矩阵 $\boldsymbol{\Lambda}$ 的方法.

由定理 5.1,可得定理 5.2 的如下推论.

推论 1 如果 n 阶矩阵 $\boldsymbol{A}$ 的 n 个特征值互不相同,则 $\boldsymbol{A}$ 一定可以对角化.

例 4 证明 $\boldsymbol{A}=\begin{pmatrix}3&4\\4&-3\end{pmatrix}$ 可以对角化,并求出相似变换矩阵 $\boldsymbol{P}$ 和对角矩阵 $\boldsymbol{\Lambda}$.

解 $\boldsymbol{A}$ 的特征多项式

$$|\boldsymbol{A}-\lambda\boldsymbol{E}|=\begin{vmatrix}3-\lambda&4\\4&-3-\lambda\end{vmatrix}=\lambda^2-25,$$

得 $\boldsymbol{A}$ 的特征值为 $\lambda_1=-5,\lambda_2=5$. 由定理 5.2 的推论 1 知,$\boldsymbol{A}$ 可以对角化.

对 $\lambda_1=-5$,解线性方程组$(\boldsymbol{A}+5\boldsymbol{E})\boldsymbol{x}=\boldsymbol{0}$,得其基础解系 $\boldsymbol{p}_1=\begin{pmatrix}-1\\2\end{pmatrix}$,即为 $\boldsymbol{A}$ 的对应于特征值$\lambda_1=-5$ 的一个特征向量.

对 $\lambda_2=5$,解线性方程组$(\boldsymbol{A}-5\boldsymbol{E})\boldsymbol{x}=\boldsymbol{0}$,得其基础解系 $\boldsymbol{p}_2=\begin{pmatrix}2\\1\end{pmatrix}$,即为 $\boldsymbol{A}$ 的对应于特征值$\lambda_2=5$ 的一个特征向量.

令

$$\boldsymbol{P}=(\boldsymbol{p}_1,\boldsymbol{p}_2)=\begin{pmatrix}-1&2\\2&1\end{pmatrix},\boldsymbol{\Lambda}=\begin{pmatrix}\lambda_1&\\&\lambda_2\end{pmatrix}=\begin{pmatrix}-5&\\&5\end{pmatrix},$$

则 $\boldsymbol{P}^{-1}\boldsymbol{A}\boldsymbol{P}=\boldsymbol{\Lambda}$.

根据定理 4.7,可得矩阵 $\boldsymbol{A}$ 出现重特征值时可以对角化的充要条件.

推论 2 若 n 阶矩阵$\boldsymbol{A}$ 的全部互异特征值为$\lambda_1,\lambda_2,\cdots,\lambda_s(s\leqslant n)$,则 $\boldsymbol{A}$ 可以对角化的充要条件是特征值 λ_i 的重数 $k_i(k_i\geqslant2)$与矩阵 $\boldsymbol{A}$ 的对应于特征值 λ_i 的线性无关的特征向量的个数相等,即 $k_i=n-\mathrm{r}(\boldsymbol{A}-\lambda_i\boldsymbol{E})$,其中 $\mathrm{r}(\boldsymbol{A}-\lambda_i\boldsymbol{E})$为矩阵 $\boldsymbol{A}-\lambda_i\boldsymbol{E}$ 的秩,$i=1,2,\cdots,s$.

例 5 判断下列矩阵是否可以对角化?若可以,求出相似变换矩阵 $\boldsymbol{P}$ 和对角矩阵 $\boldsymbol{\Lambda}$.

(1) $\boldsymbol{A}=\begin{pmatrix}-2&1&1\\0&2&0\\-4&1&3\end{pmatrix}$; (2) $\boldsymbol{B}=\begin{pmatrix}1&1&0\\0&2&1\\0&0&1\end{pmatrix}$.

解 (1) $\boldsymbol{A}$ 的特征多项式为

$$|\boldsymbol{A}-\lambda\boldsymbol{E}|=\begin{vmatrix}-2-\lambda&1&1\\0&2-\lambda&0\\-4&1&3-\lambda\end{vmatrix}=(2-\lambda)\begin{vmatrix}-2-\lambda&1\\-4&3-\lambda\end{vmatrix}$$
$$=-(\lambda+1)(\lambda-2)^2,$$

得 $\boldsymbol{A}$ 的特征值为$\lambda_1=-1,\lambda_2=\lambda_3=2$.

这里 2 为矩阵 $\boldsymbol{A}$ 的二重特征值,因为 $\boldsymbol{A}-2\boldsymbol{E}=\begin{pmatrix}-4&1&1\\0&0&0\\-4&1&1\end{pmatrix}\xrightarrow{\text{行}}\begin{pmatrix}-4&1&1\\0&0&0\\0&0&0\end{pmatrix}$,$\mathrm{r}(\boldsymbol{A}-2\boldsymbol{E})=1$,所以 $2=3-\mathrm{r}(\boldsymbol{A}-2\boldsymbol{E})$,因此 $\boldsymbol{A}$ 可以对角化.

对 $\lambda_1=-1$,解线性方程组$(\boldsymbol{A}+\boldsymbol{E})\boldsymbol{x}=\boldsymbol{0}$,得其基础解系 $\boldsymbol{p}_1=\begin{pmatrix}1\\0\\1\end{pmatrix}$,即为 $\boldsymbol{A}$ 的对应于特征值$\lambda_1=-1$ 的一个特征向量.

对 $\lambda_2=\lambda_3=2$,解线性方程组$(\boldsymbol{A}-2\boldsymbol{E})\boldsymbol{x}=\boldsymbol{0}$,得其基础解系 $\boldsymbol{p}_2=\begin{pmatrix}1\\4\\0\end{pmatrix}$,$\boldsymbol{p}_3=\begin{pmatrix}1\\0\\4\end{pmatrix}$,即为 $\boldsymbol{A}$ 的对应于特征值$\lambda_2=\lambda_3=2$ 的两个线性无关的特征向量.

令

$$\boldsymbol{P}=(\boldsymbol{p}_1,\boldsymbol{p}_2,\boldsymbol{p}_3)=\begin{pmatrix}1&1&1\\0&4&0\\1&0&4\end{pmatrix},\boldsymbol{\Lambda}=\begin{pmatrix}\lambda_1&&\\&\lambda_2&\\&&\lambda_3\end{pmatrix}=\begin{pmatrix}-1&&\\&2&\\&&2\end{pmatrix},$$

则 $\boldsymbol{P}^{-1}\boldsymbol{AP}=\boldsymbol{\Lambda}$.

(2) $\boldsymbol{B}$ 的特征多项式为

$$|\boldsymbol{B}-\lambda\boldsymbol{E}|=\begin{vmatrix}1-\lambda&1&0\\0&2-\lambda&1\\0&0&1-\lambda\end{vmatrix}=(2-\lambda)(1-\lambda)^2,$$

得其特征值为 $\lambda_1=2,\lambda_2=\lambda_3=1$.

这里 1 为二重特征值,因为

$$\boldsymbol{B}-\boldsymbol{E}=\begin{pmatrix}0&1&0\\0&1&1\\0&0&0\end{pmatrix}\xrightarrow{\text{行}}\begin{pmatrix}0&1&0\\0&0&1\\0&0&0\end{pmatrix},$$

$\mathrm{r}(\boldsymbol{B}-\boldsymbol{E})=2$,所以 $2\neq 3-\mathrm{r}(\boldsymbol{B}-\boldsymbol{E})$,因此 $\boldsymbol{B}$ 不能对角化.

5.2.3 矩阵对角化的简单应用

在一些实际问题中,经常需要进行方阵的幂运算.对于给定的 n 阶方阵 $\boldsymbol{A}$,在 k 比较大时,直接计算 $\boldsymbol{A}^k$ 的工作量比较大.若矩阵 $\boldsymbol{A}$ 可以对角化,即存在可逆矩阵 $\boldsymbol{P}$ 和对角矩阵 $\boldsymbol{\Lambda}$,使得 $\boldsymbol{P}^{-1}\boldsymbol{AP}=\boldsymbol{\Lambda}$,即 $\boldsymbol{A}=\boldsymbol{P\Lambda P}^{-1}$,则有

$$\begin{aligned}\boldsymbol{A}^k&=\underbrace{\boldsymbol{AA}\cdots\boldsymbol{A}}_{k\text{个}}=(\boldsymbol{P\Lambda P}^{-1})(\boldsymbol{P\Lambda P}^{-1})\cdots(\boldsymbol{P\Lambda P}^{-1})\\&=\boldsymbol{P\Lambda}(\boldsymbol{P}^{-1}\boldsymbol{P})\boldsymbol{\Lambda}(\boldsymbol{P}^{-1}\boldsymbol{P})\cdots(\boldsymbol{P}^{-1}\boldsymbol{P})\boldsymbol{\Lambda P}^{-1}\\&=\boldsymbol{P\Lambda E\Lambda E}\cdots\boldsymbol{E\Lambda P}^{-1}=\boldsymbol{P\Lambda}^k\boldsymbol{P}^{-1}.\end{aligned}$$

对角矩阵 $\boldsymbol{\Lambda}$ 的 k 次幂 $\boldsymbol{\Lambda}^k$ 容易计算,从而可以较容易地计算出 $\boldsymbol{A}^k$,减少了计算量.下面介绍两个矩阵对角化的应用.

例 6 (人口迁移模型)某国家人口城乡迁移的统计规律表明,每年城市中有 10%的人口迁到农村,农村中有 20%的人口迁到城市.设该国现有城市人口 3000 万人,农村人口 7000 万人.假定出生和死亡的人口数量基本相等,而且分布也是均匀的,故人口总数不变,那么经过一年后,该国城市人口和农村人口各有多少?两年后呢?20 年后呢?

解 由 1.3 节例 4 知,该国现有城乡人口分别为 $x_0=3000,y_0=7000$,一年后城乡人口 x_1,y_1 为

$$\begin{pmatrix}x_1\\y_1\end{pmatrix}=\begin{pmatrix}0.9&0.2\\0.1&0.8\end{pmatrix}\begin{pmatrix}x_0\\y_0\end{pmatrix}=\begin{pmatrix}0.9&0.2\\0.1&0.8\end{pmatrix}\begin{pmatrix}3000\\7000\end{pmatrix}=\begin{pmatrix}4100\\5900\end{pmatrix},$$

两年后的城乡人口 x_2,y_2 为

$$\begin{pmatrix}x_2\\y_2\end{pmatrix}=\begin{pmatrix}0.9&0.2\\0.1&0.8\end{pmatrix}\begin{pmatrix}x_1\\y_1\end{pmatrix}=\begin{pmatrix}0.9&0.2\\0.1&0.8\end{pmatrix}\begin{pmatrix}4100\\5900\end{pmatrix}=\begin{pmatrix}4870\\5130\end{pmatrix},$$

20 年后的城乡人口 x_{20},y_{20} 为

$$\begin{pmatrix}x_{20}\\y_{20}\end{pmatrix}=\begin{pmatrix}0.9&0.2\\0.1&0.8\end{pmatrix}^{20}\begin{pmatrix}x_0\\y_0\end{pmatrix}.$$

设 $\boldsymbol{A}=\begin{pmatrix}0.9&0.2\\0.1&0.8\end{pmatrix}$，直接计算 $\boldsymbol{A}^{20}$ 的工作量比较大，但若存在可逆矩阵 $\boldsymbol{P}$，使得 $\boldsymbol{P}^{-1}\boldsymbol{AP}=\boldsymbol{\Lambda}=\begin{pmatrix}\lambda_1&\\&\lambda_2\end{pmatrix}$，即 $\boldsymbol{A}=\boldsymbol{P\Lambda P}^{-1}$，此时 $\boldsymbol{A}^{20}=\boldsymbol{P\Lambda}^{20}\boldsymbol{P}^{-1}=\boldsymbol{P}\begin{pmatrix}\lambda_1^{20}&\\&\lambda_2^{20}\end{pmatrix}\boldsymbol{P}^{-1}$，即可减少计算量. 因此，问题转化为将矩阵 $\boldsymbol{A}$ 对角化.

由 $\boldsymbol{A}$ 的特征多项式

$$|\boldsymbol{A}-\lambda\boldsymbol{E}|=\begin{vmatrix}0.9-\lambda&0.2\\0.1&0.8-\lambda\end{vmatrix}=(\lambda-0.7)(\lambda-1),$$

得特征值为 $\lambda_1=0.7,\lambda_2=1$，特征值互不相同，所以矩阵 $\boldsymbol{A}$ 可以对角化.

对 $\lambda_1=0.7$，解线性方程组 $(\boldsymbol{A}-0.7\boldsymbol{E})\boldsymbol{x}=\boldsymbol{0}$，得其基础解系 $\boldsymbol{p}_1=\begin{pmatrix}-1\\1\end{pmatrix}$，即为 $\boldsymbol{A}$ 的对应于特征值 $\lambda_1=0.7$ 的一个特征向量.

对 $\lambda_2=1$，解线性方程组 $(\boldsymbol{A}-\boldsymbol{E})\boldsymbol{x}=\boldsymbol{0}$，得其基础解系 $\boldsymbol{p}_2=\begin{pmatrix}2\\1\end{pmatrix}$，即为 $\boldsymbol{A}$ 的对应于特征值 $\lambda_2=1$ 的一个特征向量.

令

$$\boldsymbol{P}=(\boldsymbol{p}_1,\boldsymbol{p}_2)=\begin{pmatrix}-1&2\\1&1\end{pmatrix},\boldsymbol{\Lambda}=\begin{pmatrix}\lambda_1&\\&\lambda_2\end{pmatrix}=\begin{pmatrix}0.7&\\&1\end{pmatrix},$$

则 $\boldsymbol{A}=\boldsymbol{P\Lambda P}^{-1}$，且 $\boldsymbol{P}^{-1}=\frac{1}{3}\begin{pmatrix}-1&2\\1&1\end{pmatrix}$，从而

$$\boldsymbol{A}^{20}=\boldsymbol{P}\begin{pmatrix}\lambda_1^{20}&\\&\lambda_2^{20}\end{pmatrix}\boldsymbol{P}^{-1}=\frac{1}{3}\begin{pmatrix}-1&2\\1&1\end{pmatrix}\begin{pmatrix}0.7^{20}&\\&1^{20}\end{pmatrix}\begin{pmatrix}-1&2\\1&1\end{pmatrix}$$

$$=\frac{1}{3}\begin{pmatrix}2+0.7^{20}&2-2\cdot0.7^{20}\\1-0.7^{20}&1+2\cdot0.7^{20}\end{pmatrix},$$

所以

$$\begin{pmatrix}x_{20}\\y_{20}\end{pmatrix}=\begin{pmatrix}0.9&0.2\\0.1&0.8\end{pmatrix}^{20}\begin{pmatrix}x_0\\y_0\end{pmatrix}$$

$$=\frac{1}{3}\begin{pmatrix}2+0.7^{20}&2-2\cdot0.7^{20}\\1-0.7^{20}&1+2\cdot0.7^{20}\end{pmatrix}\begin{pmatrix}3000\\7000\end{pmatrix}$$

$$=\frac{1}{3}\begin{pmatrix}20000-11000\cdot0.7^{20}\\10000+11000\cdot0.7^{20}\end{pmatrix},$$

即 20 年后，该国城市人口和农村人口 x_{20},y_{20} 分别为

$$x_{20}=\frac{1}{3}(20000-11000\cdot0.7^{20})\approx6663.74,$$

$$y_{20}=\frac{1}{3}(10000+11000\cdot0.7^{20})\approx3336.26.$$

注 k 年后,该国城市人口和农村人口 x_k,y_k 分别为

$$x_k=\frac{1}{3}(20000-11000\cdot 0.7^k),$$

$$y_k=\frac{1}{3}(10000+11000\cdot 0.7^k).$$

当 k 趋于无穷大时,因为

$$\lim_{k\to\infty}x_k=\frac{20000}{3}\approx 6666.67,\quad \lim_{k\to\infty}y_k=\frac{10000}{3}\approx 3333.33,$$

所以该国城市人口和农村人口会分别逐渐稳定在6666.67万人和3333.33万人.

例7 (斐波那契数列通项)斐波那契数列(Fibonacci sequence)是意大利数学家列昂纳多·斐波那契(Leonardo Fibonacci)以研究兔子的繁殖问题为例提出的.设有一对兔子,出生两个月后生下一对小兔,以后每个月都生下一对.新出生的小兔也是这样繁殖后代,假定每生下一对小兔都是雌雄异性,且都无死亡,问从一对新生兔开始,以后的每个月有多少对兔子?

解 用 F_n 表示第 n 个月的兔子对数,则有

$$F_1=1,F_2=1,F_3=2,F_4=3,F_5=5,F_6=8,\cdots,$$

此数列满足递推关系 $F_{n+2}=F_{n+1}+F_n,n=1,2,3,\cdots$.

下面推导 F_n 的通项.注意到

$$\begin{pmatrix}F_{n+2}\\F_{n+1}\end{pmatrix}=\begin{pmatrix}1&1\\1&0\end{pmatrix}\begin{pmatrix}F_{n+1}\\F_n\end{pmatrix},n=1,2,3,\cdots.$$

记

$$\boldsymbol{x}_n=\begin{pmatrix}F_{n+1}\\F_n\end{pmatrix},\quad \boldsymbol{A}=\begin{pmatrix}1&1\\1&0\end{pmatrix},\quad \boldsymbol{x}_1=\begin{pmatrix}F_2\\F_1\end{pmatrix}=\begin{pmatrix}1\\1\end{pmatrix},$$

则有 $\boldsymbol{x}_n=\boldsymbol{A}\boldsymbol{x}_{n-1}=\boldsymbol{A}^2\boldsymbol{x}_{n-2}=\boldsymbol{A}^3\boldsymbol{x}_{n-3}=\cdots=\boldsymbol{A}^{n-1}\boldsymbol{x}_1$,于是求 F_n 的通项转化为求 $\boldsymbol{x}_n$,进而转化为求 $\boldsymbol{A}^{n-1}$.

易得 $\boldsymbol{A}$ 的特征值为 $\lambda_1=\frac{1+\sqrt{5}}{2},\lambda_2=\frac{1-\sqrt{5}}{2}$,两个特征值不相等,因此矩阵 $\boldsymbol{A}$ 可以对角化.可求得 $\boldsymbol{A}$ 的对应于 λ_1 和 λ_2 的特征向量分别为

$$\boldsymbol{p}_1=\begin{pmatrix}\frac{1+\sqrt{5}}{2}\\1\end{pmatrix},\quad \boldsymbol{p}_2=\begin{pmatrix}\frac{1-\sqrt{5}}{2}\\1\end{pmatrix}.$$

令

$$\boldsymbol{P}=\begin{pmatrix}\frac{1+\sqrt{5}}{2}&\frac{1-\sqrt{5}}{2}\\1&1\end{pmatrix},\quad \boldsymbol{\Lambda}=\begin{pmatrix}\frac{1+\sqrt{5}}{2}&\\&\frac{1-\sqrt{5}}{2}\end{pmatrix},$$

则 $\boldsymbol{P}^{-1}\boldsymbol{A}\boldsymbol{P}=\boldsymbol{\Lambda}$,从而有

$$\begin{aligned}\boldsymbol{x}_n&=\boldsymbol{A}^{n-1}\boldsymbol{x}_1=\boldsymbol{P\Lambda}^{n-1}\boldsymbol{P}^{-1}\boldsymbol{x}_1\\&=\begin{pmatrix}\frac{1+\sqrt{5}}{2}&\frac{1-\sqrt{5}}{2}\\1&1\end{pmatrix}\begin{pmatrix}\left(\frac{1+\sqrt{5}}{2}\right)^{n-1}&\\&\left(\frac{1-\sqrt{5}}{2}\right)^{n-1}\end{pmatrix}\begin{pmatrix}\frac{1}{\sqrt{5}}&\frac{\sqrt{5}-1}{2\sqrt{5}}\\-\frac{1}{\sqrt{5}}&\frac{\sqrt{5}+1}{2\sqrt{5}}\end{pmatrix}\begin{pmatrix}1\\1\end{pmatrix}\\&=\frac{1}{\sqrt{5}}\begin{pmatrix}\left(\frac{1+\sqrt{5}}{2}\right)^{n+1}&-\left(\frac{1-\sqrt{5}}{2}\right)^{n+1}\\\left(\frac{1+\sqrt{5}}{2}\right)^{n}&-\left(\frac{1-\sqrt{5}}{2}\right)^{n}\end{pmatrix},\end{aligned}$$

所以

$$F_n=\frac{1}{\sqrt{5}}\left(\frac{1+\sqrt{5}}{2}\right)^n-\frac{1}{\sqrt{5}}\left(\frac{1-\sqrt{5}}{2}\right)^n,$$

即第 n 个月的兔子对数为 $F_n=\frac{1}{\sqrt{5}}\left(\frac{1+\sqrt{5}}{2}\right)^n-\frac{1}{\sqrt{5}}\left(\frac{1-\sqrt{5}}{2}\right)^n$（可以证明这是个整数）.

思考题

若矩阵 $\boldsymbol{A}$ 可对角化，那么相似变换矩阵 $\boldsymbol{P}$ 是否唯一？对角矩阵 $\boldsymbol{\Lambda}$ 是否唯一？

习题 5.2

A 组

1. 在下列横线上填上正确答案：

(1) 已知矩阵 $\boldsymbol{A}=\begin{pmatrix}2&0&0\\0&0&1\\0&1&x\end{pmatrix}$ 和矩阵 $\boldsymbol{B}=\begin{pmatrix}2&0&0\\0&3&4\\0&-2&y\end{pmatrix}$ 相似，则 $x=$__________，$y=$__________.

(2) 已知三阶矩阵 $\boldsymbol{A}$ 与 $\boldsymbol{B}$ 相似，且 $\boldsymbol{A}$ 的特征值为 1,2,2，$\boldsymbol{E}$ 为三阶单位矩阵，则 $|4\boldsymbol{B}^{-1}-\boldsymbol{E}|=$__________.

(3) 设 $\boldsymbol{A}$ 为二阶矩阵，$\boldsymbol{\alpha}_1,\boldsymbol{\alpha}_2$ 为两个线性无关的二维列向量，且 $\boldsymbol{A\alpha}_1=\boldsymbol{0}$，$\boldsymbol{A\alpha}_2=2\boldsymbol{\alpha}_1+\boldsymbol{\alpha}_2$，则 $\boldsymbol{A}$ 的非零特征值为__________.

(4) 设矩阵 $\boldsymbol{A}=\begin{pmatrix}0&0&1\\1&1&x\\1&0&0\end{pmatrix}$，如果 $\boldsymbol{A}$ 可对角化，则 $x=$__________.

2. 证明：如果 $\boldsymbol{A}\sim\boldsymbol{B}$，则 $\boldsymbol{A}^{\mathrm{T}}\sim\boldsymbol{B}^{\mathrm{T}}$.

3. 若矩阵 $\boldsymbol{A}=\begin{pmatrix}1&2&2\\2&1&2\\2&2&1\end{pmatrix}$ 相似于 $\boldsymbol{B}=\begin{pmatrix}-1&0&0\\0&5&0\\0&0&a\end{pmatrix}$，求 a.

4. 设$\boldsymbol{A}=\begin{pmatrix}1&2&0\\2&3&0\\0&0&4\end{pmatrix}$,$\boldsymbol{B}=\begin{pmatrix}1&2&0\\2&3&0\\0&0&2\end{pmatrix}$,$\boldsymbol{A}$与$\boldsymbol{B}$是否等价,是否相似?

5. 设三阶矩阵$\boldsymbol{A}$的特征值为$-1,1,2$,所对应的特征向量分别为$\boldsymbol{p}_1,\boldsymbol{p}_2,\boldsymbol{p}_3$,若令$\boldsymbol{P}=(\boldsymbol{p}_3,\boldsymbol{p}_1,\boldsymbol{p}_2)$,则$\boldsymbol{P}^{-1}\boldsymbol{A}\boldsymbol{P}=$(　　).

A. $\begin{pmatrix}-1&&\\&1&\\&&2\end{pmatrix}$　B. $\begin{pmatrix}1&&\\&-1&\\&&2\end{pmatrix}$　C. $\begin{pmatrix}2&&\\&1&\\&&-1\end{pmatrix}$　D. $\begin{pmatrix}2&&\\&-1&\\&&1\end{pmatrix}$

6. 若四阶矩阵$\boldsymbol{A}$可以对角化,且$\boldsymbol{A}$满足$\boldsymbol{A}^2+\boldsymbol{A}=\boldsymbol{O}$,$\mathrm{r}(\boldsymbol{A})=3$,则$\boldsymbol{A}$相似于(　　).

A. $\begin{bmatrix}-1&&&\\&-1&&\\&&-1&\\&&&0\end{bmatrix}$　　B. $\begin{bmatrix}1&&&\\&-1&&\\&&-1&\\&&&0\end{bmatrix}$

C. $\begin{bmatrix}1&&&\\&1&&\\&&-1&\\&&&0\end{bmatrix}$　　D. $\begin{bmatrix}1&&&\\&1&&\\&&1&\\&&&0\end{bmatrix}$

7. 判断下列矩阵是否可以对角化?若可以,求出相似变换矩阵$\boldsymbol{P}$和对角阵$\boldsymbol{\Lambda}$.

(1) $\begin{pmatrix}3&2\\3&-2\end{pmatrix}$;　　(2) $\begin{pmatrix}1&1&0\\1&0&1\\0&1&1\end{pmatrix}$;

(3) $\begin{pmatrix}1&2&2\\2&1&2\\2&2&1\end{pmatrix}$;　　(4) $\begin{pmatrix}-1&2&0\\-2&3&0\\1&0&2\end{pmatrix}$.

B组

1. 设$\boldsymbol{A}$为三阶矩阵,向量$\boldsymbol{p}_1=(1,2,0)^{\mathrm{T}}$,$\boldsymbol{p}_2=(2,3,0)^{\mathrm{T}}$,$\boldsymbol{p}_3=(0,0,2)^{\mathrm{T}}$满足$\boldsymbol{A}\boldsymbol{p}_1=\boldsymbol{p}_1$,$\boldsymbol{A}\boldsymbol{p}_2=-\boldsymbol{p}_2$,$\boldsymbol{A}\boldsymbol{p}_3=2\boldsymbol{p}_3$.

(1) 证明$\boldsymbol{A}$可以对角化;

(2) 求$\boldsymbol{A}$及$\boldsymbol{A}^{10}$.

2. 已知$\boldsymbol{p}=(1,1,-1)^{\mathrm{T}}$是矩阵$\boldsymbol{A}=\begin{pmatrix}2&-1&2\\5&a&3\\-1&b&-2\end{pmatrix}$的一个特征向量.

(1) 确定特征向量$\boldsymbol{p}$对应的特征值及参数a和b;

(2) 判断$\boldsymbol{A}$是否可对角化.

3. 设$\boldsymbol{A}$为二阶方阵,$\boldsymbol{P}=(\boldsymbol{\alpha},\boldsymbol{A}\boldsymbol{\alpha})$,$\boldsymbol{\alpha}$是非零向量且不是$\boldsymbol{A}$的特征向量.

(1) 证明$\boldsymbol{\alpha},\boldsymbol{A}\boldsymbol{\alpha}$线性无关,从而矩阵$\boldsymbol{P}$可逆;

(2) 若$\boldsymbol{A}^2\boldsymbol{\alpha}=6\boldsymbol{\alpha}-\boldsymbol{A}\boldsymbol{\alpha}$,求$\boldsymbol{P}^{-1}\boldsymbol{A}\boldsymbol{P}$,并判断$\boldsymbol{A}$是否可对角化.

复习题 5

一、选择题

1. 若 λ_1 与 λ_2 为 n 阶方阵 $\boldsymbol{A}$ 的特征值，$\boldsymbol{\alpha}_1$ 与 $\boldsymbol{\alpha}_2$ 是 $\boldsymbol{A}$ 的分别对应于 λ_1 与 λ_2 的特征向量，则（　　）.

A. $\lambda_1=\lambda_2$ 时，$\boldsymbol{\alpha}_1$ 与 $\boldsymbol{\alpha}_2$ 一定成比例

B. $\lambda_1\neq\lambda_2$ 时，若 $\lambda=\lambda_1+\lambda_2$ 也是特征值，则对应的特征向量为 $\boldsymbol{\alpha}_1+\boldsymbol{\alpha}_2$

C. $\lambda_1\neq\lambda_2$ 时，$\boldsymbol{\alpha}_1+\boldsymbol{\alpha}_2$ 不可能是 $\boldsymbol{A}$ 的特征向量

D. $\lambda_1=0$ 时，应有 $\boldsymbol{\alpha}_1=\boldsymbol{0}$

2. 设 $\boldsymbol{\xi}_1,\boldsymbol{\xi}_2$ 是矩阵 $\boldsymbol{A}$ 的对应于特征值 λ 的特征向量，则以下结论中正确的是（　　）.

A. $\boldsymbol{\xi}_1+\boldsymbol{\xi}_2$ 是对应于 λ 的特征向量　　B. $2\boldsymbol{\xi}_1$ 是对应于 λ 的特征向量

C. $\boldsymbol{\xi}_1,\boldsymbol{\xi}_2$ 一定线性相关　　D. $\boldsymbol{\xi}_1,\boldsymbol{\xi}_2$ 一定线性无关

3. 与可逆矩阵 $\boldsymbol{A}$ 的特征值一定相同的矩阵是（　　）.

A. $\boldsymbol{A}^2$　　B. $\boldsymbol{A}^{\mathrm{T}}$　　C. $\boldsymbol{A}^{-1}$　　D. $\boldsymbol{A}^*$

4. 设矩阵 $\boldsymbol{A}=\begin{pmatrix}1&1&0\\1&0&1\\0&1&1\end{pmatrix}$，则 $\boldsymbol{A}$ 的全部特征值为（　　）.

A. 1,1,0　　B. 1,1,2　　C. −1,1,2　　D. −1,1,1

5. 若方阵 $\boldsymbol{A}$ 与 $\boldsymbol{B}$ 相似，则有（　　）.

A. $\boldsymbol{A}-\lambda\boldsymbol{E}=\boldsymbol{B}-\lambda\boldsymbol{E}$

B. $|\boldsymbol{A}|=|\boldsymbol{B}|$

C. 对于相同的特征值 λ，矩阵 $\boldsymbol{A}$ 与 $\boldsymbol{B}$ 有相同的特征向量

D. $\boldsymbol{A}$ 和 $\boldsymbol{B}$ 都与同一个对角矩阵相似

6. 下列矩阵中不能对角化的是（　　）.

A. $\begin{pmatrix}1&1&0\\0&2&1\\0&0&3\end{pmatrix}$　　B. $\begin{pmatrix}1&1&0\\0&1&0\\0&0&2\end{pmatrix}$　　C. $\begin{pmatrix}1&0&1\\0&1&0\\1&0&1\end{pmatrix}$　　D. $\begin{pmatrix}1&0&0\\0&1&1\\0&0&2\end{pmatrix}$

二、填空题

1. 设三阶方阵 $\boldsymbol{A}$ 的特征值分别为 −2,3,2，则 $\boldsymbol{A}^2+\boldsymbol{A}$ 的特征值为__________.

2. 设三阶方阵 $\boldsymbol{A}$ 的特征值为 1, 2, 3，则 $|2\boldsymbol{A}|=$__________，$|\boldsymbol{A}^{-1}+2\boldsymbol{A}^*|=$__________.

3. 若矩阵 $\boldsymbol{A}=\begin{pmatrix}1&2&-3\\-1&4&-3\\1&a&5\end{pmatrix}$ 有一个二重特征值，则 $a=$__________.

4. 如果 n 阶矩阵 $\boldsymbol{A}$ 的元素全是 1，则 $\boldsymbol{A}$ 的全部特征值是__________.

5. 已知三阶矩阵 $\boldsymbol{A}$ 的特征值为 1, 2, 2，且 $\boldsymbol{A}$ 不能对角化，则 $\mathrm{r}(\boldsymbol{A}-2\boldsymbol{E})=$__________.

三、解答题

1. 设$A=\begin{pmatrix}-1 & 2 & 2\\ 2 & -1 & -2\\ 2 & -2 & -1\end{pmatrix}$，

(1) 求A的特征值；

(2) 利用(1)的结果，求矩阵$E+A^{-1}$的特征值.

2. 已知矩阵$A=\begin{pmatrix}2 & a & 2\\ 5 & b & 3\\ -1 & 1 & -1\end{pmatrix}$有两个特征值分别为$-1$和1.

(1) 求参数a和b的值；

(2) 求矩阵A的另外一个特征值；

(3) 判断矩阵A是否可以对角化.

3. 设A是三阶矩阵，$\boldsymbol{\alpha}_1,\boldsymbol{\alpha}_2,\boldsymbol{\alpha}_3$是线性无关的三维列向量，且分别满足$A\boldsymbol{\alpha}_1=4\boldsymbol{\alpha}_1-4\boldsymbol{\alpha}_2+3\boldsymbol{\alpha}_3$，$A\boldsymbol{\alpha}_2=-6\boldsymbol{\alpha}_1-\boldsymbol{\alpha}_2+\boldsymbol{\alpha}_3$，$A\boldsymbol{\alpha}_3=\mathbf{0}$. 求矩阵$A$的特征值.

4. (市场份额预测)假设某地区乳制品市场上存在3个互相竞争品牌1,2和3，a_{ij}表示上个月购买品牌j乳制品的消费者中在本月转向购买品牌i的消费者所占比例(其中$i,j=1,2,3$)，经过长期市场调研和分析，有矩阵

$$A=\begin{pmatrix}a_{11} & a_{12} & a_{13}\\ a_{21} & a_{22} & a_{23}\\ a_{31} & a_{32} & a_{33}\end{pmatrix}=\begin{pmatrix}0.7 & 0.1 & 0.3\\ 0.2 & 0.8 & 0.3\\ 0.1 & 0.1 & 0.4\end{pmatrix},$$

如a_{21}和a_{31}分别表示上月购买品牌1乳制品的消费者中在本月会有20%和10%的转向购买品牌2和品牌3的乳制品，a_{11}表示上个月购买品牌1乳制品的消费者中会有70%在本月依然购买品牌1的乳制品.

假定三种乳制品的初始市场份额都是$\frac{1}{3}$，且每个月这三种品牌的乳制品的销售变化过程也相同，试分析长期来看这三种乳制品在该地区的市场份额各为多少？

第6章

向量的内积及二次型

由5.2节，我们知道不是任何方阵都可以对角化．本章我们将讨论一种特殊的方阵——实对称矩阵，实对称矩阵不但可以对角化，并且可以正交对角化．本章还将介绍二次型，它在物理学、力学、概率论、统计学、运筹学等诸多领域有着广泛的应用．

本章主要讨论

1. 什么是向量的内积？
2. 如何将实对称矩阵对角化？
3. 什么是二次型？如何将二次型化为标准形？
4. 如何判断一个二次型是否为正定二次型？

6.1 向量的内积

6.1.1 向量的内积的定义

定义6.1（向量的内积） 设 $\boldsymbol{\alpha}=\begin{pmatrix}x_1\\x_2\\\vdots\\x_n\end{pmatrix}$ 与 $\boldsymbol{\beta}=\begin{pmatrix}y_1\\y_2\\\vdots\\y_n\end{pmatrix}$ 为两个 n 维实向量，令

$$[\boldsymbol{\alpha},\boldsymbol{\beta}]=x_1y_1+x_2y_2+\cdots+x_ny_n,$$

则称 $[\boldsymbol{\alpha},\boldsymbol{\beta}]$ 为向量 $\boldsymbol{\alpha}$ 与 $\boldsymbol{\beta}$ 的**内积**(inner product)．

当 $\boldsymbol{\alpha}$ 与 $\boldsymbol{\beta}$ 均为列向量时，它们的内积 $[\boldsymbol{\alpha},\boldsymbol{\beta}]$ 也可写做 $\boldsymbol{\alpha}^{\mathrm{T}}\boldsymbol{\beta}=\boldsymbol{\beta}^{\mathrm{T}}\boldsymbol{\alpha}=\sum_{i=1}^{n}x_iy_i$．具有内积的向量空间 V 称为**实内积空间**，也称为**欧几里得**(Euclid)**空间**，简称**欧氏空间**．

注 向量 $\boldsymbol{\alpha}$ 与 $\boldsymbol{\beta}$ 的内积也称为**数量积**(scalar product)或**点积**(dot product)．

例1 求下列各组向量的内积：

(1) $\boldsymbol{\alpha}=\begin{pmatrix}-1\\1\end{pmatrix},\boldsymbol{\beta}=\begin{pmatrix}1\\1\end{pmatrix}$；　(2) $\boldsymbol{\alpha}=\begin{pmatrix}3\\-2\\1\end{pmatrix},\boldsymbol{\beta}=\begin{pmatrix}4\\3\\2\end{pmatrix}$．

解 (1) $[\boldsymbol{\alpha},\boldsymbol{\beta}]=(-1)\times1+1\times1=0$．

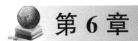

(2) $[\boldsymbol{\alpha},\boldsymbol{\beta}]=3\times4+(-2)\times3+1\times2=8$.

根据内积的定义,易证下列性质:

对任意的 n 维向量 $\boldsymbol{\alpha},\boldsymbol{\beta},\boldsymbol{\gamma}$ 和实数 k,有

(1) $[\boldsymbol{\alpha},\boldsymbol{\beta}]=[\boldsymbol{\beta},\boldsymbol{\alpha}]$;

(2) $[k\boldsymbol{\alpha},\boldsymbol{\beta}]=k[\boldsymbol{\alpha},\boldsymbol{\beta}]$;

(3) $[\boldsymbol{\alpha}+\boldsymbol{\beta},\boldsymbol{\gamma}]=[\boldsymbol{\alpha},\boldsymbol{\gamma}]+[\boldsymbol{\beta},\boldsymbol{\gamma}]$;

(4) $[\boldsymbol{\alpha},\boldsymbol{\alpha}]\geqslant0$,且等号成立的充要条件是 $\boldsymbol{\alpha}=\mathbf{0}$.

对任意的 n 维向量 $\boldsymbol{\alpha}$,由 $[\boldsymbol{\alpha},\boldsymbol{\alpha}]\geqslant0$ 知,$\sqrt{[\boldsymbol{\alpha},\boldsymbol{\alpha}]}$ 是非负实数,由此引入向量长度的概念.

定义 6.2(向量的长度) 设 $\boldsymbol{\alpha}=\begin{pmatrix}x_1\\x_2\\\vdots\\x_n\end{pmatrix}$ 为 n 维实向量,称

$$\|\boldsymbol{\alpha}\|=\sqrt{[\boldsymbol{\alpha},\boldsymbol{\alpha}]}=\sqrt{x_1^2+x_2^2+\cdots+x_n^2}$$

为向量 $\boldsymbol{\alpha}$ 的**长度**(length),也叫做向量 $\boldsymbol{\alpha}$ 的**模**(norm).

当 $\|\boldsymbol{\alpha}\|=1$ 时,称 $\boldsymbol{\alpha}$ 为**单位向量**(unit vector);对于非零向量 $\boldsymbol{\alpha}$,称 $\boldsymbol{\alpha}^0=\dfrac{\boldsymbol{\alpha}}{\|\boldsymbol{\alpha}\|}$ 为 $\boldsymbol{\alpha}$ 的**规范化向量**(normalized vector),也称**单位化向量**.

例 2 求向量 $\boldsymbol{\alpha}=\begin{pmatrix}1\\0\\-1\end{pmatrix}$ 的规范化向量.

解 向量 $\boldsymbol{\alpha}$ 的长度为 $\|\boldsymbol{\alpha}\|=\sqrt{1^2+0^2+(-1)^2}=\sqrt{2}$,$\boldsymbol{\alpha}$ 不是单位向量,其规范化向量为 $\dfrac{\boldsymbol{\alpha}}{\|\boldsymbol{\alpha}\|}=\dfrac{1}{\sqrt{2}}\begin{pmatrix}1\\0\\-1\end{pmatrix}$.

容易证明,对任意的 n 维向量 $\boldsymbol{\alpha}$ 和实数 k,向量的长度满足:

(1) **非负性** $\|\boldsymbol{\alpha}\|\geqslant0$,且等号成立的充要条件是 $\boldsymbol{\alpha}=\mathbf{0}$;

(2) **齐次性** $\|k\boldsymbol{\alpha}\|=|k|\,\|\boldsymbol{\alpha}\|$.

6.1.2 正交向量组

向量的内积还满足关系式

$$[\boldsymbol{\alpha},\boldsymbol{\beta}]^2\leqslant\|\boldsymbol{\alpha}\|^2\|\boldsymbol{\beta}\|^2,\text{或}[\boldsymbol{\alpha},\boldsymbol{\beta}]\leqslant\|\boldsymbol{\alpha}\|\,\|\boldsymbol{\beta}\|,$$

当且仅当 $\boldsymbol{\alpha}$ 与 $\boldsymbol{\beta}$ 线性相关时等号成立. 这个不等式称为**柯西-施瓦茨不等式**(Cauchy-Schwarz inequality). 根据柯西-施瓦茨不等式,对于任何非零向量 $\boldsymbol{\alpha},\boldsymbol{\beta}$,总有

$$\left|\frac{[\boldsymbol{\alpha},\boldsymbol{\beta}]}{\|\boldsymbol{\alpha}\|\,\|\boldsymbol{\beta}\|}\right|\leqslant1.$$

这样我们可以定义 $\mathbb{R}^n$ 中向量的夹角.

定义 6.3（**向量的夹角**） 设 $\boldsymbol{\alpha}$ 与 $\boldsymbol{\beta}$ 为两个 n 维非零实向量，$\theta=\arccos\dfrac{[\boldsymbol{\alpha},\boldsymbol{\beta}]}{\|\boldsymbol{\alpha}\|\|\boldsymbol{\beta}\|}$ 称为 $\boldsymbol{\alpha}$ 与 $\boldsymbol{\beta}$ 的夹角.

例如向量 $\boldsymbol{\alpha}=(1,1)$ 与 $\boldsymbol{\beta}=(0,1)$ 的夹角为

$$\theta=\arccos\frac{[\boldsymbol{\alpha},\boldsymbol{\beta}]}{\|\boldsymbol{\alpha}\|\|\boldsymbol{\beta}\|}=\arccos\frac{1}{\sqrt{2}\times1}=\frac{\pi}{4}.$$

定义 6.4（**向量的正交**） 设 $\boldsymbol{\alpha}$ 与 $\boldsymbol{\beta}$ 为两个 n 维实向量，如果它们的内积 $[\boldsymbol{\alpha},\boldsymbol{\beta}]=0$，则称向量 $\boldsymbol{\alpha}$ 与 $\boldsymbol{\beta}$ **正交**(orthogonal)或**垂直**，记为 $\boldsymbol{\alpha}\perp\boldsymbol{\beta}$.

显然，零向量与任何向量都正交.

由一组两两正交的非零向量构成的向量组称为**正交向量组**(orthogonal set)；如果向量空间 V 的一个基为正交向量组，则称这个基为 V 的**正交基**(orthogonal basis).

例 3 已知 $\boldsymbol{\alpha}=\begin{pmatrix}1\\1\\1\end{pmatrix}$ 与 $\boldsymbol{\beta}=\begin{pmatrix}0\\-1\\1\end{pmatrix}$ 为三维实空间 $\mathbb{R}^3$ 中的两个正交向量，求一个非零向量 $\boldsymbol{\gamma}$，使得 $\boldsymbol{\alpha},\boldsymbol{\beta},\boldsymbol{\gamma}$ 两两正交.

解 设 $\boldsymbol{\gamma}=\begin{pmatrix}x_1\\x_2\\x_3\end{pmatrix}$，则由正交向量组的定义知 $\boldsymbol{\alpha}^{\mathrm{T}}\boldsymbol{\gamma}=0,\boldsymbol{\beta}^{\mathrm{T}}\boldsymbol{\gamma}=0$，即得

$$\begin{cases}x_1+x_2+x_3=0,\\ \quad -x_2+x_3=0.\end{cases}$$

由 $\begin{pmatrix}1&1&1\\0&-1&1\end{pmatrix}\xrightarrow{-r_2}\begin{pmatrix}1&1&1\\0&1&-1\end{pmatrix}\xrightarrow{r_1-r_2}\begin{pmatrix}1&0&2\\0&1&-1\end{pmatrix}$ 知，与原方程组同解的方程组为 $\begin{cases}x_1\quad+2x_3=0,\\ \quad x_2-\ x_3=0.\end{cases}$ 令自由未知量 $x_3=1$，则 $x_1=-2,x_2=1$. 因此，取 $\boldsymbol{\gamma}=\begin{pmatrix}-2\\1\\1\end{pmatrix}$ 即可满足要求.

定理 6.1 如果 $\boldsymbol{\alpha}_1,\boldsymbol{\alpha}_2,\cdots,\boldsymbol{\alpha}_m$ 是 n 维非零向量构成的正交向量组，则该向量组线性无关.

证明 设有常数 $\lambda_1,\lambda_2,\cdots,\lambda_m$ 使得 $\lambda_1\boldsymbol{\alpha}_1+\lambda_2\boldsymbol{\alpha}_2+\cdots+\lambda_m\boldsymbol{\alpha}_m=\mathbf{0}$，两端同时左乘 $\boldsymbol{\alpha}_1^{\mathrm{T}}$，由 $\boldsymbol{\alpha}_1,\boldsymbol{\alpha}_2,\cdots,\boldsymbol{\alpha}_m$ 是正交向量组，知 $\lambda_i\boldsymbol{\alpha}_1^{\mathrm{T}}\boldsymbol{\alpha}_i=0(i=2,\cdots,m)$，从而 $\lambda_1\boldsymbol{\alpha}_1^{\mathrm{T}}\boldsymbol{\alpha}_1=0$. 又由 $\boldsymbol{\alpha}_1$ 为 n 维非零向量，知 $\boldsymbol{\alpha}_1^{\mathrm{T}}\boldsymbol{\alpha}_1>0$，故必有 $\lambda_1=0$. 类似可得 $\lambda_2=\lambda_3=\cdots=\lambda_m=0$，所以 $\boldsymbol{\alpha}_1,\boldsymbol{\alpha}_2,\cdots,\boldsymbol{\alpha}_m$ 线性无关. ■

定义 6.5（**规范正交向量组**） 如果一个正交向量组的每个向量都是单位向量，则称该向量组为**规范正交向量组**(orthonormal set)；如果一个规范正交向量组构成向量空间 V 的一个基，则称这个基为 V 的一个**规范正交基**(orthonormal basis).

例如,标准基 $e_1=\begin{pmatrix}1\\0\\0\\\vdots\\0\end{pmatrix}, e_2=\begin{pmatrix}0\\1\\0\\\vdots\\0\end{pmatrix}, \cdots, e_n=\begin{pmatrix}0\\0\\0\\\vdots\\1\end{pmatrix}$ 为$\mathbb{R}^n$的一个规范正交基.

例 4 试说明例 3 中的 $\boldsymbol{\alpha},\boldsymbol{\beta},\boldsymbol{\gamma}$ 为三维实空间$\mathbb{R}^3$的一个正交基,并把这个基化为$\mathbb{R}^3$的一个规范正交基.

解 由例 3 知 $\boldsymbol{\alpha},\boldsymbol{\beta},\boldsymbol{\gamma}$ 两两正交,因此 $\boldsymbol{\alpha},\boldsymbol{\beta},\boldsymbol{\gamma}$ 线性无关,所以 $\boldsymbol{\alpha},\boldsymbol{\beta},\boldsymbol{\gamma}$ 为$\mathbb{R}^3$的一个基,而且是一个正交基.但 $\|\boldsymbol{\alpha}\|=\sqrt{3}$, $\|\boldsymbol{\beta}\|=\sqrt{2}$, $\|\boldsymbol{\gamma}\|=\sqrt{6}$,所以不是$\mathbb{R}^3$的一个规范正交基.

将向量 $\boldsymbol{\alpha},\boldsymbol{\beta},\boldsymbol{\gamma}$ 规范化,得

$$\boldsymbol{\alpha}^0=\frac{\boldsymbol{\alpha}}{\|\boldsymbol{\alpha}\|}=\frac{1}{\sqrt{3}}\begin{pmatrix}1\\1\\1\end{pmatrix}, \boldsymbol{\beta}^0=\frac{\boldsymbol{\beta}}{\|\boldsymbol{\beta}\|}=\frac{1}{\sqrt{2}}\begin{pmatrix}0\\-1\\1\end{pmatrix}, \boldsymbol{\gamma}^0=\frac{\boldsymbol{\gamma}}{\|\boldsymbol{\gamma}\|}=\frac{1}{\sqrt{6}}\begin{pmatrix}-2\\1\\1\end{pmatrix},$$

$\boldsymbol{\alpha}^0,\boldsymbol{\beta}^0,\boldsymbol{\gamma}^0$ 即为$\mathbb{R}^3$的一个规范正交基.

6.1.3 格拉姆-施密特正交化过程

若 $\boldsymbol{\alpha}_1,\boldsymbol{\alpha}_2,\cdots,\boldsymbol{\alpha}_m$ 是 m 维向量空间 V 的一个规范正交基,则 V 中的任一向量 $\boldsymbol{\alpha}$ 均可由 $\boldsymbol{\alpha}_1,\boldsymbol{\alpha}_2,\cdots,\boldsymbol{\alpha}_m$ 线性表示,设 $\boldsymbol{\alpha}$ 可以表示为

$$\boldsymbol{\alpha}=\lambda_1\boldsymbol{\alpha}_1+\lambda_2\boldsymbol{\alpha}_2+\cdots\lambda_m\boldsymbol{\alpha}_m,$$

则 $\lambda_1,\lambda_2,\cdots,\lambda_m$ 为向量 $\boldsymbol{\alpha}$ 在基 $\boldsymbol{\alpha}_1,\boldsymbol{\alpha}_2,\cdots,\boldsymbol{\alpha}_m$ 下的坐标.为求 $\lambda_i(i=1,2,\cdots,m)$,用 $\boldsymbol{\alpha}_i^{\mathrm{T}}$ 左乘上式,可得 $\boldsymbol{\alpha}_i^{\mathrm{T}}\boldsymbol{\alpha}=\lambda_i\boldsymbol{\alpha}_i^{\mathrm{T}}\boldsymbol{\alpha}_i=\lambda_i$,即 $\lambda_i=\boldsymbol{\alpha}_i^{\mathrm{T}}\boldsymbol{\alpha}=[\boldsymbol{\alpha}_i,\boldsymbol{\alpha}]$.

由此可见,对于规范正交基,可以方便地求出任一向量 $\boldsymbol{\alpha}$ 在这个基下的坐标.因此,我们在研究向量空间时,常取规范正交基.

定理 6.2 提供了将向量空间 V 的一个基化成规范正交基的方法,这个方法称为**格拉姆-施密特正交化过程**(Gram-Schmidt orthogonalization process),也常称**施密特正交化过程**.

定理 6.2(格拉姆-施密特正交化过程) 设 $\boldsymbol{\alpha}_1,\boldsymbol{\alpha}_2,\cdots,\boldsymbol{\alpha}_m$ 是一个线性无关的向量组,令

$$\boldsymbol{\beta}_1=\boldsymbol{\alpha}_1,$$

$$\boldsymbol{\beta}_2=\boldsymbol{\alpha}_2-\frac{[\boldsymbol{\alpha}_2,\boldsymbol{\beta}_1]}{[\boldsymbol{\beta}_1,\boldsymbol{\beta}_1]}\boldsymbol{\beta}_1,$$

$$\vdots$$

$$\boldsymbol{\beta}_m=\boldsymbol{\alpha}_m-\frac{[\boldsymbol{\alpha}_m,\boldsymbol{\beta}_1]}{[\boldsymbol{\beta}_1,\boldsymbol{\beta}_1]}\boldsymbol{\beta}_1-\frac{[\boldsymbol{\alpha}_m,\boldsymbol{\beta}_2]}{[\boldsymbol{\beta}_2,\boldsymbol{\beta}_2]}\boldsymbol{\beta}_2-\cdots-\frac{[\boldsymbol{\alpha}_m,\boldsymbol{\beta}_{m-1}]}{[\boldsymbol{\beta}_{m-1},\boldsymbol{\beta}_{m-1}]}\boldsymbol{\beta}_{m-1},$$

则 $\boldsymbol{\beta}_1,\boldsymbol{\beta}_2,\cdots,\boldsymbol{\beta}_m$ 是一个正交向量组,并且 $\boldsymbol{\beta}_1,\boldsymbol{\beta}_2,\cdots,\boldsymbol{\beta}_m$ 与 $\boldsymbol{\alpha}_1,\boldsymbol{\alpha}_2,\cdots,\boldsymbol{\alpha}_m$ 等价.

证明略.

再利用 $\boldsymbol{\beta}_i^0=\dfrac{\boldsymbol{\beta}_i}{\|\boldsymbol{\beta}_i\|}(i=1,2,\cdots,m)$ 将正交向量组 $\boldsymbol{\beta}_1,\boldsymbol{\beta}_2,\cdots,\boldsymbol{\beta}_m$ 规范化,即可得到一个

规范正交向量组 $\boldsymbol{\beta}_1^0,\boldsymbol{\beta}_2^0,\cdots,\boldsymbol{\beta}_m^0$.

例 5 已知$\mathbb{R}^3$的一个基 $\boldsymbol{\alpha}_1=\begin{pmatrix}1\\2\\-1\end{pmatrix},\boldsymbol{\alpha}_2=\begin{pmatrix}-1\\3\\1\end{pmatrix},\boldsymbol{\alpha}_3=\begin{pmatrix}4\\-1\\0\end{pmatrix}$,利用格拉姆-施密特正交化过程把这个基规范正交化.

解 取 $\boldsymbol{\beta}_1=\boldsymbol{\alpha}_1=\begin{pmatrix}1\\2\\-1\end{pmatrix}$,

$$\boldsymbol{\beta}_2=\boldsymbol{\alpha}_2-\frac{[\boldsymbol{\alpha}_2,\boldsymbol{\beta}_1]}{[\boldsymbol{\beta}_1,\boldsymbol{\beta}_1]}\boldsymbol{\beta}_1=\begin{pmatrix}-1\\3\\1\end{pmatrix}-\frac{4}{6}\begin{pmatrix}1\\2\\-1\end{pmatrix}=\frac{5}{3}\begin{pmatrix}-1\\1\\1\end{pmatrix},$$

$$\boldsymbol{\beta}_3=\boldsymbol{\alpha}_3-\frac{[\boldsymbol{\alpha}_3,\boldsymbol{\beta}_1]}{[\boldsymbol{\beta}_1,\boldsymbol{\beta}_1]}\boldsymbol{\beta}_1-\frac{[\boldsymbol{\alpha}_3,\boldsymbol{\beta}_2]}{[\boldsymbol{\beta}_2,\boldsymbol{\beta}_2]}\boldsymbol{\beta}_2=\begin{pmatrix}4\\-1\\0\end{pmatrix}-\frac{1}{3}\begin{pmatrix}1\\2\\-1\end{pmatrix}+\frac{5}{3}\begin{pmatrix}-1\\1\\1\end{pmatrix}=2\begin{pmatrix}1\\0\\1\end{pmatrix},$$

再将它们规范化,可得

$$\boldsymbol{\beta}_1^0=\frac{\boldsymbol{\beta}_1}{\|\boldsymbol{\beta}_1\|}=\frac{1}{\sqrt{6}}\begin{pmatrix}1\\2\\-1\end{pmatrix},\boldsymbol{\beta}_2^0=\frac{\boldsymbol{\beta}_2}{\|\boldsymbol{\beta}_2\|}=\frac{1}{\sqrt{3}}\begin{pmatrix}-1\\1\\1\end{pmatrix},\boldsymbol{\beta}_3^0=\frac{\boldsymbol{\beta}_3}{\|\boldsymbol{\beta}_3\|}=\frac{1}{\sqrt{2}}\begin{pmatrix}1\\0\\1\end{pmatrix}.$$

$\boldsymbol{\beta}_1^0,\boldsymbol{\beta}_2^0,\boldsymbol{\beta}_3^0$ 即为$\mathbb{R}^3$的一个规范正交基.

例 6 设 $\boldsymbol{\beta}_1=\begin{pmatrix}1\\-1\\1\end{pmatrix}$,求一组非零向量 $\boldsymbol{\beta}_2,\boldsymbol{\beta}_3$,使得 $\boldsymbol{\beta}_1,\boldsymbol{\beta}_2,\boldsymbol{\beta}_3$ 两两正交.

解 设 $\boldsymbol{x}=\begin{pmatrix}x_1\\x_2\\x_3\end{pmatrix}$,由正交定义知,$\boldsymbol{\beta}_2,\boldsymbol{\beta}_3$ 应满足 $\boldsymbol{\beta}_1^{\mathrm{T}}\boldsymbol{x}=0$,即

$$x_1-x_2+x_3=0,$$

它的基础解系为 $\boldsymbol{\alpha}_1=\begin{pmatrix}1\\1\\0\end{pmatrix},\boldsymbol{\alpha}_2=\begin{pmatrix}-1\\0\\1\end{pmatrix}$,将其正交化,得

$$\boldsymbol{\beta}_2=\boldsymbol{\alpha}_1=\begin{pmatrix}1\\1\\0\end{pmatrix},\boldsymbol{\beta}_3=\boldsymbol{\alpha}_2-\frac{[\boldsymbol{\alpha}_2,\boldsymbol{\beta}_2]}{[\boldsymbol{\beta}_2,\boldsymbol{\beta}_2]}\boldsymbol{\beta}_2=\begin{pmatrix}-1\\0\\1\end{pmatrix}+\frac{1}{2}\begin{pmatrix}1\\1\\0\end{pmatrix}=\frac{1}{2}\begin{pmatrix}-1\\1\\2\end{pmatrix}.$$

6.1.4 正交矩阵

定义 6.6（正交矩阵） 如果 n 阶实矩阵 $\boldsymbol{A}$ 满足 $\boldsymbol{A}^{\mathrm{T}}\boldsymbol{A}=\boldsymbol{E}$,则称 $\boldsymbol{A}$ 为**正交矩阵**(orthogonal matrix).

由正交矩阵的定义,可得正交矩阵的下述性质:

(1) 若 $\boldsymbol{A}$ 为正交矩阵,则 $\boldsymbol{A}$ 可逆,且 $\boldsymbol{A}^{-1}=\boldsymbol{A}^{\mathrm{T}}$;

(2) 若 $\boldsymbol{A}$ 为正交矩阵,则 $|\boldsymbol{A}|=1$ 或 $|\boldsymbol{A}|=-1$;

(3) 若 $\boldsymbol{A},\boldsymbol{B}$ 都是正交矩阵,则 $\boldsymbol{AB}$ 也是正交矩阵.

如果将正交矩阵 $\boldsymbol{A}$ 用列向量组表示,即 $\boldsymbol{A}=(\boldsymbol{\alpha}_1,\boldsymbol{\alpha}_2,\cdots,\boldsymbol{\alpha}_n)$,由 $\boldsymbol{A}^{\mathrm{T}}\boldsymbol{A}=\boldsymbol{E}$,得

$$\boldsymbol{A}^{\mathrm{T}}\boldsymbol{A}=\begin{pmatrix}\boldsymbol{\alpha}_1^{\mathrm{T}}\\ \boldsymbol{\alpha}_2^{\mathrm{T}}\\ \vdots\\ \boldsymbol{\alpha}_n^{\mathrm{T}}\end{pmatrix}(\boldsymbol{\alpha}_1,\boldsymbol{\alpha}_2,\cdots,\boldsymbol{\alpha}_n)=\begin{pmatrix}\boldsymbol{\alpha}_1^{\mathrm{T}}\boldsymbol{\alpha}_1 & \boldsymbol{\alpha}_1^{\mathrm{T}}\boldsymbol{\alpha}_2 & \cdots & \boldsymbol{\alpha}_1^{\mathrm{T}}\boldsymbol{\alpha}_n\\ \boldsymbol{\alpha}_2^{\mathrm{T}}\boldsymbol{\alpha}_1 & \boldsymbol{\alpha}_2^{\mathrm{T}}\boldsymbol{\alpha}_2 & \cdots & \boldsymbol{\alpha}_2^{\mathrm{T}}\boldsymbol{\alpha}_n\\ \vdots & \vdots & & \vdots\\ \boldsymbol{\alpha}_n^{\mathrm{T}}\boldsymbol{\alpha}_1 & \boldsymbol{\alpha}_n^{\mathrm{T}}\boldsymbol{\alpha}_2 & \cdots & \boldsymbol{\alpha}_n^{\mathrm{T}}\boldsymbol{\alpha}_n\end{pmatrix}=\begin{pmatrix}1 & 0 & \cdots & 0\\ 0 & 1 & \cdots & 0\\ \vdots & \vdots & \ddots & \vdots\\ 0 & 0 & \cdots & 1\end{pmatrix},$$

即 $\boldsymbol{\alpha}_i^{\mathrm{T}}\boldsymbol{\alpha}_j=\begin{cases}1, & i=j,\\ 0, & i\neq j\end{cases}$ $(i,j=1,2,\cdots,n)$,由此可得下面的定理.

定理 6.3 n 阶矩阵 $\boldsymbol{A}$ 为正交矩阵的充要条件是其列(行)向量组为规范正交向量组.

例 7 验证矩阵

$$\boldsymbol{A}=\begin{pmatrix}\frac{\sqrt{2}}{2} & 0 & \frac{\sqrt{2}}{2}\\ -\frac{\sqrt{2}}{2} & 0 & \frac{\sqrt{2}}{2}\\ 0 & 1 & 0\end{pmatrix}$$

是正交矩阵.

解 矩阵 $\boldsymbol{A}$ 的列向量组为 $\boldsymbol{\alpha}_1=\begin{pmatrix}\frac{\sqrt{2}}{2}\\ -\frac{\sqrt{2}}{2}\\ 0\end{pmatrix}$,$\boldsymbol{\alpha}_2=\begin{pmatrix}0\\0\\1\end{pmatrix}$,$\boldsymbol{\alpha}_3=\begin{pmatrix}\frac{\sqrt{2}}{2}\\ \frac{\sqrt{2}}{2}\\ 0\end{pmatrix}$. 易验证 $\|\boldsymbol{\alpha}_1\|=\|\boldsymbol{\alpha}_2\|=\|\boldsymbol{\alpha}_3\|=1$,且 $\boldsymbol{\alpha}_1,\boldsymbol{\alpha}_2,\boldsymbol{\alpha}_3$ 两两正交,即 $\boldsymbol{A}$ 的列向量组是规范正交向量组,因此 $\boldsymbol{A}$ 为正交矩阵.

定理 6.4 设 $\boldsymbol{A}$ 为 n 阶正交矩阵,$\boldsymbol{\alpha}$ 与 $\boldsymbol{\beta}$ 为任意两个 n 维向量,则

(1) $[\boldsymbol{A\alpha},\boldsymbol{A\beta}]=[\boldsymbol{\alpha},\boldsymbol{\beta}]$;　　(2) $\|\boldsymbol{A\alpha}\|=\|\boldsymbol{\alpha}\|$.

证明 (1) 由 $[\boldsymbol{\alpha},\boldsymbol{\beta}]=\boldsymbol{\alpha}^{\mathrm{T}}\boldsymbol{\beta}$,得

$$[\boldsymbol{A\alpha},\boldsymbol{A\beta}]=(\boldsymbol{A\alpha})^{\mathrm{T}}\boldsymbol{A\beta}=\boldsymbol{\alpha}^{\mathrm{T}}\boldsymbol{A}^{\mathrm{T}}\boldsymbol{A\beta}=\boldsymbol{\alpha}^{\mathrm{T}}\boldsymbol{E\beta}=\boldsymbol{\alpha}^{\mathrm{T}}\boldsymbol{\beta}=[\boldsymbol{\alpha},\boldsymbol{\beta}].$$

(2) 由(1)可知 $[\boldsymbol{A\alpha},\boldsymbol{A\alpha}]=[\boldsymbol{\alpha},\boldsymbol{\alpha}]$,所以 $\|\boldsymbol{A\alpha}\|=\sqrt{[\boldsymbol{A\alpha},\boldsymbol{A\alpha}]}=\sqrt{[\boldsymbol{\alpha},\boldsymbol{\alpha}]}=\|\boldsymbol{\alpha}\|$. ■

思考题

1. 线性无关的向量组是否一定是正交向量组? 反之呢?

2. 试以向量组 $\boldsymbol{\alpha}_1=(1,0,1)^{\mathrm{T}}$,$\boldsymbol{\alpha}_2=(0,1,-1)^{\mathrm{T}}$ 为例,说明在利用格拉姆-施密特正交化过程将向量组规范正交化时,能否先进行规范化,再进行正交化?

习题 6.1

A 组

1. 已知 $\boldsymbol{\alpha}=(1,1,2)^{\mathrm{T}},\boldsymbol{\beta}=(1,-1,1)^{\mathrm{T}}$，求$[\boldsymbol{\alpha},\boldsymbol{\beta}]$和$[\boldsymbol{\alpha}+2\boldsymbol{\beta},\boldsymbol{\beta}]$.

2. 将$\mathbb{R}^3$中的基 $\boldsymbol{\alpha}_1=(1,1,0)^{\mathrm{T}},\boldsymbol{\alpha}_2=(1,-1,1)^{\mathrm{T}},\boldsymbol{\alpha}_3=(0,1,2)^{\mathrm{T}}$ 化为规范正交基.

3. 设 $\boldsymbol{A}$ 为正交矩阵，且$|\boldsymbol{A}|=-1$，求证-1为 $\boldsymbol{A}$ 的特征值.

4. 判断下列矩阵是否为正交矩阵，并说明理由：

(1) $\begin{pmatrix} 1 & -\frac{1}{2} & \frac{1}{3} \\ -\frac{1}{2} & 1 & \frac{1}{2} \\ \frac{1}{3} & \frac{1}{2} & -1 \end{pmatrix}$；　　(2) $\begin{pmatrix} \frac{1}{9} & -\frac{8}{9} & -\frac{4}{9} \\ -\frac{8}{9} & \frac{1}{9} & -\frac{4}{9} \\ -\frac{4}{9} & -\frac{4}{9} & \frac{7}{9} \end{pmatrix}$.

5. 设 $\boldsymbol{A},\boldsymbol{B}$ 是两个正交矩阵，证明 $\boldsymbol{AB}$ 也是正交矩阵.

6. 若 $\boldsymbol{\alpha}$ 为一个 n 维单位列向量，令 $\boldsymbol{A}=\boldsymbol{E}-2\boldsymbol{\alpha}\boldsymbol{\alpha}^{\mathrm{T}}$，证明 $\boldsymbol{A}$ 是对称的正交矩阵.

B 组

1. 证明：两个非零向量 $\boldsymbol{u}$ 和 $\boldsymbol{v}$ 正交的充要条件是 $\|\boldsymbol{u}+\boldsymbol{v}\|^2=\|\boldsymbol{u}\|^2+\|\boldsymbol{v}\|^2$.

2. 若向量 $\boldsymbol{y}$ 与向量 $\boldsymbol{u}$ 和 $\boldsymbol{v}$ 都正交，$\boldsymbol{u}$ 和 $\boldsymbol{v}$ 生成的向量空间记为 $\mathrm{span}(\boldsymbol{u},\boldsymbol{v})$，证明 $\boldsymbol{y}$ 与 $\mathrm{span}(\boldsymbol{u},\boldsymbol{v})$中的任一向量都正交.

3. 设 $\boldsymbol{\alpha}_1,\boldsymbol{\alpha}_2,\boldsymbol{\alpha}_3$ 为规范正交向量组，$\boldsymbol{\beta}_1=-\frac{1}{3}\boldsymbol{\alpha}_1+\frac{2}{3}\boldsymbol{\alpha}_2+\frac{2}{3}\boldsymbol{\alpha}_3,\boldsymbol{\beta}_2=\frac{2}{3}\boldsymbol{\alpha}_1+\frac{2}{3}\boldsymbol{\alpha}_2-\frac{1}{3}\boldsymbol{\alpha}_3,\boldsymbol{\beta}_3=-\frac{2}{3}\boldsymbol{\alpha}_1+\frac{1}{3}\boldsymbol{\alpha}_2-\frac{2}{3}\boldsymbol{\alpha}_3$，证明 $\boldsymbol{\beta}_1,\boldsymbol{\beta}_2,\boldsymbol{\beta}_3$ 也是规范正交向量组.

4. 若矩阵 $\boldsymbol{A}_{5\times 4}$ 的秩为 2，$\boldsymbol{\alpha}_1=(1,1,2,3)^{\mathrm{T}},\boldsymbol{\alpha}_2=(-1,1,4,-1)^{\mathrm{T}}$ 是齐次线性方程组 $\boldsymbol{Ax}=\boldsymbol{0}$ 的两个解向量，求 $\boldsymbol{Ax}=\boldsymbol{0}$ 的解空间的一个规范正交基.

6.2 实对称矩阵的对角化

实对称矩阵一定可以对角化，因此，在二次曲线和二次曲面、多元函数的极值等问题的研究中，实对称矩阵都起着非常重要的作用.

6.2.1 实对称矩阵的特征值与特征向量

所谓**实对称矩阵**是指每个元素都是实数的对称矩阵.

定理 6.5 实对称矩阵的特征值都是实数.

证明 设 λ 为实对称矩阵 $\boldsymbol{A}$ 的特征值，$\boldsymbol{\alpha}$ 为对应的特征向量，则有

$$\boldsymbol{A\alpha}=\lambda\boldsymbol{\alpha}，且\ \boldsymbol{\alpha}\neq\boldsymbol{0}.$$

设 $\bar{\lambda}$ 为 λ 的共轭复数，$\bar{\boldsymbol{\alpha}}$ 表示 $\boldsymbol{\alpha}$ 的共轭向量，$\bar{\boldsymbol{A}}$ 为 $\boldsymbol{A}$ 的共轭矩阵. 由 $\boldsymbol{A}$ 为实对称矩阵

知，$\bar{\boldsymbol{A}}=\boldsymbol{A}$ 且 $\boldsymbol{A}^{\mathrm{T}}=\boldsymbol{A}$，即 $\bar{\boldsymbol{A}}=\boldsymbol{A}^{\mathrm{T}}$，从而有 $\boldsymbol{A}=\bar{\boldsymbol{A}}^{\mathrm{T}}$. 进而有

$$\lambda\bar{\boldsymbol{\alpha}}^{\mathrm{T}}\boldsymbol{\alpha}=\bar{\boldsymbol{\alpha}}^{\mathrm{T}}(\lambda\boldsymbol{\alpha})=\bar{\boldsymbol{\alpha}}^{\mathrm{T}}(\boldsymbol{A}\boldsymbol{\alpha})=\bar{\boldsymbol{\alpha}}^{\mathrm{T}}(\bar{\boldsymbol{A}}^{\mathrm{T}}\boldsymbol{\alpha})=(\bar{\boldsymbol{\alpha}}^{\mathrm{T}}\bar{\boldsymbol{A}}^{\mathrm{T}})\boldsymbol{\alpha}=(\overline{\boldsymbol{A}\boldsymbol{\alpha}})^{\mathrm{T}}\boldsymbol{\alpha}=(\overline{\lambda\boldsymbol{\alpha}})^{\mathrm{T}}\boldsymbol{\alpha}=\bar{\lambda}\bar{\boldsymbol{\alpha}}^{\mathrm{T}}\boldsymbol{\alpha}.$$

由 $\boldsymbol{\alpha}\neq\mathbf{0}$，知 $\bar{\boldsymbol{\alpha}}^{\mathrm{T}}\boldsymbol{\alpha}>0$，所以 $\bar{\lambda}=\lambda$，即 λ 为实数. ■

定理 6.6 设 λ_1 与 λ_2 是实对称矩阵 $\boldsymbol{A}$ 的两个不同的特征值，$\boldsymbol{\alpha}_1$ 与 $\boldsymbol{\alpha}_2$ 是分别对应于 λ_1 与 λ_2 的特征向量，则 $\boldsymbol{\alpha}_1$ 与 $\boldsymbol{\alpha}_2$ 一定正交.

证明 由条件知，$\boldsymbol{A}\boldsymbol{\alpha}_1=\lambda_1\boldsymbol{\alpha}_1$，$\boldsymbol{A}\boldsymbol{\alpha}_2=\lambda_2\boldsymbol{\alpha}_2$，$\boldsymbol{A}^{\mathrm{T}}=\boldsymbol{A}$. 所以

$$\begin{aligned}\lambda_1[\boldsymbol{\alpha}_1,\boldsymbol{\alpha}_2]&=\lambda_1\boldsymbol{\alpha}_1^{\mathrm{T}}\boldsymbol{\alpha}_2=(\boldsymbol{A}\boldsymbol{\alpha}_1)^{\mathrm{T}}\boldsymbol{\alpha}_2=\boldsymbol{\alpha}_1^{\mathrm{T}}\boldsymbol{A}^{\mathrm{T}}\boldsymbol{\alpha}_2=\boldsymbol{\alpha}_1^{\mathrm{T}}\boldsymbol{A}\boldsymbol{\alpha}_2\\&=\lambda_2\boldsymbol{\alpha}_1^{\mathrm{T}}\boldsymbol{\alpha}_2=\lambda_2[\boldsymbol{\alpha}_1,\boldsymbol{\alpha}_2],\end{aligned}$$

由 λ_1 与 λ_2 不相等知，$[\boldsymbol{\alpha}_1,\boldsymbol{\alpha}_2]=0$，即 $\boldsymbol{\alpha}_1$ 与 $\boldsymbol{\alpha}_2$ 正交. ■

6.2.2 实对称矩阵正交相似于实对角阵

关于实对称矩阵，有如下的对角化定理.

定理 6.7 n 阶实对称矩阵 $\boldsymbol{A}$ 一定正交相似于对角阵 $\boldsymbol{\Lambda}$，即存在正交矩阵 $\boldsymbol{Q}$，使得 $\boldsymbol{Q}^{-1}\boldsymbol{A}\boldsymbol{Q}=\boldsymbol{\Lambda}$.

证明略.

注 设 $\boldsymbol{\Lambda}=\mathrm{diag}(\lambda_1,\lambda_2,\cdots,\lambda_n)$，$\boldsymbol{Q}=(\boldsymbol{\eta}_1,\boldsymbol{\eta}_2,\cdots,\boldsymbol{\eta}_n)$，根据定理 5.2，对角阵 $\boldsymbol{\Lambda}$ 的主对角元为 $\boldsymbol{A}$ 的特征值，相似变换矩阵 $\boldsymbol{Q}$ 的列向量 $\boldsymbol{\eta}_1,\boldsymbol{\eta}_2,\cdots,\boldsymbol{\eta}_n$ 为 $\boldsymbol{A}$ 的分别对应于特征值 λ_1，$\lambda_2,\cdots,\lambda_n$ 的特征向量.

根据定理 5.2 的推论 2，可得定理 6.7 的下面推论.

推论 设 $\boldsymbol{A}$ 是 n 阶实对称矩阵，λ_i 是 $\boldsymbol{A}$ 的 k_i 重特征值，则 $\boldsymbol{A}$ 的对应于特征值 λ_i 的线性无关的特征向量恰有 k_i 个.

利用定理 6.7 及其推论，可以得到将实对称矩阵 $\boldsymbol{A}$ 进行正交相似对角化的步骤：

(1) 求出 $\boldsymbol{A}$ 的全部互不相等的特征值 $\lambda_1,\lambda_2,\cdots,\lambda_s$；

(2) 对特征值 $\lambda_i(i=1,2,\cdots,s)$，求出 $(\boldsymbol{A}-\lambda_i\boldsymbol{E})\boldsymbol{x}=\mathbf{0}$ 的基础解系，并将其正交化、规范化；

(3) 以(2)中所得到的两两正交的单位向量为列构造一个 n 阶方阵 $\boldsymbol{Q}$，则 $\boldsymbol{Q}$ 即为所求的正交矩阵，此时 $\boldsymbol{Q}^{-1}\boldsymbol{A}\boldsymbol{Q}=\boldsymbol{\Lambda}$ 为对角阵，$\boldsymbol{\Lambda}$ 的主对角元为 $\boldsymbol{A}$ 的特征值，且它们的排列次序与对应于它们的特征向量在 $\boldsymbol{Q}$ 中的排列次序一致.

例 1 设 $\boldsymbol{A}=\begin{pmatrix}1&1&0\\1&1&0\\0&0&1\end{pmatrix}$，求一个正交矩阵 $\boldsymbol{Q}$，使得 $\boldsymbol{Q}^{-1}\boldsymbol{A}\boldsymbol{Q}$ 为对角阵.

解 由

$$|\boldsymbol{A}-\lambda\boldsymbol{E}|=\begin{vmatrix}1-\lambda&1&0\\1&1-\lambda&0\\0&0&1-\lambda\end{vmatrix}=-\lambda(\lambda-1)(\lambda-2),$$

得 $\boldsymbol{A}$ 的 3 个特征值 $\lambda_1=0,\lambda_2=1,\lambda_3=2$.

当 $\lambda_1=0$ 时,解线性方程组 $(\boldsymbol{A}-0\cdot\boldsymbol{E})\boldsymbol{x}=\boldsymbol{0}$,得其基础解系 $\boldsymbol{\alpha}_1=\begin{pmatrix}-1\\1\\0\end{pmatrix}$.

当 $\lambda_2=1$ 时,解线性方程组 $(\boldsymbol{A}-\boldsymbol{E})\boldsymbol{x}=\boldsymbol{0}$,得其基础解系 $\boldsymbol{\alpha}_2=\begin{pmatrix}0\\0\\1\end{pmatrix}$.

当 $\lambda_3=2$ 时,解线性方程组 $(\boldsymbol{A}-2\boldsymbol{E})\boldsymbol{x}=\boldsymbol{0}$,得其基础解系 $\boldsymbol{\alpha}_3=\begin{pmatrix}1\\1\\0\end{pmatrix}$.

因为 $\boldsymbol{\alpha}_1,\boldsymbol{\alpha}_2,\boldsymbol{\alpha}_3$ 为实对称矩阵 $\boldsymbol{A}$ 的对应于不同特征值的特征向量,所以两两正交,将它们规范化,得

$$\boldsymbol{\eta}_1=\frac{1}{\sqrt{2}}\begin{pmatrix}-1\\1\\0\end{pmatrix},\boldsymbol{\eta}_2=\begin{pmatrix}0\\0\\1\end{pmatrix},\boldsymbol{\eta}_3=\frac{1}{\sqrt{2}}\begin{pmatrix}1\\1\\0\end{pmatrix}.$$

令

$$\boldsymbol{Q}=(\boldsymbol{\eta}_1,\boldsymbol{\eta}_2,\boldsymbol{\eta}_3)=\begin{pmatrix}-\frac{1}{\sqrt{2}} & 0 & \frac{1}{\sqrt{2}}\\ \frac{1}{\sqrt{2}} & 0 & \frac{1}{\sqrt{2}}\\ 0 & 1 & 0\end{pmatrix},\boldsymbol{\Lambda}=\begin{pmatrix}\lambda_1 & & \\ & \lambda_2 & \\ & & \lambda_3\end{pmatrix}=\begin{pmatrix}0 & & \\ & 1 & \\ & & 2\end{pmatrix},$$

则 $\boldsymbol{Q}$ 为正交矩阵,且 $\boldsymbol{Q}^{-1}\boldsymbol{A}\boldsymbol{Q}=\boldsymbol{\Lambda}$.

例 2 设 $\boldsymbol{A}=\begin{pmatrix}1&1&1\\1&1&1\\1&1&1\end{pmatrix}$,求一个正交矩阵 $\boldsymbol{Q}$,使得 $\boldsymbol{Q}^{-1}\boldsymbol{A}\boldsymbol{Q}$ 为对角阵.

解 由

$$|\boldsymbol{A}-\lambda\boldsymbol{E}|=\begin{vmatrix}1-\lambda & 1 & 1\\ 1 & 1-\lambda & 1\\ 1 & 1 & 1-\lambda\end{vmatrix}=\lambda^2(3-\lambda),$$

得 $\boldsymbol{A}$ 的特征值 $\lambda_1=3,\lambda_2=\lambda_3=0$.

当 $\lambda_1=3$ 时,解线性方程组 $(\boldsymbol{A}-3\boldsymbol{E})\boldsymbol{x}=\boldsymbol{0}$,得其基础解系 $\boldsymbol{\alpha}_1=\begin{pmatrix}1\\1\\1\end{pmatrix}$.

当 $\lambda_2=\lambda_3=0$ 时,解线性方程组 $(\boldsymbol{A}-0\cdot\boldsymbol{E})\boldsymbol{x}=\boldsymbol{0}$,得其基础解系 $\boldsymbol{\alpha}_2=\begin{pmatrix}-1\\1\\0\end{pmatrix},\boldsymbol{\alpha}_3=\begin{pmatrix}-1\\0\\1\end{pmatrix}$.

因为 $\boldsymbol{\alpha}_1$ 与 $\boldsymbol{\alpha}_2,\boldsymbol{\alpha}_3$ 是 $\boldsymbol{A}$ 的对应于不同特征值的特征向量，所以 $\boldsymbol{\alpha}_1$ 与 $\boldsymbol{\alpha}_2,\boldsymbol{\alpha}_3$ 正交.

将 $\boldsymbol{\alpha}_1=\begin{pmatrix}1\\1\\1\end{pmatrix}$ 规范化，得 $\boldsymbol{\eta}_1=\frac{1}{\sqrt{3}}\begin{pmatrix}1\\1\\1\end{pmatrix}$.

因为 $\boldsymbol{\alpha}_2=\begin{pmatrix}-1\\1\\0\end{pmatrix}$ 与 $\boldsymbol{\alpha}_3=\begin{pmatrix}-1\\0\\1\end{pmatrix}$ 不正交，利用格拉姆-施密特正交化过程将它们正交化、规范化，得 $\boldsymbol{\eta}_2=\frac{1}{\sqrt{2}}\begin{pmatrix}-1\\1\\0\end{pmatrix}$，$\boldsymbol{\eta}_3=\frac{1}{\sqrt{6}}\begin{pmatrix}-1\\-1\\2\end{pmatrix}$.

令

$$\boldsymbol{Q}=(\boldsymbol{\eta}_1,\boldsymbol{\eta}_2,\boldsymbol{\eta}_3)=\begin{pmatrix}\frac{1}{\sqrt{3}} & -\frac{1}{\sqrt{2}} & -\frac{1}{\sqrt{6}}\\ \frac{1}{\sqrt{3}} & \frac{1}{\sqrt{2}} & -\frac{1}{\sqrt{6}}\\ \frac{1}{\sqrt{3}} & 0 & \frac{2}{\sqrt{6}}\end{pmatrix},\boldsymbol{\Lambda}=\begin{pmatrix}\lambda_1 & & \\ & \lambda_2 & \\ & & \lambda_3\end{pmatrix}=\begin{pmatrix}3 & & \\ & 0 & \\ & & 0\end{pmatrix},$$

则 $\boldsymbol{Q}$ 为正交矩阵，且 $\boldsymbol{Q}^{-1}\boldsymbol{AQ}=\boldsymbol{\Lambda}$.

思 考 题

设 λ 是实对称矩阵 $\boldsymbol{A}$ 的一个二重特征值，$\boldsymbol{\alpha}_1$ 与 $\boldsymbol{\alpha}_2$ 是 $\boldsymbol{A}$ 的对应于特征值 λ 的两个线性无关的特征向量，利用格拉姆-施密特正交化过程将 $\boldsymbol{\alpha}_1$ 与 $\boldsymbol{\alpha}_2$ 正交化得向量 $\boldsymbol{\beta}_1$ 与 $\boldsymbol{\beta}_2$. 问 $\boldsymbol{\beta}_1$ 与 $\boldsymbol{\beta}_2$ 是否还是 $\boldsymbol{A}$ 的对应于特征值 λ 的特征向量？

习 题 6.2

A 组

1. 如果 $\boldsymbol{A}^{\mathrm{T}}=\boldsymbol{A}$，非零向量 $\boldsymbol{u},\boldsymbol{v}$ 分别满足 $\boldsymbol{Au}=2\boldsymbol{u}$，$\boldsymbol{A}\boldsymbol{v}=3\boldsymbol{v}$，证明向量 $\boldsymbol{u},\boldsymbol{v}$ 正交.

2. 对于下列实对称矩阵 $\boldsymbol{A}$，求一个正交矩阵 $\boldsymbol{Q}$，使得 $\boldsymbol{Q}^{-1}\boldsymbol{AQ}$ 为对角阵：

(1) $\begin{pmatrix}3 & -1\\ -1 & 3\end{pmatrix}$；　　(2) $\begin{pmatrix}3 & 2 & 0\\ 2 & 0 & 0\\ 0 & 0 & 2\end{pmatrix}$；

(3) $\begin{pmatrix}4 & 0 & 0\\ 0 & 3 & 1\\ 0 & 1 & 3\end{pmatrix}$；　　(4) $\begin{pmatrix}2 & 1 & 1\\ 1 & 2 & 1\\ 1 & 1 & 2\end{pmatrix}$.

3. 证明：两个同阶的实对称矩阵相似的充要条件是它们具有相同的特征值.

B 组

1. 设三阶实对称矩阵 $\boldsymbol{A}$ 的特征值为 $\lambda_1=1,\lambda_2=2,\lambda_3=3$，且 $\boldsymbol{\xi}_1=(-1,-1,1)^{\mathrm{T}}$，$\boldsymbol{\xi}_2=$

$(1,-2,-1)^T$ 是 $\boldsymbol{A}$ 的分别对应于特征值 λ_1,λ_2 的特征向量.

(1) 求 $\boldsymbol{A}$ 的对应于特征值 λ_3 的特征向量；

(2) 求矩阵 $\boldsymbol{A}$.

2. 设 $\boldsymbol{A},\boldsymbol{B}$ 都是 n 阶实对称矩阵，若存在正交矩阵 $\boldsymbol{Q}$，使 $\boldsymbol{Q}^{-1}\boldsymbol{AQ}$ 和 $\boldsymbol{Q}^{-1}\boldsymbol{BQ}$ 都是对角矩阵，则 $\boldsymbol{AB}$ 也是实对称矩阵.

6.3 二次型

二次型(quadratic form)，是指二次齐次多项式，它在解析几何中的二次曲线和二次曲面以及最优化理论等问题的研究中起着非常重要的作用.

6.3.1 二次型的基本概念及标准形式

定义 6.7（二次型） 含有 n 个变量 $x_1,x_2,\cdots,x_n$ 的二次齐次多项式

$$\begin{aligned}f(x_1,x_2,\cdots,x_n)=a_{11}x_1^2&+2a_{12}x_1x_2+2a_{13}x_1x_3+\cdots+2a_{1n}x_1x_n\\&+a_{22}x_2^2\quad+2a_{23}x_2x_3+\cdots+2a_{2n}x_2x_n\\&+\cdots\\&+a_{nn}x_n^2\end{aligned}\tag{6.1}$$

称为 n 元**二次型**.

系数全为实数的二次型称为**实二次型**(real quadratic form). 这里讨论的都是实二次型，简称二次型.

如果二次型只含有平方项，即形如 $f(x_1,x_2,\cdots,x_n)=d_1{x_1}^2+d_2{x_2}^2+\cdots+d_n{x_n}^2$，则称之为**标准形**(standard form). 如果系数 $d_i(i=1,2,\cdots,n)$ 只能取 ±1 或 0，则称之为**规范形**(normal form).

如果令 $a_{ji}=a_{ij}$，则 $2a_{ij}x_ix_j=a_{ij}x_ix_j+a_{ji}x_jx_i$，此时(6.1)式可写作

$$\begin{aligned}f(x_1,x_2,\cdots,x_n)&=a_{11}x_1^2+a_{12}x_1x_2+\cdots+a_{1n}x_1x_n\\&\quad+a_{21}x_2x_1+a_{22}x_2^2+\cdots+a_{2n}x_2x_n\\&\quad+\cdots\\&\quad+a_{n1}x_nx_1+a_{n2}x_nx_2+\cdots+a_{nn}x_n^2\\&=x_1(a_{11}x_1+a_{12}x_2+\cdots+a_{1n}x_n)\\&\quad+x_2(a_{21}x_1+a_{22}x_2+\cdots+a_{2n}x_n)\\&\quad+\cdots\\&\quad+x_n(a_{n1}x_1+a_{n2}x_2+\cdots+a_{nn}x_n)\\&=(x_1,x_2,\cdots,x_n)\begin{pmatrix}a_{11}x_1+a_{12}x_2+\cdots+a_{1n}x_n\\a_{21}x_1+a_{22}x_2+\cdots+a_{2n}x_n\\\vdots\\a_{n1}x_1+a_{n2}x_2+\cdots+a_{nn}x_n\end{pmatrix}\end{aligned}$$

$$=(x_1,x_2,\cdots,x_n)\begin{pmatrix}a_{11} & a_{12} & \cdots & a_{1n}\\ a_{21} & a_{22} & \cdots & a_{2n}\\ \vdots & \vdots & & \vdots\\ a_{n1} & a_{n2} & \cdots & a_{nn}\end{pmatrix}\begin{pmatrix}x_1\\ x_2\\ \vdots\\ x_n\end{pmatrix}.$$

如果令 $\boldsymbol{A}=(a_{ij})_{n\times n}$，$\boldsymbol{x}=\begin{pmatrix}x_1\\ x_2\\ \vdots\\ x_n\end{pmatrix}$，则(6.1)式可以写成矩阵形式

$$f(\boldsymbol{x})=\boldsymbol{x}^{\mathrm{T}}\boldsymbol{A}\boldsymbol{x}.$$

称 $\boldsymbol{A}$ 为**二次型的矩阵**，称矩阵 $\boldsymbol{A}$ 的秩为**二次型的秩**. 因为 $a_{ji}=a_{ij}$，所以 $\boldsymbol{A}^{\mathrm{T}}=\boldsymbol{A}$，即二次型的矩阵为实对称矩阵. 显然二次型的标准形的矩阵为实对角矩阵.

因为二次型与对称矩阵之间是一一对应关系，因此可以将二次型的问题转化为对称矩阵的问题进行研究，也可将对称矩阵的问题转化为二次型的问题进行研究.

以后如无特殊说明，在二次型的矩阵形式 $f(x)=\boldsymbol{x}^{\mathrm{T}}\boldsymbol{A}\boldsymbol{x}$ 中均假定 $\boldsymbol{A}$ 为对称矩阵.

例 1 判断下列多项式是否是二次型，如果是，写出它们的矩阵形式，并求其秩.

(1) $f(x,y)=2xy-3y^2+y$；　　(2) $f(x_1,x_2,x_3)=x_2^2+2x_1x_2-4x_2x_3$；

(3) $f(x,y)=x^2+2xy+y^2-1$；　　(4) $f(x_1,x_2,x_3)=x_1^2-3x_2^2+4x_3^2$.

解 由二次型的定义知，(1)和(3)不是二次型，(2)和(4)都是二次型.

(2) $f(x_1,x_2,x_3)=(x_1,x_2,x_3)\begin{pmatrix}0 & 1 & 0\\ 1 & 1 & -2\\ 0 & -2 & 0\end{pmatrix}\begin{pmatrix}x_1\\ x_2\\ x_3\end{pmatrix}$，令 $\boldsymbol{A}=\begin{pmatrix}0 & 1 & 0\\ 1 & 1 & -2\\ 0 & -2 & 0\end{pmatrix}$，$\boldsymbol{x}=\begin{pmatrix}x_1\\ x_2\\ x_3\end{pmatrix}$，即 $f(x)=\boldsymbol{x}^{\mathrm{T}}\boldsymbol{A}\boldsymbol{x}$，因为 $\mathrm{r}(\boldsymbol{A})=2$，所以二次型的秩为 2.

(4) $f(x_1,x_2,x_3)=(x_1,x_2,x_3)\begin{pmatrix}1 & 0 & 0\\ 0 & -3 & 0\\ 0 & 0 & 4\end{pmatrix}\begin{pmatrix}x_1\\ x_2\\ x_3\end{pmatrix}$，令 $\boldsymbol{A}=\begin{pmatrix}1 & 0 & 0\\ 0 & -3 & 0\\ 0 & 0 & 4\end{pmatrix}$，$\boldsymbol{x}=\begin{pmatrix}x_1\\ x_2\\ x_3\end{pmatrix}$，即 $f(\boldsymbol{x})=\boldsymbol{x}^{\mathrm{T}}\boldsymbol{A}\boldsymbol{x}$，因为 $\mathrm{r}(\boldsymbol{A})=3$，所以二次型的秩为 3.

6.3.2 用正交代换化二次型为标准形

在二次型中，因为只含有平方项的标准形式的二次型方便研究，因此我们讨论如何将二次型化为标准型的问题. 首先引入下述定义.

定义 6.8（线性代换） 设 $\boldsymbol{x}=\begin{pmatrix}x_1\\ x_2\\ \vdots\\ x_n\end{pmatrix}$ 与 $\boldsymbol{y}=\begin{pmatrix}y_1\\ y_2\\ \vdots\\ y_n\end{pmatrix}$ 为 n 维向量，称关系式

$$\begin{cases} x_1=c_{11}y_1+c_{12}y_2+\cdots+c_{1n}y_n, \\ x_2=c_{21}y_1+c_{22}y_2+\cdots+c_{2n}y_n, \\ \vdots \\ x_n=c_{n1}y_1+c_{n2}y_2+\cdots+c_{nn}y_n \end{cases}$$

为由 $\boldsymbol{x}$ 到 $\boldsymbol{y}$ 的一个**线性代换**.

如果令

$$\boldsymbol{C}=\begin{pmatrix} c_{11} & c_{12} & \cdots & c_{1n} \\ c_{21} & c_{22} & \cdots & c_{2n} \\ \vdots & \vdots & & \vdots \\ c_{n1} & c_{n2} & \cdots & c_{nn} \end{pmatrix},$$

则该线性代换可以表示为 $\boldsymbol{x}=\boldsymbol{C}\boldsymbol{y}$. 若 $\boldsymbol{C}$ 为可逆矩阵,则称该线性代换是**可逆线性代换**. 若 $\boldsymbol{C}$ 为正交矩阵,则称该线性代换为**正交代换**.

下面讨论如何利用正交代换将二次型 $f(\boldsymbol{x})=\boldsymbol{x}^{\mathrm{T}}\boldsymbol{A}\boldsymbol{x}$ 化为标准形.

由定理 6.7 知,n 阶实对称矩阵 $\boldsymbol{A}$ 一定正交相似于对角阵 $\boldsymbol{\Lambda}$,即存在正交矩阵 $\boldsymbol{Q}$,使得 $\boldsymbol{Q}^{-1}\boldsymbol{A}\boldsymbol{Q}=\boldsymbol{\Lambda}=\mathrm{diag}(\lambda_1,\lambda_2,\cdots,\lambda_n)$,其中 $\lambda_i(i=1,2,\cdots,n)$ 为 $\boldsymbol{A}$ 的特征值. 由正交矩阵的性质 $\boldsymbol{Q}^{-1}=\boldsymbol{Q}^{\mathrm{T}}$ 知,$\boldsymbol{Q}^{-1}\boldsymbol{A}\boldsymbol{Q}=\boldsymbol{Q}^{\mathrm{T}}\boldsymbol{A}\boldsymbol{Q}=\boldsymbol{\Lambda}$. 对二次型 $f(\boldsymbol{x})=\boldsymbol{x}^{\mathrm{T}}\boldsymbol{A}\boldsymbol{x}$,若令 $\boldsymbol{x}=\boldsymbol{Q}\boldsymbol{y}$,则

$$f(\boldsymbol{Q}\boldsymbol{y})=(\boldsymbol{Q}\boldsymbol{y})^{\mathrm{T}}\boldsymbol{A}(\boldsymbol{Q}\boldsymbol{y})=\boldsymbol{y}^{\mathrm{T}}(\boldsymbol{Q}^{\mathrm{T}}\boldsymbol{A}\boldsymbol{Q})\boldsymbol{y}=\boldsymbol{y}^{\mathrm{T}}\boldsymbol{\Lambda}\boldsymbol{y}=\lambda_1y_1^2+\lambda_2y_2^2+\cdots+\lambda_ny_n^2.$$

因此,通过正交代换 $\boldsymbol{x}=\boldsymbol{Q}\boldsymbol{y}$ 可以将二次型 $f(\boldsymbol{x})=\boldsymbol{x}^{\mathrm{T}}\boldsymbol{A}\boldsymbol{x}$ 化为标准形,于是得到下面的定理.

定理 6.8 对含有 n 个变量 $x_1,x_2,\cdots,x_n$ 的任意实二次型 $f(\boldsymbol{x})=\boldsymbol{x}^{\mathrm{T}}\boldsymbol{A}\boldsymbol{x}$,一定存在正交代换 $\boldsymbol{x}=\boldsymbol{Q}\boldsymbol{y}$,将二次型 $f(\boldsymbol{x})=\boldsymbol{x}^{\mathrm{T}}\boldsymbol{A}\boldsymbol{x}$ 化为标准形

$$g(\boldsymbol{y})=f(\boldsymbol{Q}\boldsymbol{y})=\lambda_1y_1^2+\lambda_2y_2^2+\cdots+\lambda_ny_n^2,$$

其中 $\lambda_i(i=1,2,\cdots,n)$ 为 $\boldsymbol{A}$ 的特征值.

例 2 求正交代换 $\boldsymbol{x}=\boldsymbol{Q}\boldsymbol{y}$,将二次型 $f(x_1,x_2,x_3)=x_1^2+2x_1x_2+x_2^2+x_3^2$ 化为标准形.

解 该二次型的矩阵为 $\boldsymbol{A}=\begin{pmatrix} 1 & 1 & 0 \\ 1 & 1 & 0 \\ 0 & 0 & 1 \end{pmatrix}$,欲将该二次型化为标准形,只需求出正交矩阵 $\boldsymbol{Q}$,使得 $\boldsymbol{Q}^{\mathrm{T}}\boldsymbol{A}\boldsymbol{Q}$ 为对角阵.

因为该矩阵 $\boldsymbol{A}$ 与 6.2 节例 1 的矩阵相同,由 6.2 节例 1 的结果可知,有正交矩阵 $\boldsymbol{Q}=\begin{pmatrix} -\frac{1}{\sqrt{2}} & 0 & \frac{1}{\sqrt{2}} \\ \frac{1}{\sqrt{2}} & 0 & \frac{1}{\sqrt{2}} \\ 0 & 1 & 0 \end{pmatrix}$,满足 $\boldsymbol{Q}^{-1}\boldsymbol{A}\boldsymbol{Q}=\boldsymbol{Q}^{\mathrm{T}}\boldsymbol{A}\boldsymbol{Q}=\boldsymbol{\Lambda}$,其中 $\boldsymbol{\Lambda}=\begin{pmatrix} 0 & & \\ & 1 & \\ & & 2 \end{pmatrix}$,于是正交代换 $\boldsymbol{x}=\boldsymbol{Q}\boldsymbol{y}=$

$\begin{pmatrix} -\frac{1}{\sqrt{2}} & 0 & \frac{1}{\sqrt{2}} \\ \frac{1}{\sqrt{2}} & 0 & \frac{1}{\sqrt{2}} \\ 0 & 1 & 0 \end{pmatrix}\begin{pmatrix} y_1 \\ y_2 \\ y_3 \end{pmatrix}$将该二次型化为标准形

$$g(\boldsymbol{y})=0\cdot y_1^2+y_2^2+2y_3^2=y_2^2+2y_3^2.$$

例3 (曲线类型判定)利用正交代换将 $f(x_1,x_2)=5x_1{}^2-4x_1x_2+5x_2{}^2$ 化为标准形，并判断由方程 $5x_1^2-4x_1x_2+5x_2^2=21$ 确定的二次曲线的类型.

解 该二次型的矩阵为 $\boldsymbol{A}=\begin{pmatrix} 5 & -2 \\ -2 & 5 \end{pmatrix}$，解 $|\boldsymbol{A}-\lambda\boldsymbol{E}|=\begin{vmatrix} 5-\lambda & -2 \\ -2 & 5-\lambda \end{vmatrix}=0$，得 $\boldsymbol{A}$ 的特征值为 $\lambda_1=3$ 和 $\lambda_2=7$.

当 $\lambda_1=3$ 时，解线性方程组 $(\boldsymbol{A}-3\boldsymbol{E})\boldsymbol{x}=\boldsymbol{0}$，得其基础解系 $\boldsymbol{\alpha}_1=\begin{pmatrix} 1 \\ 1 \end{pmatrix}$.

当 $\lambda_2=7$ 时，解线性方程组 $(\boldsymbol{A}-7\boldsymbol{E})\boldsymbol{x}=\boldsymbol{0}$，得其基础解系 $\boldsymbol{\alpha}_2=\begin{pmatrix} -1 \\ 1 \end{pmatrix}$.

因为 $\boldsymbol{\alpha}_1,\boldsymbol{\alpha}_2$ 为矩阵 $\boldsymbol{A}$ 的对应于不同特征值的特征向量，所以 $\boldsymbol{\alpha}_1,\boldsymbol{\alpha}_2$ 正交. 将 $\boldsymbol{\alpha}_1,\boldsymbol{\alpha}_2$ 单位化，得

$$\boldsymbol{\eta}_1=\frac{1}{\sqrt{2}}\begin{pmatrix} 1 \\ 1 \end{pmatrix},\quad \boldsymbol{\eta}_2=\frac{1}{\sqrt{2}}\begin{pmatrix} -1 \\ 1 \end{pmatrix}.$$

令 $\boldsymbol{Q}=(\boldsymbol{\eta}_1,\boldsymbol{\eta}_2)=\begin{pmatrix} \frac{1}{\sqrt{2}} & -\frac{1}{\sqrt{2}} \\ \frac{1}{\sqrt{2}} & \frac{1}{\sqrt{2}} \end{pmatrix}$，$\boldsymbol{\Lambda}=\begin{pmatrix} 3 & \\ & 7 \end{pmatrix}$，则 $\boldsymbol{Q}$ 为正交矩阵，且 $\boldsymbol{Q}^{\mathrm{T}}\boldsymbol{A}\boldsymbol{Q}=\boldsymbol{\Lambda}$，从而正交代换 $\boldsymbol{x}=\boldsymbol{Q}\boldsymbol{y}$ 将二次型化为标准形

$$g(y_1,y_2)=3y_1^2+7y_2^2.$$

因此二次曲线 $5x_1{}^2-4x_1x_2+5x_2{}^2=21$ 经过正交代换可以化为 $3y_1{}^2+7y_2{}^2=21$，即

$$\frac{y_1^2}{7}+\frac{y_2^2}{3}=1,$$

所以该曲线为椭圆.

6.3.3 正定二次型

在实二次型中，正定二次型具有特殊的地位.

定义6.9(二次型的分类) 设 $f(\boldsymbol{x})=\boldsymbol{x}^{\mathrm{T}}\boldsymbol{A}\boldsymbol{x}$ 为实二次型.

(1) 如果对于任意的非零向量 $\boldsymbol{x}$，都有 $f(\boldsymbol{x})>0$，则称 $f(\boldsymbol{x})$ 为**正定**(positive definite)**二次型**，并称 $\boldsymbol{A}$ 为**正定矩阵**，记为 $\boldsymbol{A}>0$；

(2) 如果对于任意的非零向量 $\boldsymbol{x}$，都有 $f(\boldsymbol{x})<0$，则称 $f(\boldsymbol{x})$ 为**负定**(negative definite)**二次型**，并称 $\boldsymbol{A}$ 为**负定矩阵**，记为 $\boldsymbol{A}<0$；

(3) 如果既有使 $f(\boldsymbol{x})>0$ 的向量 $\boldsymbol{x}$，也有使 $f(\boldsymbol{x})<0$ 的向量 $\boldsymbol{x}$，则称 $f(\boldsymbol{x})$ 为**不定**(indefinite)**二次型**，并称 $\boldsymbol{A}$ 为**不定矩阵**.

例如，实二次型 $f(x_1,x_2,x_3)=x_1^2+3x_2^2+x_3^2$ 为正定二次型，而实二次型 $g(x_1,x_2,x_3)=-x_1^2-3x_2^2-x_3^2$ 为负定二次型，$h(x_1,x_2,x_3)=x_1^2+3x_2^2-x_3^2$ 是不定二次型.

结合定义 6.9，由 $\boldsymbol{x}^{\mathrm{T}}(-\boldsymbol{A})\boldsymbol{x}=-\boldsymbol{x}^{\mathrm{T}}\boldsymbol{A}\boldsymbol{x}$ 知，$\boldsymbol{A}$ 为正定矩阵等价于 $-\boldsymbol{A}$ 为负定矩阵. 因此这里只研究正定二次型的性质.

定理 6.9 设 $f(\boldsymbol{x})=\boldsymbol{x}^{\mathrm{T}}\boldsymbol{A}\boldsymbol{x}$ 为 n 元实二次型，$f(\boldsymbol{x})$ 为正定二次型(即 $\boldsymbol{A}$ 为正定矩阵)的充要条件是 $\boldsymbol{A}$ 的特征值都是正数.

证明 (必要性)设 λ 为实对称矩阵 $\boldsymbol{A}$ 的任一特征值，$\boldsymbol{x}$ 为 $\boldsymbol{A}$ 的对应于 λ 的一个特征向量，则有 $\boldsymbol{A}\boldsymbol{x}=\lambda\boldsymbol{x}$，且 $\boldsymbol{x}\neq\boldsymbol{0}$. 由 $f(\boldsymbol{x})$ 为正定二次型知

$$f(\boldsymbol{x})=\boldsymbol{x}^{\mathrm{T}}\boldsymbol{A}\boldsymbol{x}=\boldsymbol{x}^{\mathrm{T}}(\lambda\boldsymbol{x})=\lambda\boldsymbol{x}^{\mathrm{T}}\boldsymbol{x}>0,$$

再由 $\boldsymbol{x}^{\mathrm{T}}\boldsymbol{x}>0$ 知，$\lambda>0$，从而正定矩阵 $\boldsymbol{A}$ 的特征值都是正数.

(充分性)对二次型 $f(\boldsymbol{x})$，总可以经过正交代换 $\boldsymbol{x}=\boldsymbol{Q}\boldsymbol{y}$ 将其化为标准形

$$g(\boldsymbol{y})=f(\boldsymbol{Q}\boldsymbol{y})=\boldsymbol{y}^{\mathrm{T}}\boldsymbol{\Lambda}\boldsymbol{y}=\lambda_1y_1^2+\lambda_2y_2^2+\cdots+\lambda_ny_n^2,$$

其中 $\boldsymbol{\Lambda}=\mathrm{diag}(\lambda_1,\lambda_2,\cdots,\lambda_n)$，$\lambda_i(i=1,2,\cdots,n)$ 为 $\boldsymbol{A}$ 的特征值. 对任意 $\boldsymbol{x}\neq\boldsymbol{0}$，因为 $\boldsymbol{Q}$ 可逆，则有 $\boldsymbol{y}=\boldsymbol{Q}^{-1}\boldsymbol{x}$，且 $\boldsymbol{y}\neq\boldsymbol{0}$，如果 $\boldsymbol{A}$ 的特征值都是正数，则 $f(\boldsymbol{x})=g(\boldsymbol{y})>0$，即对任意 $\boldsymbol{x}\neq\boldsymbol{0}$，都有 $f(\boldsymbol{x})>0$，所以 $f(\boldsymbol{x})$ 为正定二次型. ■

定义 6.10(顺序主子式) 设 $\boldsymbol{A}=(a_{ij})_{n\times n}$ 为 n 阶方阵，它的 k 阶子式

$$D_k=\begin{vmatrix} a_{11} & a_{12} & \cdots & a_{1k} \\ a_{21} & a_{22} & \cdots & a_{2k} \\ \vdots & \vdots & & \vdots \\ a_{k1} & a_{k2} & \cdots & a_{kk} \end{vmatrix}\quad (k=1,2,\cdots,n)$$

称为 $\boldsymbol{A}$ 的 k 阶**顺序主子式**(leading principal minor).

利用顺序主子式，给出一种判别 $\boldsymbol{A}$ 为正定矩阵的方法.

定理 6.10 实对称矩阵 $\boldsymbol{A}=(a_{ij})_{n\times n}$ 为正定矩阵的充要条件是 $\boldsymbol{A}$ 的所有顺序主子式都大于零.

证明略.

例 4 判别二次型 $f(x_1,x_2,x_3)=2x_1^2+5x_2^2+5x_3^2+4x_1x_2-4x_1x_3-2x_2x_3$ 是否为正定二次型.

解 该二次型的矩阵为

$$\boldsymbol{A}=\begin{pmatrix} 2 & 2 & -2 \\ 2 & 5 & -1 \\ -2 & -1 & 5 \end{pmatrix}.$$

计算 $\boldsymbol{A}$ 的各阶顺序主子式，得

$$D_1=2>0,D_2=\begin{vmatrix} 2 & 2 \\ 2 & 5 \end{vmatrix}=6>0,$$

$$D_3=\begin{vmatrix}2 & 2 & -2\\ 2 & 5 & -1\\ -2 & -1 & 5\end{vmatrix}=\begin{vmatrix}2 & 2 & -2\\ 0 & 3 & 1\\ 0 & 1 & 3\end{vmatrix}=-\begin{vmatrix}2 & 2 & -2\\ 0 & 1 & 3\\ 0 & 0 & -8\end{vmatrix}=16>0,$$

所以该二次型为正定二次型.

例 5 确定参数 t 的取值范围,使得二次型

$$f(x_1,x_2,x_3)=2x_1^2+2x_2^2+x_3^2+2tx_1x_2+2x_1x_3-2x_2x_3$$

为正定二次型.

解 该二次型的矩阵为

$$\boldsymbol{A}=\begin{pmatrix}2 & t & 1\\ t & 2 & -1\\ 1 & -1 & 1\end{pmatrix}.$$

欲使该二次型正定,只需 $\boldsymbol{A}$ 的各阶顺序主子式都大于零,而

$$D_1=2,D_2=\begin{vmatrix}2 & t\\ t & 2\end{vmatrix}=4-t^2,$$

$$D_3=\begin{vmatrix}2 & t & 1\\ t & 2 & -1\\ 1 & -1 & 1\end{vmatrix}=\begin{vmatrix}1 & t+1 & 0\\ t+1 & 1 & 0\\ 1 & -1 & 1\end{vmatrix}=\begin{vmatrix}1 & t+1\\ t+1 & 1\end{vmatrix}=-t(t+2).$$

因此,只需要满足 $\begin{cases}4-t^2>0,\\ -t(t+2)>0,\end{cases}$ 解得 $-2<t<0$,此时该二次型是正定二次型.

思考题

1. 如果四阶实对称矩阵 $\boldsymbol{A}$ 的特征值为 $-2,-1,0,1$,当 k 分别满足什么条件时,下列结论成立?

(1) $\boldsymbol{A}+k\boldsymbol{E}$ 为正定矩阵; (2) $\boldsymbol{A}-k\boldsymbol{E}$ 为负定矩阵.

2. 如果 $\boldsymbol{A}$ 为负定矩阵,$\boldsymbol{A}^k$(k 为正整数)是否一定是负定矩阵?

习题 6.3

A 组

1. 写出下列二次型的矩阵:

(1) $f(x,y)=x^2+4xy+4y^2$;

(2) $f(x_1,x_2)=x_1^2+x_2^2-2x_1x_2$;

(3) $f(x,y,z)=x^2+y^2-7z^2-2xy-4xz-4yz$;

(4) $f(x_1,x_2,x_3)=-4x_1x_2+2x_1x_3+2x_2x_3$;

(5) $f(x_1,x_2,x_3)=x_1^2+2x_2^2+3x_3^2+x_1x_2+2x_1x_3-x_2x_3$.

2. 写出下列二次型的矩阵:

(1) $f(\boldsymbol{x})=\boldsymbol{x}^{\mathrm{T}}\begin{pmatrix}2 & 1\\ 3 & 1\end{pmatrix}\boldsymbol{x}$,其中 $\boldsymbol{x}=\begin{pmatrix}x_1\\ x_2\end{pmatrix}$;

(2) $f(\boldsymbol{x})=\boldsymbol{x}^{\mathrm{T}}\begin{pmatrix}1&2&3\\4&5&6\\7&8&9\end{pmatrix}\boldsymbol{x}$,其中 $\boldsymbol{x}=\begin{pmatrix}x_1\\x_2\\x_3\end{pmatrix}$.

3. 设 $\boldsymbol{x}=\begin{pmatrix}x_1\\x_2\\x_3\end{pmatrix}$,则二次型 $f(\boldsymbol{x})=\boldsymbol{x}^{\mathrm{T}}\begin{pmatrix}1&4&0\\0&4&0\\0&0&0\end{pmatrix}\boldsymbol{x}$ 的秩为____________.

4. 利用正交代换,将下列二次型化为标准形:

(1) $f(x_1,x_2)=x_1^2+x_2^2+6x_1x_2$;

(2) $f(x_1,x_2)=3x_1^2+3x_2^2-2x_1x_2$;

(3) $f(x_1,x_2,x_3)=3x_1^2+2x_3^2+4x_1x_2$;

(4) $f(x_1,x_2,x_3)=2x_1x_2+2x_1x_3+2x_2x_3$.

5. 若矩阵 $\boldsymbol{A}=\begin{pmatrix}1&0&0\\0&m&m-1\\0&n+1&m\end{pmatrix}$ 为正定矩阵,则参数 m 一定满足(   ).

A. $m>-2$ B. $m<\dfrac{3}{2}$ C. $m>\dfrac{1}{2}$ D. 与 n 取值有关,不能确定

6. 判断下列二次型是否正定:

(1) $f(x_1,x_2)=x_1^2+x_2^2+6x_1x_2$;

(2) $f(x_1,x_2,x_3)=3x_1^2+4x_2^2+5x_3^2+4x_1x_2-4x_2x_3$;

(3) $f(x_1,x_2,x_3)=3x_1^2+2x_2^2+x_3^2+2x_1x_2+4x_2x_3$.

7. 当 t 满足什么条件时,二次型 $f(x_1,x_2,x_3)=x_1^2+4x_2^2+2x_3^2+2tx_1x_2+2x_1x_3$ 是正定二次型?

8. 证明:若 $\boldsymbol{A}$ 为正定矩阵,则 $\boldsymbol{A}^{-1}$ 也是正定矩阵.

B 组

1. 若二次型 $f(x_1,x_2,x_3)=\boldsymbol{x}^{\mathrm{T}}\boldsymbol{A}\boldsymbol{x}=ax_1^2+2x_2^2-2x_3^2+2bx_1x_3\,(b>0)$ 的矩阵 $\boldsymbol{A}$ 的特征值之和为 1,特征值之积为 -12,则 a,b 的取值为(   ).

A. $a=2,b=1$ B. $a=1,b=2$ C. $a=-2,b=1$ D. $a=2,b=-1$

2. 在下列横线上填上正确答案:

(1) 若二次型 $f(x_1,x_2,x_3)=(x_1+ax_2-2x_3)^2+(2x_2+3x_3)^2+(x_1+3x_2+ax_3)^2$ 是正定二次型,则 a 满足的条件是____________.

(2) 设 $\boldsymbol{A}$ 为三阶实对称矩阵,且满足 $\boldsymbol{A}^2+2\boldsymbol{A}=\boldsymbol{O}$,若 $\boldsymbol{A}+k\boldsymbol{E}$ 是正定矩阵,则 k 满足的条件是____________.

3. 已知二次型 $f(x_1,x_2,x_3)=2x_1^2+3x_2^2+3x_3^2+2ax_2x_3\,(a>0)$,通过正交代换 $\boldsymbol{x}=\boldsymbol{Q}\boldsymbol{y}$ 化成标准形 $f=y_1^2+2y_2^2+5y_3^2$.

(1) 求参数 a; (2) 求正交矩阵 $\boldsymbol{Q}$.

复习题 6

一、选择题

1. 下列结论不正确的是(   ).

A. 正交向量组必定线性无关　　B. 线性无关向量组必定正交

C. 正交向量组不含零向量　　D. 线性无关向量组不含零向量

2. 若 n 阶矩阵 $\boldsymbol{A}$ 有 n 个线性无关的特征向量,则下列说法正确的是(　　).

A. $\boldsymbol{A}$ 不一定能对角化

B. 一定存在正交矩阵 $\boldsymbol{Q}$,使得 $\boldsymbol{Q}^{-1}\boldsymbol{AQ}$ 为对角矩阵

C. 不存在正交矩阵 $\boldsymbol{Q}$,使得 $\boldsymbol{Q}^{-1}\boldsymbol{AQ}$ 为对角矩阵

D. 只有当 $\boldsymbol{A}$ 为对称矩阵时,才存在正交矩阵 $\boldsymbol{Q}$,使得 $\boldsymbol{Q}^{-1}\boldsymbol{AQ}$ 为对角矩阵

3. 设 $\boldsymbol{A}$ 为正交矩阵,则下列一定不是正交矩阵的是(　　).

A. $\boldsymbol{A}^{-1}$　　B. $\boldsymbol{A}^{\mathrm{T}}$　　C. $\boldsymbol{A}^{2}$　　D. $2\boldsymbol{A}$

4. n 阶矩阵 $\boldsymbol{A}$ 可与对角矩阵相似的充要条件是(　　).

A. $\boldsymbol{A}$ 没有重特征值

B. $\boldsymbol{A}$ 是实对称矩阵

C. $\boldsymbol{A}$ 与对角矩阵等价

D. 若 λ_i 为 $\boldsymbol{A}$ 的 k_i 重特征值,则 $\mathrm{r}(\boldsymbol{A}-\lambda_i\boldsymbol{E})=n-k_i$

5. 已知 $f(x_1,x_2,x_3)=(\lambda-1)x_1^2+\lambda x_2^2+(\lambda+1)x_3^2$ 是正定二次型,则 λ 满足(　　).

A. $\lambda>-1$　　B. $\lambda>0$　　C. $\lambda>1$　　D. $\lambda\geqslant 1$

6. 二次型 $f(\boldsymbol{x})=\boldsymbol{x}^{\mathrm{T}}\boldsymbol{Ax}$($\boldsymbol{A}$ 是对称矩阵)正定的充要条件是(　　).

A. 对任意 $\boldsymbol{x}$,均有 $\boldsymbol{x}^{\mathrm{T}}\boldsymbol{Ax}\geqslant 0$　　B. $\boldsymbol{A}$ 的特征值为非负数

C. 对任意 $\boldsymbol{x}\neq\boldsymbol{0}$,均有 $\boldsymbol{x}^{\mathrm{T}}\boldsymbol{Ax}\neq 0$　　D. 对任意 $\boldsymbol{x}\neq\boldsymbol{0}$,均有 $\boldsymbol{x}^{\mathrm{T}}\boldsymbol{Ax}>0$

二、填空题

1. 设 $\boldsymbol{P}$ 为 n 阶正交矩阵,$\boldsymbol{x}$ 是一个 n 维列向量,且 $\|\boldsymbol{x}\|=3$,则 $\|\boldsymbol{Px}\|=$ ________.

2. 设 $\boldsymbol{A}$ 为 n 阶正交矩阵,且 $|\boldsymbol{A}|>0$,则 $|\boldsymbol{A}|=$ ________.

3. 线性方程 $x_1+x_2+x_3=0$ 的解空间的一个规范正交基为________.

4. $f(x_1,x_2,x_3)=x_1^2+x_2^2+x_3^2-4x_1x_2-4x_1x_3-4x_2x_3$ 的矩阵为________,秩为________,二次型________(是,不是)正定的.

5. 设 $\boldsymbol{A}=\begin{pmatrix}1&0&0\\0&0&1\\0&1&a\end{pmatrix}$ 与 $\boldsymbol{\Lambda}=\begin{pmatrix}1&0&0\\0&1&0\\0&0&-1\end{pmatrix}$ 相似,则 $a=$ ________;对称矩阵 $\boldsymbol{A}$ 的二次型 $f(x_1,x_2,x_3)=$ ________;它经过正交代换 $\boldsymbol{x}=\boldsymbol{Qy}$ 化成的标准形为________.

6. 设实二次型 $f(x_1,x_2,x_3)=x_1^2+2x_2^2+kx_3^2+2x_1x_2+2x_1x_3+2x_2x_3$ 为正定二次型,则参数 k 的取值范围是________.

三、解答题

1. 设 $\boldsymbol{A}$ 是 n 阶反对称矩阵,$\boldsymbol{x}$ 为 n 维列向量,令 $\boldsymbol{y}=\boldsymbol{Ax}$,证明 $\boldsymbol{x}$ 与 $\boldsymbol{y}$ 正交.

2. 设 $W=\{(x_1,x_2,x_3)^{\mathrm{T}}\mid x_1-2x_2+x_3=0\}$.

(1) 证明 W 是一个向量空间;

(2) 求 W 的维数;

(3) 求 W 的一个规范正交基.

3. 已知三阶实对称矩阵 $\boldsymbol{A}$ 的各行元素之和均为 3，向量 $\boldsymbol{\alpha}_1=(-1,2,-1)^{\mathrm{T}}$ 与 $\boldsymbol{\alpha}_2=(0,-1,1)^{\mathrm{T}}$ 都是线性方程组 $\boldsymbol{Ax}=\boldsymbol{0}$ 的解.

(1) 求矩阵 $\boldsymbol{A}$ 的特征值与特征向量；

(2) 求正交矩阵 $\boldsymbol{Q}$ 和对角矩阵 $\boldsymbol{\Lambda}$，使得 $\boldsymbol{Q}^{-1}\boldsymbol{AQ}=\boldsymbol{\Lambda}$.

4. 已知二次型 $f(x_1,x_2,x_3)=2x_3^2-2x_1x_2+2x_1x_3-2x_2x_3$.

(1) 用正交代换将二次型化为标准形，并求出所用的正交代换；

(2) 判断二次型是否为正定二次型.

5. 设 $\boldsymbol{A}$ 为 $m\times n$ 矩阵，$\boldsymbol{E}$ 为 n 阶单位矩阵，且 $\boldsymbol{B}=\lambda\boldsymbol{E}+\boldsymbol{A}^{\mathrm{T}}\boldsymbol{A}$，证明：当 $\lambda>0$ 时，$\boldsymbol{B}$ 为正定矩阵.

6. 利用正交代换将 $f(x,y)=3x^2+2xy+3y^2$ 化为标准形，并判断由方程 $3x^2+2xy+3y^2=8$ 确定的二次曲线的类型.

习题参考答案

第 1 章

习题 1.1

A 组

1. (1) 不是；(2) 不是；(3) 不是；(4) 是.

2. (1) 相交；(2) 平行；(3) 重合；(4) 三条直线两两相交,但三个交点不相同.

3. (1) $x_1=2,x_2=3,x_3=5$；(2) $x_1=-2,x_2=0,x_3=3,x_4=1$.

4. 略.

5. 提示：说明此解为方程组的唯一解的方法,将该线性方程组化为同阶的上三角形方程组,而上三角形方程组有唯一解.

B 组

1. $x=3,y=1$.

2. 所求曲线方程为 $y=5-2x+x^2$.

3. 设公鸡、母鸡、小鸡分别为 x_1,x_2,x_3 只(x_1,x_2,x_3 为非负整数),列出线性方程组,得满足条件的四组解 $\begin{cases}x_1=0,\\x_2=25,\\x_3=75;\end{cases}$ $\begin{cases}x_1=4,\\x_2=18,\\x_3=78;\end{cases}$ $\begin{cases}x_1=8,\\x_2=11,\\x_3=81;\end{cases}$ $\begin{cases}x_1=12,\\x_2=4,\\x_3=84.\end{cases}$

习题 1.2

A 组

1. (1) 系数矩阵：$\begin{pmatrix}1&2&1\\3&-1&-3\\2&3&1\end{pmatrix}$,增广矩阵：$\begin{pmatrix}1&2&1&3\\3&-1&-3&-1\\2&3&1&4\end{pmatrix}$；

(2) 系数矩阵：$\begin{pmatrix}1&2&1\\0&-7&-6\\0&0&1\end{pmatrix}$,增广矩阵：$\begin{pmatrix}1&2&1&3\\0&-7&-6&-10\\0&0&1&4\end{pmatrix}$.

2. $\begin{cases}x_1+2x_2+2x_3=0,\\2x_1+3x_2+3x_3=0,\\3x_1+4x_2+4x_3=0.\end{cases}$

3. $x=3,y=6,z=8,a=-6,b=0,c=9$.

4. $\boldsymbol{A}=\begin{pmatrix}0&1&0&0\\1&0&1&0\\0&1&0&1\\0&0&1&0\end{pmatrix}$.

B 组

1. $\boldsymbol{A}=\begin{pmatrix}4&0\\-2&10\end{pmatrix}$.

2. 略.

3. (1) $\begin{cases}2x_1+x_2=0,\\ x_2=1,\end{cases}$解为 $x_1=-\dfrac{1}{2},x_2=1$;

(2) $\begin{cases}x_1+x_2+x_3=0,\\ x_2+2x_3=2,\\ x_3=1,\end{cases}$解为 $x_1=-1,x_2=0,x_3=1$.

习题 1.3

A 组

1. (1) $2\boldsymbol{A}-3\boldsymbol{B}=\begin{pmatrix}3&2&2\\5&-3&-1\\-4&16&1\end{pmatrix}$;

(2) $\boldsymbol{AB}=\begin{pmatrix}8&-15&11\\0&-4&-3\\-1&-6&6\end{pmatrix},\boldsymbol{BA}=\begin{pmatrix}5&5&8\\-10&-1&-9\\15&4&6\end{pmatrix}$;

(3) $(2\boldsymbol{A})^{\mathrm{T}}-(3\boldsymbol{B})^{\mathrm{T}}=(2\boldsymbol{A}-3\boldsymbol{B})^{\mathrm{T}}=\begin{pmatrix}3&5&-4\\2&-3&16\\2&-1&1\end{pmatrix}$;

(4) $(\boldsymbol{BA})^{\mathrm{T}}=\begin{pmatrix}5&-10&15\\5&-1&4\\8&-9&6\end{pmatrix},\boldsymbol{A}^{\mathrm{T}}\boldsymbol{B}^{\mathrm{T}}=(\boldsymbol{BA})^{\mathrm{T}}=\begin{pmatrix}5&-10&15\\5&-1&4\\8&-9&6\end{pmatrix}$.

2. (1) $\begin{pmatrix}-1&-1\\20&-22\end{pmatrix}$; (2) 20; (3) $\begin{pmatrix}2&3&4\\4&6&8\\6&9&12\end{pmatrix}$; (4) 不可行;

(5) $\begin{pmatrix}5\\-2\\4\end{pmatrix}$; (6) 不可行; (7) $(4\quad 12)$; (8) $\begin{pmatrix}2&1&3\\5&4&6\\8&7&9\end{pmatrix}$.

3. 提示:验证 $\boldsymbol{Ap}=\boldsymbol{b}$ 即可.

4. $x=-5,y=-6,u=4,v=-2$.

5. 与$\begin{pmatrix}1&1\\0&1\end{pmatrix}$可交换的矩阵是$\begin{pmatrix}c_1&c_2\\0&c_1\end{pmatrix}$,$c_1,c_2$ 为任意实数.

6. 提示:利用对称矩阵及反对称矩阵的定义.

7. (1) $\boldsymbol{A}^2=\begin{pmatrix}\frac{1}{2}&-\frac{1}{2}\\-\frac{1}{2}&\frac{1}{2}\end{pmatrix},\boldsymbol{A}^3=\boldsymbol{A}^2\boldsymbol{A}=\begin{pmatrix}\frac{1}{2}&-\frac{1}{2}\\-\frac{1}{2}&\frac{1}{2}\end{pmatrix},\boldsymbol{A}^n=\begin{pmatrix}\frac{1}{2}&-\frac{1}{2}\\-\frac{1}{2}&\frac{1}{2}\end{pmatrix}$.

(2) $\boldsymbol{A}^2=\begin{pmatrix}1&0\\2\lambda&1\end{pmatrix},\boldsymbol{A}^3=\begin{pmatrix}1&0\\3\lambda&1\end{pmatrix},\boldsymbol{A}^n=\begin{pmatrix}1&0\\n\lambda&1\end{pmatrix}$.

(3) $\boldsymbol{A}^2=\begin{pmatrix}2^2&&\\&3^2&\\&&1\end{pmatrix},\boldsymbol{A}^3=\begin{pmatrix}2^3&&\\&3^3&\\&&1\end{pmatrix},\boldsymbol{A}^n=\begin{pmatrix}2^n&&\\&3^n&\\&&1\end{pmatrix}$.

8. (1) $\boldsymbol{A}=\begin{pmatrix}1 & 2 & 1\\ 3 & -1 & -3\\ 2 & 3 & 1\end{pmatrix}$, $\boldsymbol{x}=\begin{pmatrix}x_1\\ x_2\\ x_3\end{pmatrix}$, $\boldsymbol{b}=\begin{pmatrix}3\\ -1\\ 4\end{pmatrix}$,此线性方程组可表示为 $\boldsymbol{Ax}=\boldsymbol{b}$;

(2) $\boldsymbol{A}=\begin{pmatrix}1 & 2 & 1\\ 0 & -7 & -6\\ 0 & 0 & 1\end{pmatrix}$, $\boldsymbol{x}=\begin{pmatrix}x_1\\ x_2\\ x_3\end{pmatrix}$, $\boldsymbol{b}=\begin{pmatrix}3\\ -10\\ 4\end{pmatrix}$,此线性方程组可表示为 $\boldsymbol{Ax}=\boldsymbol{b}$.

B 组

1. (1) $\begin{pmatrix}-1 & 2 & 2\\ 0 & 8 & 0\\ -1 & 0 & 8\end{pmatrix}$; (2) $\begin{pmatrix}x\\ 2x\\ -x\end{pmatrix}$; (3) $2x^2+6xy+2y^2$;

(4) $2x_1^2-2x_1x_2+3x_2^2+2x_2x_3+4x_3^2$.

2. $h=\dfrac{\sqrt{5}}{5}$, $k=-\dfrac{2\sqrt{5}}{5}$,验证略.

3. 略.

4. (1) $\boldsymbol{A}^{\mathrm{T}}\boldsymbol{B}=\begin{pmatrix}2 & 1 & -2\\ 6 & 3 & -6\\ 10 & 5 & -10\end{pmatrix}$, $\boldsymbol{BA}^{\mathrm{T}}=-5$; (2) $(\boldsymbol{A}^{\mathrm{T}}\boldsymbol{B})^k=(-5)^{k-1}\begin{pmatrix}2 & 1 & -2\\ 6 & 3 & -6\\ 10 & 5 & -10\end{pmatrix}$.

5. 一个月后这三种乳制品在该地区的市场份额分别为$\dfrac{11}{30}$, $\dfrac{13}{30}$, $\dfrac{6}{30}$;两个月后这三种乳制品的市场份额分别为$\dfrac{9}{25}$, $\dfrac{12}{25}$, $\dfrac{4}{25}$;12 个月后这三种乳制品的市场份额可以表示为$\begin{pmatrix}\text{品牌 1}\\ \text{品牌 2}\\ \text{品牌 3}\end{pmatrix}=\begin{pmatrix}0.7 & 0.1 & 0.3\\ 0.2 & 0.8 & 0.3\\ 0.1 & 0.1 & 0.4\end{pmatrix}^{12}\begin{pmatrix}\frac{1}{3}\\ \frac{1}{3}\\ \frac{1}{3}\end{pmatrix}$.

习题 1.4

A 组

1. (1)、(2)、(5)、(6)是阶梯形,(1)、(5)是简化阶梯形,(3)、(4)不是阶梯形.

2. (1) $\boldsymbol{E}(2,3)$或$\begin{pmatrix}1 & 0 & 0\\ 0 & 0 & 1\\ 0 & 1 & 0\end{pmatrix}$; (2) $\boldsymbol{E}(2,1(-2))$或$\begin{pmatrix}1 & 0 & 0\\ -2 & 1 & 0\\ 0 & 0 & 1\end{pmatrix}$;

(3) $\boldsymbol{E}(1,2(-2))\boldsymbol{E}\left(3\left(\frac{1}{3}\right)\right)$或 $\boldsymbol{E}\left(3\left(\frac{1}{3}\right)\right)\boldsymbol{E}(1,2(-2))$, $\boldsymbol{E}\left(3\left(\frac{1}{3}\right)\right)=\begin{pmatrix}1 & 0 & 0\\ 0 & 1 & 0\\ 0 & 0 & \frac{1}{3}\end{pmatrix}$,

$\boldsymbol{E}(1,2(-2))=\begin{pmatrix}1 & -2 & 0\\ 0 & 1 & 0\\ 0 & 0 & 1\end{pmatrix}$;

(4) $\boldsymbol{E}(1,2(-2))\boldsymbol{E}\left(3\left(\frac{1}{3}\right)\right)\boldsymbol{E}(2,1(-2))\boldsymbol{E}(2,3)$或$\boldsymbol{E}\left(3\left(\frac{1}{3}\right)\right)\boldsymbol{E}(1,2(-2))\boldsymbol{E}(2,1(-2))\boldsymbol{E}(2,3)$.

3. (1) 阶梯形矩阵:$\begin{pmatrix}2 & -1 & 3 & 1\\ 0 & 1 & -1 & 5\\ 0 & 0 & 3 & -18\end{pmatrix}$,简化阶梯形矩阵:$\begin{pmatrix}1 & 0 & 0 & 9\\ 0 & 1 & 0 & -1\\ 0 & 0 & 1 & -6\end{pmatrix}$;

(2) 阶梯形矩阵：$\begin{pmatrix}1&0&3\\0&1&2\\0&0&2\end{pmatrix}$，简化阶梯形矩阵：$\begin{pmatrix}1&0&0\\0&1&0\\0&0&1\end{pmatrix}$；

(3) 阶梯形矩阵：$\begin{pmatrix}1&1&2&3&1\\0&2&4&-2&2\\0&0&0&2&4\\0&0&0&0&0\end{pmatrix}$，简化阶梯形矩阵：$\begin{pmatrix}1&0&0&0&-8\\0&1&2&0&3\\0&0&0&1&2\\0&0&0&0&0\end{pmatrix}$.

4. $\begin{pmatrix}1&2k&3\\1&3k&1\\0&2k&-3\end{pmatrix}$.

5. (1) $\begin{cases}x_1=9,\\x_2=-1,\\x_3=-6;\end{cases}$ (2) $\begin{cases}x_1=\dfrac{7}{2}+\dfrac{1}{2}c,\\x_2=c,\\x_3=-2\end{cases}$ (c 为任意常数)；(3) 无解.

B 组

1. $\boldsymbol{P}=\begin{pmatrix}1&0\\-2&\dfrac{1}{2}\end{pmatrix}$.

2. 提示：阶梯形矩阵中所有非零行的非零首元素一定位于不同行、不同列.

3. 当 $m=4$ 时，$\boldsymbol{A}$ 的阶梯形矩阵有两个非零行；当 $m\neq4$ 时，$\boldsymbol{A}$ 的阶梯形矩阵有三个非零行.

4. 略.

习题 1.5

A 组

1. (1) 错误；(2) 正确；(3) 正确；(4) 正确.

2. (1) 可逆，逆矩阵为 $\begin{pmatrix}\dfrac{1}{3}&0\\0&\dfrac{1}{5}\end{pmatrix}$；(2) 可逆，逆矩阵为 $\begin{pmatrix}2&5\\1&3\end{pmatrix}$；(3) 不可逆；

(4) 可逆，逆矩阵为 $\begin{pmatrix}1&-2&5\\0&1&-4\\0&0&1\end{pmatrix}$；(5) 不可逆；(6) 可逆，逆矩阵为 $\begin{pmatrix}2&1&1\\5&3&2\\-4&-2&-1\end{pmatrix}$.

3. $x=\begin{pmatrix}0\\3\\-2\end{pmatrix}$.

4. (1) $\boldsymbol{X}=\boldsymbol{A}^{-1}\boldsymbol{B}=\begin{pmatrix}2&-23&8\\0&8&-3\end{pmatrix}$；(2) $\boldsymbol{X}=\boldsymbol{A}^{-1}\boldsymbol{B}=\begin{pmatrix}7&9\\18&20\\-12&-13\end{pmatrix}$；

(3) (a) $\boldsymbol{X}=\begin{pmatrix}0&-2\\-2&2\end{pmatrix}$；(b) $\boldsymbol{X}=\begin{pmatrix}2&-4\\-3&6\end{pmatrix}$；(c) $\boldsymbol{X}=\begin{pmatrix}\dfrac{13}{2}&-\dfrac{13}{2}\\-\dfrac{21}{2}&\dfrac{21}{2}\end{pmatrix}$.

5. 略.

6. 略.

B 组

1. $(\boldsymbol{AB})^{-1}=\begin{pmatrix}6 & 7\\ 14 & 8\end{pmatrix}$, $(3\boldsymbol{A}^{\mathrm{T}})^{-1}=\begin{pmatrix}\frac{1}{3} & 1\\ \frac{2}{3} & \frac{1}{3}\end{pmatrix}$.

2. 略.

3. $c=2$.

4. $\boldsymbol{A}=\begin{pmatrix}1 & 1 & 0\\ 1 & 0 & 1\\ 0 & 1 & 1\end{pmatrix}$, $\boldsymbol{A}^{10}=\begin{pmatrix}342 & 341 & 341\\ 341 & 342 & 341\\ 341 & 341 & 342\end{pmatrix}$.

5. 略.

6. $\boldsymbol{A}=\boldsymbol{E}(2,3)\boldsymbol{E}(3,2(3))\boldsymbol{E}(3(2))=\begin{pmatrix}1 & 0 & 0\\ 0 & 0 & 1\\ 0 & 1 & 0\end{pmatrix}\begin{pmatrix}1 & 0 & 0\\ 0 & 1 & 0\\ 0 & 3 & 1\end{pmatrix}\begin{pmatrix}1 & 0 & 0\\ 0 & 1 & 0\\ 0 & 0 & 2\end{pmatrix}$.

7. 当 $\lambda\neq 0$ 且 $\lambda\neq\pm 1$ 时, $\boldsymbol{A}$ 可逆.

8. $\boldsymbol{F}=\begin{pmatrix}1 & 0 & -1\\ 0 & 1 & -1\\ 0 & 0 & 0\end{pmatrix}$, $\boldsymbol{P}=\begin{pmatrix}-3 & 3 & 1\\ 3 & -2 & -1\\ 10 & -8 & -3\end{pmatrix}$,满足条件的可逆矩阵 $\boldsymbol{P}$ 是不唯一的.

习题 1.6

A 组

1. (1) 正确; (2) 错误, $\boldsymbol{BA}$ 与 $\boldsymbol{AB}$ 都可行.

2. $\boldsymbol{B}=\left(\begin{array}{cc|c}1 & 0 & -2\\ 2 & 1 & 0\\ 1 & 3 & -1\end{array}\right)=(\boldsymbol{B}_1\quad \boldsymbol{B}_2)$, $\boldsymbol{BA}=\begin{pmatrix}1 & -4 & -7 & 1 & 1\\ 3 & 1 & -4 & 4 & 7\\ 4 & 1 & -10 & 7 & 5\end{pmatrix}$.

3. (1) $\boldsymbol{A}^{-1}=\begin{pmatrix}1 & -1 & 0\\ -2 & 3 & 0\\ 0 & 0 & \frac{1}{7}\end{pmatrix}$; (2) $\boldsymbol{A}^{-1}=\begin{bmatrix}3 & -1 & 0 & 0\\ -5 & 2 & 0 & 0\\ 0 & 0 & 0 & \frac{1}{3}\\ 0 & 0 & -1 & \frac{2}{3}\end{bmatrix}$.

B 组

1. 提示:利用分块矩阵的乘法运算.

2. 提示:必要性显然,充分性:设 $\boldsymbol{A}=(a_{ij})_{mn}$,将 $\boldsymbol{A}$ 按列分块为 $\boldsymbol{A}=(\boldsymbol{A}_1\quad \boldsymbol{A}_2\quad \cdots\quad \boldsymbol{A}_n)$.

3. 略.

复习题 1

一、选择题

1. D; 2. A; 3. D.

二、填空题

1. 14, $\begin{pmatrix}1 & 2 & 3\\ 2 & 4 & 6\\ 3 & 6 & 9\end{pmatrix}$; 2. $\begin{pmatrix}34 & 8 & 9\\ 22 & 5 & 6\\ 10 & 2 & 3\end{pmatrix}$; 3. $\begin{pmatrix}1 & 0 & 0\\ 0 & 3 & 0\\ 0 & 0 & 1\end{pmatrix}$; 4. $\begin{pmatrix}3 & 4\\ -1 & -2\end{pmatrix}$, $\begin{pmatrix}1365 & 1364\\ -341 & -340\end{pmatrix}$.

三、解答题

1. (1) $\boldsymbol{P}=\begin{pmatrix}1&2&0\\0&1&0\\-1&-3&1\end{pmatrix}$,使 $\boldsymbol{PB}$ 为行最简形矩阵的可逆矩阵 $\boldsymbol{P}$ 不是唯一的;

(2) $\begin{cases}x_1=-1+c,\\x_2=-2+c,\\x_3=c\end{cases}$($c$ 为任意常数).

2. $\boldsymbol{A}=\begin{pmatrix}1&4&11\\0&1&4\\0&0&1\end{pmatrix}$.

3. 略.

4. (1) $\boldsymbol{A}^{-1}=\begin{pmatrix}6&-1\\-\frac{5}{2}&\frac{1}{2}\end{pmatrix}$,$\boldsymbol{x}=\begin{pmatrix}-9\\4\end{pmatrix}$ 及 $\boldsymbol{x}=\begin{pmatrix}11\\-5\end{pmatrix}$;

(2) 提示:$(\boldsymbol{A}\quad \boldsymbol{b}_1\quad \boldsymbol{b}_2)=\begin{pmatrix}1&2&-1&1\\5&12&3&-5\end{pmatrix}\xrightarrow{\text{初等行变换}}\begin{pmatrix}1&0&-9&11\\0&1&4&-5\end{pmatrix}$.

5. 略.

第 2 章

习题 2.1

A 组

1. (1) 错误;(2) 正确;(3) 正确;(4) 正确.
2. (1) 0;(2) 60,0;(3) 15.
3. (1) 1;(2) 0;(3) 40;(4) -30;(5) -120;(6) -54;(7) $ykluc$;
(8) x^5+y^5.
4. (1) $\lambda_1=3,\lambda_2=5$;(2) $\lambda_1=\lambda_2=2,\lambda_3=-1$.
5. 略.
6. 提示:按“0”元素多的行(列)展开计算.
7. (1) $x_1=2,x_2=-3$;(2) $x_1=14,x_2=-13$.

B 组

1. x^3 项的系数为 2.
2. 含有 $a_{11}a_{23}$ 的项为 $-a_{11}a_{23}a_{32}a_{44}$ 和 $a_{11}a_{23}a_{34}a_{42}$.
3. (1) $|\boldsymbol{A}|=6$;(2) $\boldsymbol{A}$ 可逆,$|\boldsymbol{A}^{-1}|=\frac{1}{6}$.
4. (1) $\lambda^2(3-\lambda)$;(2) $-2(x^3+y^3)$;(3) $a_3x^3+a_2x^2+a_1x+a_0$;(4) a^4-a^2.
5. (1) $\boldsymbol{P}_1\boldsymbol{A}=\begin{pmatrix}a_{21}&a_{22}&a_{23}\\a_{11}&a_{12}&a_{13}\\a_{31}&a_{32}&a_{33}\end{pmatrix}$,$\boldsymbol{P}_2\boldsymbol{A}=\begin{pmatrix}a_{11}&a_{12}&a_{13}\\ma_{21}&ma_{22}&ma_{23}\\a_{31}&a_{32}&a_{33}\end{pmatrix}$,

$\boldsymbol{P}_3\boldsymbol{A}=\begin{pmatrix}a_{11}&a_{12}&a_{13}\\a_{21}&a_{22}&a_{23}\\a_{31}+na_{11}&a_{32}+na_{12}&a_{33}+na_{13}\end{pmatrix}$;

(2) $|\boldsymbol{P}_1\boldsymbol{A}|=-|\boldsymbol{A}|$, $|\boldsymbol{P}_2\boldsymbol{A}|=m|\boldsymbol{A}|$, $|\boldsymbol{P}_3\boldsymbol{A}|=|\boldsymbol{A}|$.

习题 2.2

A 组

1. (1) 错误; (2) 正确; (3) 错误; (4) 错误; (5) 错误.

2. (1) 0, -18; (2) 0; (3) 8; (4) -70.

3. (1) 0; (2) $a^3+b^3+c^3-3abc$; (3) 0; (4) -50; (5) 48; (6) 1.

4. 提示：利用三阶行列式的按行(列)展开定理及行列式的性质 2 的推论 2.

5. (1) 11; (2) -8.

6. (1) -173; (2) 104.

7. $|\boldsymbol{A}|=0$, $\boldsymbol{A}$ 不可逆.

B 组

1. -40.

2. (1) -160; (2) $(s-t)(s-y)(s-x)(t-y)(t-x)(y-x)$;

(3) $abcd+ab+ad+cd+1$; (4) $a_1a_2\cdots a_n\left(1+\frac{1}{a_1}+\frac{1}{a_2}+\cdots+\frac{1}{a_n}\right)$;

(5) $(-1)^{n-1}x^{n-1}\left[\frac{n(n+1)}{2}-x\right]$; (6) $b_1b_2\cdots b_n$.

3. (1) 略; (2) 提示：从第四行开始，下面的行减去上面的行.

4. 略.

习题 2.3

A 组

1. (1) 错误; (2) 正确; (3) 正确; (4) 正确.

2. (1) $\begin{pmatrix}\cos\alpha & \sin\alpha \\ -\sin\alpha & \cos\alpha\end{pmatrix}$; (2) $\begin{pmatrix}-4 & 3 \\ \frac{7}{2} & -\frac{5}{2}\end{pmatrix}$;

(3) $\begin{pmatrix}\frac{1}{2} & 0 & 0 \\ 1 & 1 & 0 \\ -\frac{7}{6} & -\frac{4}{3} & \frac{1}{3}\end{pmatrix}$;　(4) $\begin{pmatrix}1 & -1 & 1 \\ 2 & 0 & -1 \\ -4 & 1 & 1\end{pmatrix}$.

3. (1) $x_1=3, x_2=1, x_3=1$ (2) $x_1=9, x_2=-1, x_3=-6$.

4. $\boldsymbol{A}^*=\begin{pmatrix}10 & -4 & -8 & 58 \\ 0 & 2 & -1 & 1 \\ 0 & 0 & 5 & -35 \\ 0 & 0 & 0 & 10\end{pmatrix}$，是上三角形矩阵.

5. $m=1$ 或 $n=0$.

6. do your homework.

B 组

1. 提示：利用定理 2.3, $\boldsymbol{A}\boldsymbol{A}^*=\boldsymbol{A}^*\boldsymbol{A}=|\boldsymbol{A}|\boldsymbol{E}$.

2. -16.

3. $\boldsymbol{B}=\mathrm{diag}(2,-4,2)$.

4. $\boldsymbol{B}=\begin{pmatrix}5&0&2\\0&7&0\\2&0&5\end{pmatrix}$，$|\boldsymbol{B}^{-1}|=\frac{1}{147}$.

5. $\boldsymbol{A}^{-1}=\begin{pmatrix}\frac{1}{2}&0&0&0&0\\0&2&-1&0&0\\0&-\frac{1}{2}&\frac{1}{2}&0&0\\0&0&0&2&1\\0&0&0&5&3\end{pmatrix}$，$|\boldsymbol{A}^5|=1024$.

6. $|\boldsymbol{A}|=0$ 或 $|\boldsymbol{A}|=1$，$m=0$ 或 $m=\pm\frac{1}{\sqrt{3}}$.

复习题 2

一、选择题

1. A；2. C；3. C；4. D.

二、填空题

1. ±1；2. $\frac{1}{8m}$，$8m^2$；3. -9，9；4. 16；5. -11；6. 2；7. $a=1$ 或 $a=-\frac{1}{3}$.

三、解答题

1. (1) 略；(2) 略；(3) $\lambda=1$.

2. (1) 1；(2) 1；(3) 1.

3. $k=0$ 或 $k=2$.

第 3 章

习题 3.1

A 组

1. (1) 错误；(2) 错误；(3) 错误.

2. (1) $\mathrm{r}(\boldsymbol{A})=3$；(2) $\mathrm{r}(\boldsymbol{A})=3$；(3) $\mathrm{r}(\boldsymbol{A})=2$；(4) $\mathrm{r}(\boldsymbol{A})=3$.

3. $c=2$.

4. (1) $k=1$；(2) $k=-2$；(3) $k\neq1$ 且 $k\neq-2$.

5. $\mathrm{r}(\boldsymbol{A})=2$，$\mathrm{r}(\boldsymbol{B})=3$

B 组

1. $\mathrm{r}(\boldsymbol{AB})=2$.

2. $a=-\frac{1}{3}$

3. (1) $\mathrm{r}(\boldsymbol{A})=\mathrm{r}(\boldsymbol{A},\boldsymbol{b})=3$，方程组只有零解；(2) $\mathrm{r}(\boldsymbol{A})=\mathrm{r}(\boldsymbol{A},\boldsymbol{b})=3$，方程组的解为 $x_1=9$，$x_2=-4$，$x_3=-3$.

4. 略.

5. 略.

习题 3.2

A 组

1. (1) 正确；(2) 错误；(3) 错误；(4) 正确；(5) 正确.

2. (1) $\begin{cases} x_1=0, \\ x_2=0, \\ x_3=0; \end{cases}$ (2) $\begin{cases} x_1=c_1+2c_2, \\ x_2=c_1+3c_2, \\ x_3=c_1, \\ x_4=c_2 \end{cases}$ (c_1, c_2 为任意常数)；

(3) $\begin{cases} x_1=0, \\ x_2=c, \\ x_3=2c, \\ x_4=c \end{cases}$ (c 为任意常数)； (4) $\begin{cases} x_1=c_1+c_2+5c_3, \\ x_2=-2c_1-2c_2-6c_3, \\ x_3=c_1, \\ x_4=c_2, \\ x_5=c_3 \end{cases}$ (c_1, c_2, c_3 为任意常数).

3. (1) $t=2$；(2) $\boldsymbol{AB}=\boldsymbol{O}_{2\times 2}$.

4. 当 $k=-2$ 时，通解为 $\begin{cases} x_1=c, \\ x_2=c, \\ x_3=c \end{cases}$ (c 为任意常数)；当 $k=1$ 时，通解为 $\begin{cases} x_1=-c_1-c_2, \\ x_2=c_1, \\ x_3=c_2 \end{cases}$ (c_1, c_2 为任意常数).

5. $B_2S_3+6H_2O = 2H_3BO_3+3H_2S$.

B 组

1. 略.

2. $\begin{cases} x_1=c_1, \\ x_2=-c_1-c_2, \\ x_3=c_1, \\ x_4=c_2 \end{cases}$ (c_1, c_2 为任意常数).

3. 当 $\lambda\neq 3$ 且 $\lambda\neq 5$ 时，线性方程组只有零解；当 $\lambda=3$ 或 $\lambda=5$ 时，该线性方程组有非零解.

4. $t=-3$.

5. $3x^2-3xy-y^2+54y-113=0$.（注：曲线方程不唯一）

6. 略.

习题 3.3

A 组

1. (1) 错误；(2) 正确；(3) 错误；(4) 正确；(5) 正确.

2. (1) $x_1=5, x_2=3, x_3=2$. (2) (c)；(b)，(d)；(a). (3) x_1, x_3；x_2；$x_1=2+3x_2, x_3=-2$.

3. (1) 无解；(2) $\begin{cases} x_1=\dfrac{3}{2}c_1-\dfrac{3}{4}c_2+\dfrac{5}{4}, \\ x_2=\dfrac{3}{2}c_1+\dfrac{7}{4}c_2-\dfrac{1}{4} \end{cases}$ (c_1, c_2 为任意常数)；

(3) $\begin{cases} x_1=-2c-1, \\ x_2=c+2, \\ x_3=c \end{cases}$ (c 为任意常数)；(4) $\begin{cases} x_1=-3, \\ x_2=1, \\ x_3=0. \end{cases}$

4. 证明略；通解为 $\begin{cases} x_1=a_1+a_2+a_3+a_4+c, \\ x_2=a_2+a_3+a_4+c, \\ x_3=a_3+a_4+c, \\ x_4=a_4+c, \\ x_5=c \end{cases}$ （c 为任意常数）.

5. 当 $t=-2$ 时，方程组有解；当 $t\neq-2$ 时，方程组无解. 当 $t=-2$ 且 $p=-8$ 时，通解为 $\begin{cases} x_1=4c_1-c_2-1, \\ x_2=-2c_1-2c_2+1, \\ x_3=c_1, \\ x_4=c_2 \end{cases}$ （c_1,c_2 为任意常数）；当 $t=-2$ 且 $p\neq-8$ 时，通解为 $\begin{cases} x_1=-c-1, \\ x_2=-2c+1, \\ x_3=0, \\ x_4=c \end{cases}$ （c 为任意常数）.

6. $\begin{cases} x_1=-c+20, \\ x_2=c+60, \\ x_3=c, \\ x_4=60 \end{cases}$ （c 为小于等于 20 的正整数）.

B 组

1. 略.
2. 略.
3. (1) 两个平面平行；(2) 两个平面重合或者交于一条直线；(3) 此线性方程组不可能有唯一解.
4. 开发这种新产品是有可能的，并且有无穷多种配方可供选择.

复习题 3

一、选择题

1. B；2. C；3. A.

二、填空题

1. 2；有非零解；有无穷多解.　2. 4；只有零解；无解.　3. $k+2g+h=0$. 4. $a\neq-1$.

三、解答题

1. $\boldsymbol{B}=\begin{pmatrix} -2 & 0 & 2 \\ 0 & 0 & 0 \\ -1 & 0 & 1 \end{pmatrix}$，（注：$\boldsymbol{B}$ 不唯一）.

2. $a=0,b=2$ 时，方程组有解，通解为 $\begin{cases} x_1=-2+5c_1+c_2+c_3, \\ x_2=3-6c_1-2c_2-2c_3, \\ x_3=c_3, \\ x_4=c_2, \\ x_5=c_1 \end{cases}$ （其中 c_1,c_2,c_3 为任意常数）.

3. 为完成该订单，第一车间应加工 100 匹布，第二车间应加工 200 匹布，第三车间应加工 100 匹布.

第 4 章

习题 4.1

A 组

1. (1) 错误；(2) 正确；(3) 正确；(4) 正确；(5) 正确；(6) 错误；(7) 错误.

2. (1) $(-1,-1,-2)^T$;$(1,-1,-1)^T$. (2) 2;1;2;1;−1;相关(注:$k_1=2,k_2=1,k_3=-1$ 这组数不唯一,有无数组).

(3) 3;3;有解;可由;存在;$\frac{1}{2}$;$\frac{1}{2}$;$\frac{1}{2}$. (4)2;有非零解;相关;存在;1;−1;−1(注:k_1,k_2,k_3 的取值不唯一).

3. (1) $\boldsymbol{\beta}=(c+3)\boldsymbol{\alpha}_1-2c\boldsymbol{\alpha}_2+5\boldsymbol{\alpha}_3+c\boldsymbol{\alpha}_4$; (2) $\boldsymbol{\beta}$ 不能由 $\boldsymbol{\alpha}_1,\boldsymbol{\alpha}_2,\boldsymbol{\alpha}_3,\boldsymbol{\alpha}_4$ 线性表示.

4. 证明略;$\boldsymbol{\beta}=(b_1-b_2)\boldsymbol{\alpha}_1+(b_2-b_3)\boldsymbol{\alpha}_2+(b_3-b_4)\boldsymbol{\alpha}_3+b_4\boldsymbol{\alpha}_4$.

5. 略.

6. (1) 线性相关; (2) 线性无关; (3) 线性相关; (4) 线性无关.

7. (1) 不论 k 取何值,向量组 $\boldsymbol{\alpha},\boldsymbol{\beta},\boldsymbol{\gamma}$ 都线性无关; (2) 当 $k=-6$ 时,$\mathrm{r}(\boldsymbol{\alpha},\boldsymbol{\beta},\boldsymbol{\gamma})=2<3$,向量组 $\boldsymbol{\alpha},\boldsymbol{\beta},\boldsymbol{\gamma}$ 线性相关;当 $k\neq-6$ 时,$\mathrm{r}(\boldsymbol{\alpha},\boldsymbol{\beta},\boldsymbol{\gamma})=3$,向量组 $\boldsymbol{\alpha},\boldsymbol{\beta},\boldsymbol{\gamma}$ 线性无关.

8. 略.

B 组

1. $\boldsymbol{\beta}=c\boldsymbol{\alpha}_1-(1+c)\boldsymbol{\alpha}_2$.

2. (1) 当 $s=5,t\neq4$ 时,$\boldsymbol{\beta}$ 不能由向量组 $\boldsymbol{\alpha}_1,\boldsymbol{\alpha}_2,\boldsymbol{\alpha}_3$ 线性表示;

(2) 当 $s\neq5$ 时,$\boldsymbol{\beta}$ 可以由向量组 $\boldsymbol{\alpha}_1,\boldsymbol{\alpha}_2,\boldsymbol{\alpha}_3$ 线性表示,且表示式唯一;

(3) 当 $s=5,t=4$ 时,$\boldsymbol{\beta}$ 可以由向量组 $\boldsymbol{\alpha}_1,\boldsymbol{\alpha}_2,\boldsymbol{\alpha}_3$ 线性表示,且表示式有无穷多个.

3. (1) 向量组 $\boldsymbol{\beta}_1,\boldsymbol{\beta}_2,\boldsymbol{\beta}_3$ 线性无关; (2) 向量组 $\boldsymbol{\beta}_1,\boldsymbol{\beta}_2,\boldsymbol{\beta}_3$ 线性相关.

4. 略.

5. 略.

习题 4.2

A 组

1. (1) 错误; (2) 正确; (3) 错误; (4) 正确; (5) 正确.

2. (1) $\mathrm{r}(\boldsymbol{\alpha}_1,\boldsymbol{\alpha}_2,\boldsymbol{\alpha}_3)=3$,极大无关组就是其本身; (2) $\mathrm{r}(\boldsymbol{\alpha}_1,\boldsymbol{\alpha}_2,\boldsymbol{\alpha}_3,\boldsymbol{\alpha}_4)=2$,$\boldsymbol{\alpha}_1,\boldsymbol{\alpha}_2$ 是向量组的一个极大无关组; (3) $\mathrm{r}(\boldsymbol{\alpha}_1,\boldsymbol{\alpha}_2,\boldsymbol{\alpha}_3,\boldsymbol{\alpha}_4,\boldsymbol{\alpha}_5)=4$,$\boldsymbol{\alpha}_1,\boldsymbol{\alpha}_2,\boldsymbol{\alpha}_4,\boldsymbol{\alpha}_5$ 是向量组的一个极大无关组.

3. (1) $\mathrm{r}(\boldsymbol{\alpha}_1,\boldsymbol{\alpha}_2,\boldsymbol{\alpha}_3,\boldsymbol{\alpha}_4)=2$,$\boldsymbol{\alpha}_1,\boldsymbol{\alpha}_2$ 是一个极大无关组,且 $\boldsymbol{\alpha}_3=\boldsymbol{\alpha}_1-\boldsymbol{\alpha}_2$,$\boldsymbol{\alpha}_4=-\boldsymbol{\alpha}_1-\boldsymbol{\alpha}_2$; (2) $\mathrm{r}(\boldsymbol{\alpha}_1,\boldsymbol{\alpha}_2,\boldsymbol{\alpha}_3,\boldsymbol{\alpha}_4)=3$,$\boldsymbol{\alpha}_1,\boldsymbol{\alpha}_2,\boldsymbol{\alpha}_3$ 是一个极大无关组,且 $\boldsymbol{\alpha}_4=2\boldsymbol{\alpha}_1+\boldsymbol{\alpha}_2-\boldsymbol{\alpha}_3$.

4. (1) 当 $p\neq2$ 时,$\boldsymbol{\alpha}_1,\boldsymbol{\alpha}_2,\boldsymbol{\alpha}_3,\boldsymbol{\alpha}_4$ 线性无关; (2) 当 $p=2$ 时,$\boldsymbol{\alpha}_1,\boldsymbol{\alpha}_2,\boldsymbol{\alpha}_3,\boldsymbol{\alpha}_4$ 线性相关,此时 $\mathrm{r}(\boldsymbol{\alpha}_1,\boldsymbol{\alpha}_2,\boldsymbol{\alpha}_3,\boldsymbol{\alpha}_4)=3$,$\boldsymbol{\alpha}_1,\boldsymbol{\alpha}_2,\boldsymbol{\alpha}_3$ 为向量组的一个极大无关组.

B 组

1. 当 $b=\frac{1}{2},c=1$ 时,向量组的秩为 2,$\boldsymbol{\alpha}_1,\boldsymbol{\alpha}_2$ 是一个极大无关组;当 $b\neq0,c\neq1$ 时,向量组的秩为 3,$\boldsymbol{\alpha}_1,\boldsymbol{\alpha}_2,\boldsymbol{\alpha}_3$ 是一个极大无关组;当 $b=0$ 时,向量组的秩为 3,$\boldsymbol{\alpha}_1,\boldsymbol{\alpha}_2,\boldsymbol{\alpha}_4$ 是一个极大无关组.

2. $a=2,b=5$.

3. (1) 略; (2) $\boldsymbol{\alpha}_1,\boldsymbol{\alpha}_2,\boldsymbol{\alpha}_4$ 是由 $\boldsymbol{\alpha}_1,\boldsymbol{\alpha}_2$ 扩充的极大线性无关组.

习题 4.3

A 组

1. (1) 在; (2) $\boldsymbol{\alpha}=\begin{pmatrix}2\\3\end{pmatrix}$,$\lambda=-5$; (3) 不是.

2. V_1 不能构成向量空间,V_2 能构成向量空间.

3. 证明略;2,5,−1.

B 组

1. 略.

2. 证明略;$\boldsymbol{\beta}_1,\boldsymbol{\beta}_2$ 在基下的坐标分别为$\frac{2}{3},-\frac{2}{3},-1$ 和$\frac{4}{3},1,\frac{2}{3}$.

3. (1) 过渡矩阵 $\boldsymbol{P}=\begin{pmatrix}5&-2&-2\\4&-3&-2\\-2&2&3\end{pmatrix}$;(2) 设向量 $\boldsymbol{\gamma}$ 在基 $\boldsymbol{\alpha}_1,\boldsymbol{\alpha}_2,\boldsymbol{\alpha}_3$ 下的坐标为 $\boldsymbol{x}=(x_1,x_2,x_3)^{\mathrm{T}}$,在基 $\boldsymbol{\beta}_1,\boldsymbol{\beta}_2,\boldsymbol{\beta}_3$ 下的坐标为 $\boldsymbol{y}=(y_1,y_2,y_3)^{\mathrm{T}}$,则有坐标变换公式 $\boldsymbol{x}=\boldsymbol{P}\boldsymbol{y}$ 或 $\boldsymbol{y}=\boldsymbol{P}^{-1}\boldsymbol{x}$,其中过渡矩阵 $\boldsymbol{P}=\begin{pmatrix}5&-2&-2\\4&-3&-2\\-2&2&3\end{pmatrix}$;(3) $\boldsymbol{\alpha}$ 在基 $\boldsymbol{\alpha}_1,\boldsymbol{\alpha}_2,\boldsymbol{\alpha}_3$ 下的坐标为 $1,0,1$,$\boldsymbol{\alpha}$ 在基 $\boldsymbol{\beta}_1,\boldsymbol{\beta}_2,\boldsymbol{\beta}_3$ 下的坐标为$\frac{7}{13},\frac{6}{13},\frac{5}{13}$.

习题 4.4

A 组

1. (1) 正确;(2) 错误.

2. (1) 2;2;$\boldsymbol{\xi}_1=(-3,1,0,0)^{\mathrm{T}},\boldsymbol{\xi}_2=(6,0,-5,1)^{\mathrm{T}}$;$k_1(-3,1,0,0)^{\mathrm{T}}+k_2(6,0,-5,1)^{\mathrm{T}}$($k_1,k_2$ 为任意常数).

(2) 无. (3) 3. (4)$\boldsymbol{\xi}_1+k(\boldsymbol{\xi}_1-\boldsymbol{\xi}_2)$($k$ 为任意常数)或 $\boldsymbol{\xi}_2+k(\boldsymbol{\xi}_1-\boldsymbol{\xi}_2)$($k$ 为任意常数).

3. (1) 基础解系 $\boldsymbol{\xi}_1=\begin{pmatrix}1\\1\\0\\0\end{pmatrix},\boldsymbol{\xi}_2=\begin{pmatrix}1\\0\\2\\1\end{pmatrix}$,通解为 $k_1\begin{pmatrix}1\\1\\0\\0\end{pmatrix}+k_2\begin{pmatrix}1\\0\\2\\1\end{pmatrix}$($k_1,k_2$ 为任意常数)

(2) 基础解系 $\boldsymbol{\xi}=\begin{pmatrix}-1\\-1\\1\\0\end{pmatrix}$,通解为 $k\begin{pmatrix}-1\\-1\\1\\0\end{pmatrix}$($k$ 为任意常数);

(3) 基础解系 $\boldsymbol{\xi}_1=\begin{pmatrix}8\\-6\\1\\0\end{pmatrix},\boldsymbol{\xi}_2=\begin{pmatrix}-7\\5\\0\\1\end{pmatrix}$,通解为 $k_1\begin{pmatrix}8\\-6\\1\\0\end{pmatrix}+k_2\begin{pmatrix}-7\\5\\0\\1\end{pmatrix}$($k_1,k_2$ 为任意常数).

4. (1) $\begin{pmatrix}0\\1\\0\\0\end{pmatrix}+k_1\begin{pmatrix}2\\-2\\1\\0\end{pmatrix}+k_2\begin{pmatrix}-4\\2\\0\\1\end{pmatrix}$($k_1,k_2$ 为任意常数);

(2) $\begin{pmatrix}3\\-8\\0\\6\end{pmatrix}+k\begin{pmatrix}-1\\2\\1\\0\end{pmatrix}$($k$ 为任意常数);

(3) $\begin{pmatrix}6\\-4\\0\\0\\0\end{pmatrix}+k_1\begin{pmatrix}-2\\1\\1\\0\\0\end{pmatrix}+k_2\begin{pmatrix}-2\\1\\0\\1\\0\end{pmatrix}+k_3\begin{pmatrix}-6\\5\\0\\0\\1\end{pmatrix}$($k_1,k_2,k_3$ 为任意常数).

5. $\boldsymbol{x}=\boldsymbol{\eta}_1+k\boldsymbol{\xi}=\begin{pmatrix}2\\3\\4\\5\end{pmatrix}+k\begin{pmatrix}3\\4\\5\\6\end{pmatrix}$ (k 为任意常数).

6. $k=1$.

7. 略.

B 组

1. $\lambda=1, |\boldsymbol{B}|=0$.

2. 略.

3. $\begin{cases}x_1-2x_2+x_3=0,\\2x_1-2x_2+x_4=0\end{cases}$（注：此题所求的方程组不是唯一的).

4. 略.

复习题 4

一、选择题

1. C；2. D.

二、填空题

1. 1；$\begin{pmatrix}3&5&2\\0&0&0\\-3&-5&-2\end{pmatrix}$. 2. $s=3t$.

三、解答题

1. 略.

2. 秩为 3，$\boldsymbol{\alpha}_1,\boldsymbol{\alpha}_2,\boldsymbol{\alpha}_4$ 是一个极大无关组，$\boldsymbol{\alpha}_3=3\boldsymbol{\alpha}_1+\boldsymbol{\alpha}_2+0\boldsymbol{\alpha}_4$，$\boldsymbol{\alpha}_5=\boldsymbol{\alpha}_1+\boldsymbol{\alpha}_2+\boldsymbol{\alpha}_4$.

3. 证明略；向量 $\boldsymbol{\beta}$ 在基下的坐标为 2，3，−1.

4. (1) $\boldsymbol{\xi}_1=\begin{pmatrix}-1\\1\\0\\1\end{pmatrix}$，$\boldsymbol{\xi}_2=\begin{pmatrix}0\\0\\1\\0\end{pmatrix}$；(2) 当 $k_1=-k_2$ 时，(Ⅰ)和(Ⅱ)有非零公共解，所有的非零公共解为

$k\begin{pmatrix}-1\\1\\1\\1\end{pmatrix}$ ($k\neq0$).

第 5 章

习题 5.1

A 组

1. (1) 错误；(2) 正确；(3) 正确；(4) 正确.

2. D.

3. B.

4. C.

5. ±1.

6. (1) 特征值为 $\lambda_1=-2,\lambda_2=7$,特征向量分别为 $k_1\boldsymbol{\alpha}_1,k_2\boldsymbol{\alpha}_2$,其中 $\boldsymbol{\alpha}_1=(-4,5)^T,\boldsymbol{\alpha}_2=(1,1)^T,k_1\neq 0,k_2\neq 0$.

(2) 特征值为 $\lambda_1=1,\lambda_2=\lambda_3=3$,特征向量分别为 $k_1\boldsymbol{\alpha}_1,k_2\boldsymbol{\alpha}_2+k_3\boldsymbol{\alpha}_3$,其中 $\boldsymbol{\alpha}_1=(-1,0,1)^T,\boldsymbol{\alpha}_2=(0,1,0)^T,\boldsymbol{\alpha}_3=(1,0,1)^T,k_1\neq 0,k_2,k_3$ 不同时为零.

(3) 特征值为 $\lambda_1=-1,\lambda_2=\lambda_3=1$,特征向量分别为 $k_1\boldsymbol{\alpha}_1,k_2\boldsymbol{\alpha}_2+k_3\boldsymbol{\alpha}_3$,其中 $\boldsymbol{\alpha}_1=(-1,0,1)^T,\boldsymbol{\alpha}_2=(0,1,0)^T,\boldsymbol{\alpha}_3=(1,0,1)^T,k_1\neq 0,k_2,k_3$ 不同时为零.

(4) 特征值为 $\lambda_1=0,\lambda_2=1,\lambda_3=2$,特征向量分别为 $k_1\boldsymbol{\alpha}_1,k_2\boldsymbol{\alpha}_2,k_3\boldsymbol{\alpha}_3$,其中 $\boldsymbol{\alpha}_1=(-1,1,0)^T,\boldsymbol{\alpha}_2=(0,0,1)^T,\boldsymbol{\alpha}_3=(1,1,0)^T,k_1\neq 0,k_2\neq 0,k_3\neq 0$.

7. 略.

8. 略.

B 组

1. D.

2. $|\boldsymbol{B}|=5$.

3. $k=-2$ 或 $k=1$.

4. 略.

5. 略.

习题 5.2

A 组

1. (1) 0,−3. (2) 3. (3) 1. (4) −1.

2. 略.

3. $a=-1$.

4. $\boldsymbol{A}$ 与 $\boldsymbol{B}$ 等价,$\boldsymbol{A}$ 与 $\boldsymbol{B}$ 不相似.

5. D.

6. A.

7. (1) 可对角化,$\boldsymbol{P}=\begin{pmatrix}2&-1\\1&3\end{pmatrix},\boldsymbol{\Lambda}=\begin{pmatrix}4&\\&-3\end{pmatrix}$;

(2) 可对角化,$\boldsymbol{P}=\begin{pmatrix}-1&1&1\\0&-2&1\\1&1&1\end{pmatrix},\boldsymbol{\Lambda}=\begin{pmatrix}1&&\\&-1&\\&&2\end{pmatrix}$;

(3) 可对角化,$\boldsymbol{P}=\begin{pmatrix}1&-1&-1\\1&1&0\\1&0&1\end{pmatrix},\boldsymbol{\Lambda}=\begin{pmatrix}5&&\\&-1&\\&&-1\end{pmatrix}$;

(4) 不能对角化.

B 组

1. (1) 略;

(2) $\boldsymbol{A}=\begin{pmatrix}-7&4&0\\-12&7&0\\0&0&2\end{pmatrix},\boldsymbol{A}^{10}=\begin{pmatrix}1&0&0\\0&1&0\\0&0&2^{10}\end{pmatrix}$.

2. (1) 特征向量 $\boldsymbol{p}$ 对应的特征值为−1,且 $a=-3,b=0$;

(2) $\boldsymbol{A}$ 不能对角化.

3. (1) 略;

(2) $P^{-1}AP=\begin{pmatrix}0 & 6\\ 1 & -1\end{pmatrix}$,**A** 可对角化.

复习题 5

一、选择题

1. C；2. B；3. B；4. C；5. B；6. B.

二、填空题

1. 2,12,6；2. 48,$\frac{2197}{6}$；3. -2 或 $-\frac{2}{3}$；4. n,0($n-1$ 重)；5. 2.

三、解答题

1. (1) 1,1,-5；(2) 2,2,$\frac{4}{5}$.

2. (1) $a=-1,b=-3$；(2) -2；(3) **A** 可对角化.

3. 0,7,-4.

4. 1、2、3 这三种品牌的乳制品的市场份额分别为$\frac{9}{28}$,$\frac{15}{28}$和$\frac{4}{28}$.

第 6 章

习题 6.1

A 组

1. 2,8.

2. $\frac{1}{\sqrt{2}}(1,1,0)^{\mathrm{T}}$,$\frac{1}{\sqrt{3}}(1,-1,1)^{\mathrm{T}}$,$\frac{1}{\sqrt{6}}(-1,1,2)^{\mathrm{T}}$.

3. 略.

4. (1) 不是；(2) 是.

5. 略.

6. 略.

B 组

1. 略.

2. 略.

3. 略.

4. $\frac{1}{\sqrt{15}}(1,1,2,3)^{\mathrm{T}}$,$\frac{1}{\sqrt{39}}(-2,1,5,-3)^{\mathrm{T}}$.

习题 6.2

A 组

1. 略.

2. (1) $Q=\begin{pmatrix}\frac{1}{\sqrt{2}} & -\frac{1}{\sqrt{2}}\\ \frac{1}{\sqrt{2}} & \frac{1}{\sqrt{2}}\end{pmatrix}$,$\Lambda=\begin{pmatrix}2 & \\ & 4\end{pmatrix}$；

(2) $\boldsymbol{Q}=\begin{pmatrix}-\frac{1}{\sqrt{5}} & 0 & \frac{2}{\sqrt{5}}\\ \frac{2}{\sqrt{5}} & 0 & \frac{1}{\sqrt{5}}\\ 0 & 1 & 0\end{pmatrix}$, $\boldsymbol{\Lambda}=\begin{pmatrix}-1 & & \\ & 2 & \\ & & 4\end{pmatrix}$;

(3) $\boldsymbol{Q}=\begin{pmatrix}0 & 1 & 0\\ -\frac{1}{\sqrt{2}} & 0 & \frac{1}{\sqrt{2}}\\ \frac{1}{\sqrt{2}} & 0 & \frac{1}{\sqrt{2}}\end{pmatrix}$, $\boldsymbol{\Lambda}=\begin{pmatrix}2 & & \\ & 4 & \\ & & 4\end{pmatrix}$;

(4) $\boldsymbol{Q}=\begin{pmatrix}\frac{1}{\sqrt{3}} & -\frac{1}{\sqrt{2}} & -\frac{1}{\sqrt{6}}\\ \frac{1}{\sqrt{3}} & \frac{1}{\sqrt{2}} & -\frac{1}{\sqrt{6}}\\ \frac{1}{\sqrt{3}} & 0 & \frac{2}{\sqrt{6}}\end{pmatrix}$, $\boldsymbol{\Lambda}=\begin{pmatrix}4 & & \\ & 1 & \\ & & 1\end{pmatrix}$.

3. 略.

B 组

1. (1) $k(1,0,1)^{\mathrm{T}}(k\neq 0)$; (2) $\boldsymbol{A}=\frac{1}{6}\begin{pmatrix}13 & -2 & 5\\ -2 & 10 & 2\\ 5 & 2 & 13\end{pmatrix}$.

2. 略.

习题 6.3

A 组

1. (1) $\begin{pmatrix}1 & 2\\ 2 & 4\end{pmatrix}$; (2) $\begin{pmatrix}1 & -1\\ -1 & 1\end{pmatrix}$; (3) $\begin{pmatrix}1 & -1 & -2\\ -1 & 1 & -2\\ -2 & -2 & -7\end{pmatrix}$; (4) $\begin{pmatrix}0 & -2 & 1\\ -2 & 0 & 1\\ 1 & 1 & 0\end{pmatrix}$;

(5) $\begin{pmatrix}1 & \frac{1}{2} & 1\\ \frac{1}{2} & 2 & -\frac{1}{2}\\ 1 & -\frac{1}{2} & 3\end{pmatrix}$.

2. (1) $\begin{pmatrix}2 & 2\\ 2 & 1\end{pmatrix}$; (2) $\begin{pmatrix}1 & 3 & 5\\ 3 & 5 & 7\\ 5 & 7 & 9\end{pmatrix}$;

3. 1.

4. (1) $\boldsymbol{Q}=\begin{pmatrix}\frac{1}{\sqrt{2}} & -\frac{1}{\sqrt{2}}\\ \frac{1}{\sqrt{2}} & \frac{1}{\sqrt{2}}\end{pmatrix}$, $g(y_1,y_2)=4y_1^2-2y_2^2$;

(2) $\boldsymbol{Q}=\begin{pmatrix}\frac{1}{\sqrt{2}} & -\frac{1}{\sqrt{2}}\\ \frac{1}{\sqrt{2}} & \frac{1}{\sqrt{2}}\end{pmatrix}$, $g(y_1,y_2)=2y_1^2+4y_2^2$；

(3) $\boldsymbol{Q}=\begin{pmatrix}-\frac{1}{\sqrt{5}} & 0 & \frac{2}{\sqrt{5}}\\ \frac{2}{\sqrt{5}} & 0 & \frac{1}{\sqrt{5}}\\ 0 & 1 & 0\end{pmatrix}$, $g(y_1,y_2,y_3)=-y_1^2+2y_2^2+4y_3^2$；

(4) $\boldsymbol{Q}=\begin{pmatrix}-\frac{1}{\sqrt{2}} & -\frac{1}{\sqrt{6}} & \frac{1}{\sqrt{3}}\\ \frac{1}{\sqrt{2}} & -\frac{1}{\sqrt{6}} & \frac{1}{\sqrt{3}}\\ 0 & \frac{2}{\sqrt{6}} & \frac{1}{\sqrt{3}}\end{pmatrix}$, $g(y_1,y_2,y_3)=-y_1^2-y_2^2+2y_3^2$.

5. C.

6. (1) 不是正定的；(2) 正定的；(3) 不是正定的.

7. $-\sqrt{2}<t<\sqrt{2}$.

8. 略.

B 组

1. B.

2. (1) $a\neq 1$；(2) $k>2$.

3. (1) $a=2$；(2) $\boldsymbol{Q}=\begin{pmatrix}0 & 1 & 0\\ \frac{1}{\sqrt{2}} & 0 & \frac{1}{\sqrt{2}}\\ -\frac{1}{\sqrt{2}} & 0 & \frac{1}{\sqrt{2}}\end{pmatrix}$.

复习题 6

一、选择题

1. B；2. D；3. D；4. D；5. C；6. D.

二、填空题

1. 3；2. 1；3. $\frac{1}{\sqrt{2}}(-1,1,0)^{\mathrm{T}}$, $\frac{1}{\sqrt{6}}(-1,-1,2)^{\mathrm{T}}$；4. $\begin{pmatrix}1 & -2 & -2\\ -2 & 1 & -2\\ -2 & -2 & 1\end{pmatrix}$, 3, 不是；

5. 0, $f(x_1,x_2,x_3)=x_1^2+2x_2x_3$, $h(y_1,y_2,y_3)=y_1^2+y_2^2-y_3^2$；6. $k>1$.

三、解答题

1. 略.

2. (1) 略；(2) 2；(3) $\frac{1}{\sqrt{5}}\begin{pmatrix}2\\1\\0\end{pmatrix}$, $\frac{1}{\sqrt{30}}\begin{pmatrix}-1\\2\\5\end{pmatrix}$ (注：规范正交基不是唯一的).

3. (1) 对应于 $\lambda_1=3$ 的全部特征向量为 $k(1,1,1)^{\mathrm{T}}(k\neq 0)$，对应于 $\lambda_2=0$ 的全部特征向量为 $k_1\alpha_1+$

$k_2\alpha_2$(k_1,k_2 不同时为零)；

(2) $\boldsymbol{Q}=\begin{pmatrix}\frac{1}{\sqrt{3}} & -\frac{1}{\sqrt{6}} & -\frac{1}{\sqrt{2}}\\ \frac{1}{\sqrt{3}} & \frac{2}{\sqrt{6}} & 0\\ \frac{1}{\sqrt{3}} & -\frac{1}{\sqrt{6}} & \frac{1}{\sqrt{2}}\end{pmatrix}$，$\boldsymbol{\Lambda}=\begin{pmatrix}3 & & \\ & 0 & \\ & & 0\end{pmatrix}$.

4. (1) $\boldsymbol{Q}=\begin{pmatrix}\frac{1}{\sqrt{2}} & -\frac{1}{\sqrt{3}} & \frac{1}{\sqrt{6}}\\ \frac{1}{\sqrt{2}} & \frac{1}{\sqrt{3}} & -\frac{1}{\sqrt{6}}\\ 0 & \frac{1}{\sqrt{3}} & \frac{2}{\sqrt{6}}\end{pmatrix}$，标准形 $h(y_1,y_2,y_3)=-y_1^2+0\cdot y_2^2+3y_3^2$.

(2) 不是正定的.

5. 略.

6. $\boldsymbol{Q}=\begin{pmatrix}-\frac{1}{\sqrt{2}} & \frac{1}{\sqrt{2}}\\ \frac{1}{\sqrt{2}} & \frac{1}{\sqrt{2}}\end{pmatrix}$，$\boldsymbol{\Lambda}=\begin{pmatrix}2 & \\ & 4\end{pmatrix}$，标准形 $h(x_1,x_2)=2x_1^2+4x_2^2$，椭圆.

索　引

参考文献

[1] 大连理工大学应用数学系．线性代数[M]．大连：大连理工大学出版社，2007.

[2] 上海交通大学数学系．线性代数[M]．2版．北京：科学出版社，2007.

[3] 同济大学数学系．工程数学线性代数[M]．6版．北京：高等教育出版社，2014.

[4] 同济大学数学系．线性代数附册学习辅导与习题全解[M]．北京：高等教育出版社，2014.

[5] 同济大学数学系．线性代数[M]．北京：清华大学出版社，2007.

[6] 谢彦红．线性代数[M]．2版．大连：大连理工大学出版社，2008.

[7] 殷先军，付小芹．线性代数[M]．北京：清华大学出版社，2012.

[8] 付小芹，殷先军．线性代数学习辅导[M]．北京：清华大学出版社，2014.

[9] 丁勇．考研数学线性代数高分解码[M]．北京：中国政法大学出版社，2016.

[10] 施光燕．线性代数讲稿[M]．大连：大连理工大学出版社，2004.

[11] 蓝以中．高等代数简明教程[M]．2版．北京：北京大学出版社，2002.

[12] 王萼芳，石生明．高等代数[M]．4版．北京：高等教育出版社，2013.

[13] 程晓亮，王洋，杜奕秋，陈京晶，华志强，张平，刘鹏飞．线性代数(双语版)[M]．北京：北京大学出版社，2020.

[14] LENO S J. 线性代数(英文版)[M]．6版．北京：机械工业出版社，2006.

[15] LAY D C. Linear Algebra and Its Applications[M]. 4th ed. New York: Pearson, 2011.

[16] STRANG G. Linear algebra and its applications[M]. 4th ed. Boston: Cengage Learning, 2006.

[17] STRANG G. Introduction to Linear Algebra [M]. 4th ed. Wellesley: Wellesley-Cambridge Press, 2009.